Helmut Malz

Rechnerarchitektur

Aus dem Programm Informationstechnik

Telekommunikation
von D. Conrads

Operationsverstärker
von J. Federau

Informatik für Ingenieure
von G. Küveler und D. Schwoch

Rechnerarchitektur
von H. Malz

Kommunikationstechnik
von M. Meyer

Signalverarbeitung
von M. Meyer

Nachrichtentechnik
von M. Werner

Mikroprozessortechnik
von K. Wüst

Helmut Malz

Rechnerarchitektur

Eine Einführung für Ingenieure und Informatiker

2., überarbeitete Auflage

Mit 148 Abbildungen und 33 Tabellen

uni-script

Bibliografische Information Der Deutschen Bibliothek
Die Deutsche Bibliothek verzeichnet diese Publikation in der Deutschen Nationalbibliografie; detaillierte bibliografische Daten sind im Internet über <http://dnb.ddb.de> abrufbar.

1. Auflage Februar 2001
2., überarbeitete Auflage April 2004

Der Vieweg Verlag ist ein Unternehmen von Springer Science+Business Media.
www.vieweg.de

Umschlaggestaltung: Ulrike Weigel, www.CorporateDesignGroup.de
Druck und buchbinderische Verarbeitung: Lengericher Handelsdruckerei, Lengerich
Gedruckt auf säurefreiem und chlorfrei gebleichtem Papier.
Printed in Germany

ISBN 3-528-13379-1

Vorwort

Dieses Buch ist aus einem Skript entstanden, das ich für meine Vorlesungen an der Fachhochschule Konstanz und an der Berufsakademie Ravensburg erstellt habe. Es richtet sich vor allem an Studierende der Informatik und auch der Elektrotechnik. Das Buch ist für das Selbststudium geeignet.

Das Ziel des Buches ist, die Abläufe in einem Rechner deutlich zu machen. Dazu werden die Zusammenhänge so tiefgehend erklärt, wie es für ein Verstehen wirklich notwendig ist. Bei dem so umfangreichen Thema Rechnerarchitektur ist es, besonders bei einem so kompakten Buch, eine Gratwanderung zwischen einem zu allgemeinen Überblick auf der einen Seite und dem weiten Feld der spezifischen, meist recht kurzlebigen Details auf der anderen Seite. Bei der Themenauswahl diente als Orientierung, was an Prinizipien und Strukturen für ein tiefgehendes Verständnis, zum Erkennen von Zusammenhängen und für eine Beurteilung der heutigen und zukünftigen Techniken wichtig ist. Dabei weisen Beispiele und Anmerkungen auch auf aktuelle Realisierungen hin.

Nach einer kurzen Einführung und den wichtigsten Daten der Rechnergeschichte folgt die Zahlendarstellung in einem Rechner. Das Hauptkapitel ist der von Neumann Rechnerarchitektur gewidmet. Dabei bildet seine Architektur den Leitfaden: von der CPU über den Speicher und die internen Datenwege bis zu den Ein- / Ausgabeeinheiten. Es folgt ein Kapitel über alternative System- und Prozessorstrukturen. Nach einem Überblick über die wichtigsten externen Schnittstellen wird im letzten Kapitel mit dem maschinenorientierten Programmieren die Zusammenarbeit zwischen Hard- und Software dargestellt.

Um das Lesen und Verstehen zu erleichtern, habe ich großen Wert auf aussagekräftige Grafiken gelegt. Ein umfangreiches Sachwortverzeichnis soll besonders beim Selbststudium und Nachschlagen schnell zu den relevanten Textstellen führen.

Bedanken möchte ich mich für die Unterstützung durch Professoren und Assistenten des Fachbereichs Informatik der Fachhochschule Konstanz. Eine wichtige Rolle beim Anfertigen eines Skriptes spielen auch die Studierenden, die mit ihren Fragen und Anregungen ein ständiges Überarbeiten und Verbessern veranlassen. Dadurch entstand im Laufe der Zeit eine gute Grundlage für dieses Buch.

Konstanz, im Dezember 2000 Helmut Malz

Zur zweiten Auflage:

Die zweite Auflage enthält im Wesentlichen folgende Änderungen:

- Einige technische Daten haben sich im Laufe der drei Jahre seit der ersten Auflage geändert. Diese habe ich aktualisiert, wie z. B. Daten zur USB-Schnittstelle oder zu den Chipsätzen.

  Daneben soll auch der Wechsel von „DM“ in „Euro“ die Aktualität unterstreichen.

- Verschiedene Formulierungen habe ich überarbeitet oder ergänzt, um die Verständlichkeit zu verbessern.

- Einige Schreibfehler sind beseitigt.

Für die Anregungen, die ich zu meinem Buch erhalten habe, möchte ich mich an dieser Stelle bedanken. Über weitere Kritik oder Bemerkungen würde ich mich freuen. Bitte schicken Sie mir eine E-Mail an „malz@fh-konstanz.de“.

Konstanz, im März 2004 Helmut Malz

Inhaltsverzeichnis

1 Einführung und Grundbegriffe

In diesem Kapitel sollen einige wichtige Grundbegriffe kurz erläutert und grundlegende Beziehungen zwischen der Software und der Hardware dargestellt werden.

1.1 Vereinbarung

Die Schreibarten für verschiedene Abkürzungen sind in der Literatur -besonders in der englisch sprachigen- unterschiedlich und irreführend. In diesem Skript werden einheitlich folgende Abkürzungen verwendet: Bit ist schon die Abkürzung für binary digit und wird nur in zusammengesetzten Einheiten, z. B. kb/s, durch ein kleines „b" ersetzt. Dagegen wird Byte stets mit einem großen „B" abgekürzt. Wenn Sie für Ihren PC eine 128 MB-Speichererweiterung kaufen, ist es schon ein gravierender Unterschied, ob das „B" für Byte oder Bit steht.

Abkürzung	Bedeutung
bit	bit
B	Byte (= 8 bit)
K	Kilo: Faktor 2^{10} = 1024
k	ebenfalls Kilo: Faktor 10^3 = 1000
M	Mega: Faktor 2^{20} = 1024 · 1024 = 1.048.576 (Ausnahme: 1 MHz = 1.000.000 Hz)
G	Giga: Faktor 2^{30} = 1024 · 1024 · 1024 = 1.073.741.824

Tabelle 1-1: Wichtige Abkürzungen in diesem Buch

1.2 Was bedeutet Rechnerarchitektur?

Die Architektur im Bauwesen beschreibt, wie man ein Gebäude oder eine Anlage für bestimmte Aufgaben (z. B. Wohnhaus, Krankenhaus, Kirche) bautechnisch realisieren und künstlerisch gestalten kann.

Analog dazu versteht man unter der *Rechnerarchitektur* die technische Realisierung einer Datenverarbeitungsanlage:

Definition: Gesamtheit der Bauprinzipien einer Datenverarbeitungsanlage.
(technisch) Hierzu gehören die Festlegung der internen Darstellung von Daten und der hierauf ablaufenden Operationen, der Aufbau der Maschinenbefehle, die Definition von Schnittstellen zwischen den Funktionseinheiten und zu externen Geräten, sowie der „Bauplan", nach dem die

Einzelteile zu einem Ganzen zusammengeschaltet werden, um vorgegebene Anforderungen zu erfüllen. {DUD88}

Definition: *(funktional)* Die Grundaufgabe einer *Rechenanlage* ist die Sammlung, Speicherung, Verarbeitung und Darstellung von Information. {GIL81}

Eine „künstlerische“ Komponente kann man höchstens in eine geschickte und möglichst anwenderfreundliche Zusammenstellung der verschiedenen Hardware- und Software-Komponenten hinein interpretieren.

1.3 Aufgaben eines Datenverarbeitungssystems

Die Definition eines *Datenverarbeitungssystems* lautet nach DIN 44300 Teil 5:

Definition: Datenverarbeitungssystem ist eine Funktionseinheit zur Verarbeitung und Aufbewahrung von Daten. Verarbeitung umfasst die Durchführung mathematischer, umformender, übertragender und speichernder Operationen.

Im nicht wissenschaftlichen Bereich werden als Synonyme verwendet:

Computer, Rechner, Rechensystem, Rechenanlage, Datenverarbeitungsanlage, Informationsverarbeitungssystem, Universalrechner.

Der umfassendste Begriff ist *Informationsverarbeitungssystem* (IVS), wie im zweiten Kapitel noch kurz erläutert wird.

Aus der Definition kann man folgende Funktionen eines Rechners ableiten:

- *Verarbeiten*: Rechnen, logische Verknüpfungen,
- *Speichern*: Ablegen, Wiederauffinden, Löschen;
  Speicherort: Register, Hauptspeicher, Harddisk,
- *Umformen*: Sortieren, Bitshift, Packen und Entpacken,
- *Kommunizieren*:
  - mit dem Benutzer: Mensch-Maschine Schnittstelle,
  - mit anderen Datenverarbeitungssystemen:
    verteilte Systeme, Netze, Datenfernübertragung,
  - mit anderen technischen Systemen:
    Prozessautomatisierung, Prozesssteuerung

Um Rechner gegenüber Taschenrechnern und Messgeräten abzugrenzen, ist die Art der Steuerung wichtig:

- Die Steuerung eines Rechners erfolgt über ein ladbares Programm, das aus einer Folge von Anweisungen (Maschinenbefehlen) besteht und schrittweise die gewünschten Funktionen ausführt.

Das Programm bestimmt also den Ablauf im Rechner, während die Hardware universell ausgelegt ist (Universalrechner → Kap. 4).

1.4 Einfaches Funktionsmodell

Anhand eines einfachen Bearbeitungsvorgangs, wie z. B. Lagerverwaltung, soll der prinzipielle Ablauf in einem Rechner gezeigt werden:

- Programm einlesen:
  Laden des Lagerverwaltungsprogramms,
- Daten einlesen:
  Lagerbestand aufnehmen, Zugänge oder Abgänge eingeben, neue Lagerartikel erfassen,
- Daten nach Programm verarbeiten:
  Lagerbestände aktualisieren,
- Ergebnisse ausgeben:
  Liste mit dem aktuellen Lagerbestand drucken, Unterschreitung der Mindestmengen anzeigen.

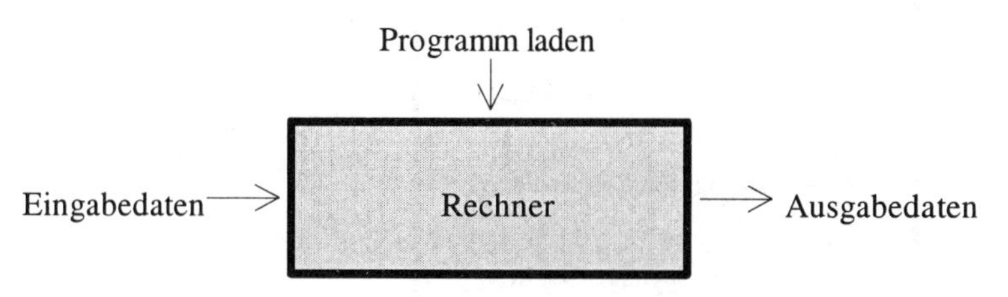

Bild 1-1: Einfaches Funktionsmodell

Bei der Verarbeitung sind drei verschiedene Arten zu unterscheiden:

- *Stapel-(Batch)betrieb*
  Ein- und Ausgabedaten stehen in Dateien, Datenbankelementen oder Listen vollständig bereit (z. B. Materialstamm und Änderungsliste). Die Programmausführung erfolgt zu einem von der Eingabe unabhängigen Zeitpunkt und erfordert keine Benutzereingriffe.
- *Dialog- (interaktiver) Betrieb*
  Während der Ausführung erwartet das Programm Eingaben von dem Benutzer. So kann das Programm zum Beispiel einen Lagerartikel auf dem Bildschirm anzeigen, und der Benutzer gibt über die Tastatur die entsprechende Bestandsänderung ein.
- *Echtzeitbetrieb*
  Die Eingabedaten können zu beliebigen Zeitpunkten von einem zu steuernden Prozess kommen. Die Ausgabedaten müssen dann innerhalb einer fest definierten, sehr kurzen Zeit bereit stehen.

1.5 Schichtenmodell

Im Bild 1-1 ist der Rechner noch als Black Box eingezeichnet. Aus welchen Funktionseinheiten die Hardware aufgebaut ist, werden wir im Kapitel 4 „Von Neumann-Rechnerarchitektur" ausführlich behandeln. Hier wollen wir das Zusammenwirken von Hard- und Software betrachten, das das so genannte *Schichtenmodell* gut verdeutlicht.

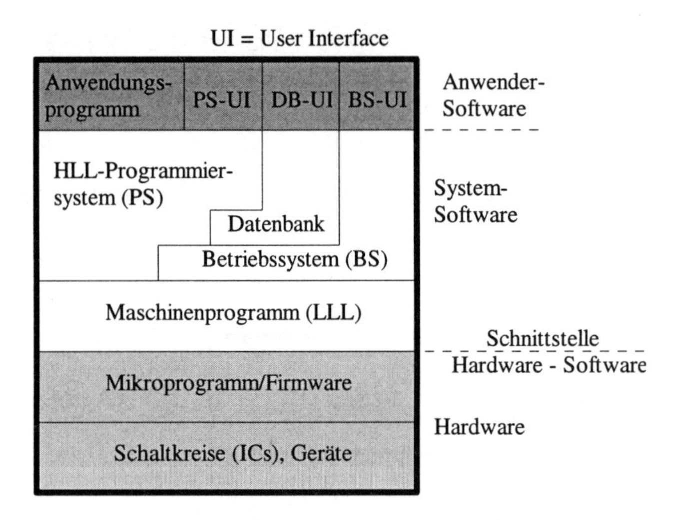

Bild 1-2: Schichtenmodell (HLL = high level language; LLL = low level language)

Das Wesentliche bei einem guten Schichtenmodell ist:

- Eine untere Schicht erbringt Dienstleistungen für die nächst höhere Schicht.
- Eine obere Schicht nutzt nur die Dienste der nächst niedrigeren Schicht.
- Zwischen den Schichten sind eindeutige Schnittstellen definiert.

Vorteile einer sauberen Schichtenstruktur sind:

- Ziel der Schnittstellenspezifikationen ist, eine Austauschbarkeit einzelner Schichten zu erreichen, ohne benachbarte Schichten oder sogar das gesamte System ändern zu müssen.
- Ein Benutzer braucht -theoretisch- nur die von ihm zu bearbeitende Schicht zu kennen. Die darunterliegenden Schichten bilden eine fest definierte Funktionalität. Man spricht dann von einer *virtuellen Maschine*.

Anmerkungen:

- Der Erfolg des Personal Computers beruht besonders darauf, dass Schichten austauschbar sind, z. B. die Hardware- und Anwenderprogramm-Schichten.

- Die Einschränkung „theoretisch" bedeutet, dass für manche Aufgaben eine Kenntnis der unteren Schichten notwendig ist. Ein Programmierer kann keinen optimalen Gerätetreiber schreiben, wenn er die Hardware-Realisierung nicht kennt.
- Ein Programmierer, der seine Aufgabe stets in einer höheren Programmiersprache löst, braucht die Maschinensprache sowie die Übersetzung in die Maschinensprache nicht zu verstehen. Für ihn erscheint das System als eine virtuelle Maschine. Das heißt, er kann das System so einsetzen, als ob es speziell für seine Programmiersprache konzipiert wurde.

1.6 Benutzeroberflächen

Wie das Bild 1-2 zeigt, gibt es zum Benutzer verschiedene Schnittstellen (UI = User Interface):

- Anwendungsprogramm (z. B. Winword, Excel),
- Programmiersystem (z. B. Pascal, C, C++),
- Datenbanksystem (z. B. Oracle, Informix),
- Betriebssystem (z. B. MS-DOS, OS/2, HP-UX).

Der Benutzer ist vorwiegend daran interessiert, seine Anwendung möglichst schnell und zuverlässig auf dem Rechner zu bearbeiten. Dabei möchte er sich um den Rechner mit seinen Besonderheiten nicht kümmern müssen. Deshalb stellt die benutzergerechte Gestaltung der Benutzeroberfläche eine immer wichtigere Aufgabe dar, um ohne größere Vorkenntnisse ein System schnell und sicher bedienen zu können.

Damit beschäftigt sich unter anderem die *Ergonomie* (wissenschaftliche Disziplin, die sich mit den Leistungsmöglichkeiten des arbeitenden Menschen und mit der Anpassung der Arbeitsumgebung an die Eigenschaften und Bedürfnisse des Menschen beschäftigt {DUD88}). Schwerpunkte sind

- *Hardware-Ergonomie:* technische und farbliche Gestaltung des Arbeitsplatzes (z. B. Tastatur, Bildschirm),
- *Software-Ergonomie*: Gestaltung der Dialogabwicklung (z. B. grafische Benutzeroberflächen, Standards für den Dialogablauf).

1.7 Betriebssystem

Einen wichtigen Teil der Software bildet das *Betriebssystem* (operating system):

Definition: Die Summe derjenigen Programme, die als residenter Bestandteil einer EDV-Anlage für den Betrieb der Anlage und für die Ausführung der Anwenderprogramme erforderlich sind. {SCH91}

Das Betriebssystem sorgt also einerseits für die Verwaltung des Rechners, z. B. Speicherverwaltung, und übernimmt andererseits spezielle Aufgaben, die genaue Kenntnisse des Systemaufbaus voraussetzen, wie zum Beispiel die Kommunikation mit den Ein- oder Ausgabe-Geräten.

Das Betriebssystem hat also Einfluss auf folgende Ziele:

- Zuverlässigkeit, Schutz vor Fehlbedienungen und Missbrauch,
- hohe Auslastung aller Systemkomponenten,
- kurze Antwortzeiten im Dialogbetrieb (< 1 sec),
- Bedienkomfort, Benutzerfreundlichkeit.

Der Benutzer übergibt dem Informationsverarbeitungssystem seine Aufgaben in Form von Programmen. Die Ausführung eines Programms bezeichnet man als Prozess (process, task). In einem Rechnersystem können zu einem Zeitpunkt

- ein oder mehrere Prozesse aktiv sein,
- die einem oder mehreren Benutzern zugeordnet sind.

Bei einem Einprozessorsystem ist nur eine CPU oder ein Mikroprozessor im System vorhanden. Deshalb kann nur ein Prozess zu einem Zeitpunkt bearbeitet werden. Es können aber auch mehrere Prozesse geladen sein, die im *Zeitscheibenverfahren (time sharing)* bearbeitet und nach einer definierten Zeit (ca. 50 msec bis 1 sec {DUD88}) durch den nachfolgenden Prozess abgelöst werden. In diesem Fall laufen die beteiligten Prozesse quasi parallel oder nebenläufig (concurrent) ab.

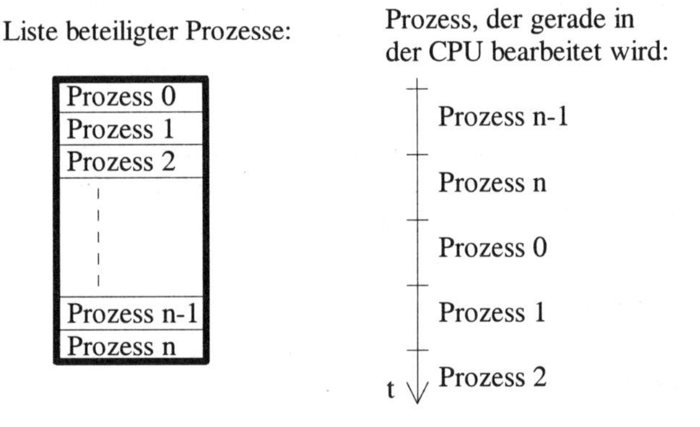

Bild 1-3: Beim Zeitscheibenverfahren wechseln die Prozesse nach einer definierten Zeit.

- Einprozess- bzw. Einprogrammbetrieb (single user (bzw. processor), singletasking):
  Ein Umschalten zwischen den Programmen ist nur durch den Benutzer oder durch Interrupts möglich (z. B. MS-DOS).

- Mehrprozess- bzw. Mehrprogrammbetrieb bei einer CPU (single user (bzw. processor), *multitasking*):
  Der Prozesswechsel erfolgt i. A. im Zeitscheibenverfahren (z. B. OS/2).
- Mehrprozess- bzw. Mehrprogrammbetrieb und Mehrbenutzerbetrieb (multi user (bzw. processor), multitasking):
  Die Programme können parallel und/oder nebenläufig ablaufen (z. B. UNIX).

Die wichtigsten Aufgaben des Betriebssystems sind:

- *Prozessverwaltung*
  - Laden, Starten, Überwachen, Beenden und Ausladen von Programmen,
  - Prozessen Betriebsmittel (z. B. CPU, Hauptspeicher, Hintergrundspeicher, E/A-Geräte) zuordnen oder entziehen (scheduling),
  - Koordination und Synchronisation von konkurrierenden Betriebsmittelanforderungen, Hauptspeicherverwaltung.
- *Interprozesskommunikation* (IPC)
  Synchronisation und Kommunikation von mehreren Prozessen,
- *Datenverwaltung*
  Dienstprogramme zur Dateiverwaltung, Programmbibliotheken,
- *Peripheriegeräte-Verwaltung*
  Dienste zur Nutzung der Peripheriegeräte und Kommunikationsschnittstellen.

1.8 Schnittstelle zur Hardware

Die Hardware eines Systems versteht nur den Maschinenbefehlssatz, für den sie konstruiert wurde. Deshalb müssen alle Programme in diese *Maschinensprache* übersetzt werden. Dazu wählt man einen Compiler bzw. Interpreter, der die höhere Programmiersprache in die Maschinensprache des Zielsystems umsetzen kann.

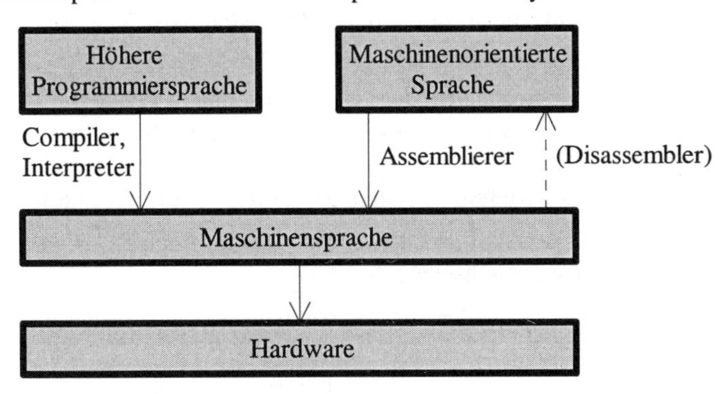

Bild 1-4: Gegenüberstellung der Sprachen

Das Programmieren direkt in der Maschinensprache ist wegen des binären Codes sehr mühsam. Deshalb gibt es eine maschinenorientierte Sprache, auch *Assembler* genannt, die durch eine mnemotechnische Darstellung der Maschinenbefehle und eine symbolische Adressierung das Programmieren stark vereinfacht (→ Kapitel 7).

Objektprogramme für Anwendungen dürfen i. A. nur Untermengen des gesamten Befehlssatzes und der Register eines Rechners nutzen. Deshalb unterscheidet man

- Benutzermodus (user-mode) und
- Systemmodus (supervisor mode, kernel mode).

Die Modeumschaltung wird vom Betriebssystem besonders geschützt und überwacht. Nur im Systemmodus können die privilegierten Befehle vom Betriebssystem ausgeführt werden. Nur sie dürfen auf alle Register und Speicherbereiche zugreifen.

Die Grenzen zwischen Hard- und Software sind keineswegs fest vorgegeben (→ {TAN90}). Viele Aufgaben können sowohl von der Hardware wie auch per Software gelöst werden. Bei der Entwicklung eines Rechnersystems muss man sich entscheiden, was man in Hardware oder per Software realisieren will. Dabei spielen Faktoren wie Kosten, Geschwindigkeit und Zuverlässigkeit eine wichtige Rolle. Diese Entscheidungen fallen je nach Hersteller oder sogar je nach System verschieden aus. Das ist mit ein Grund für das breite Spektrum unterschiedlichster Systeme.

Beispiele für Aufgaben, die per Hardware oder per Software gelöst werden können:

- Multiplikation,
- Steuerung von Ein- oder Ausgabe-Einheiten,
- Berechnung von grafischen Darstellungen auf dem Bildschirm.

1.9 Analog- und Digitalrechner

In diesem Buch beschränken wir uns auf die Digitalrechner. Die *Analogrechner* wurden bis in die siebziger Jahre besonders wegen folgender Vorteile eingesetzt:

- Berechnung von zeitlich sich ändernden Funktionen in Echtzeit.
  Beispiele: Berechnung von Geschoss- oder Satellitenbahnen, Auswertung von EKG- oder EEG-Kurven.
- Auch Integral- und Differentialrechnungen konnten in Echtzeit erfolgen.

Bis auf wenige Sonderaufgaben im Realzeitbetrieb konnten sich die *Digitalrechner* dann aufgrund ihrer Vorteile durchsetzen:

- Kleiner, preiswerter, schneller, leistungsfähiger und universeller einsetzbar.
- Einfacher zu programmieren und zu bedienen.
- Die Genauigkeit kann mit geringem Mehraufwand erhöht werden. (Bei Analogrechnern steigt der Aufwand dagegen fast exponentiell an.)
- Durch leistungsfähige Algorithmen können inzwischen auch komplexe Berechnungen in vernünftiger Zeit durchgeführt werden.

2 Geschichtliche Entwicklung

In diesem Kapitel soll die geschichtliche Entwicklung unserer heutigen Rechner mit den wichtigsten Meilensteinen kurz dargestellt werden.

Wir benutzen für den PC u. a. die Bezeichnung Rechner. Dabei weist der Wortstamm „rechnen" nur auf ein kleines Anwendungsgebiet hin. Der umfassendere Begriff lautet *Informationsverarbeitungssystem* (kurz IVS). Die Tabelle 2-1 fasst die schrittweise Entwicklung von den ersten mechanischen Hilfsgeräten bis zu den heutigen Informationsverarbeitungssystemen zusammen. Dabei gibt die Spalte Zeit an, wann die Geräte vorwiegend eingesetzt wurden. Z. B. wird der Abakus in vielen asiatischen Ländern noch heute benutzt. Und der Rechenschieber als mechanisches Hilfsmittel war noch in den 60er Jahren weit verbreitet.

korrekte Bezeichnung	Schritt	Zeit
Abakus, Zahlenstäbchen	mechanische Hilfsmittel zum Rechnen	bis ca. 18. Jahrhundert
mechanische Rechenmaschine	mechanische Apparate zum Rechnen	1623 - ca. 1960
elektronische Rechenanlage	Rechenanlagen als reine „Zahlenkünstler"	seit 1944
Datenverarbeitungs-anlage	Rechner kann auch Texte und Bilder bearbeiten	seit ca. 1955
Informations-verarbeitungssystem	Rechner lernt, Bilder und Sprache zu erkennen; Schritte in Richtung „Künstlicher Intelligenz"	seit ca. 1968

Tabelle 2-1: Entwicklungsschritte vom Abakus bis zum Informationsverarbeitungssystem

2.1 Wichtige Entwicklungsschritte

ca. 600 v.Chr. Als wahrscheinlich erstes Rechenhilfsmittel ist in China der *Abakus* entstanden {SCH91}, der auch in Europa in zahlreichen Varianten bis ins Mittelalter verwendet wurde.

Als Beispiel ist im Bild 2-1 der Suanpan dargestellt. Die Kugeln können an einem Stab verschoben werden. Jeder Stab repräsentiert einen Stellenwert, wobei die Kommastelle frei definierbar ist. Die unteren fünf Kugeln erhalten den einfachen Wert und die oberen Kugeln den fünffachen Wert. Nur die jeweils zur Mitte geschobenen Kugeln zählen.

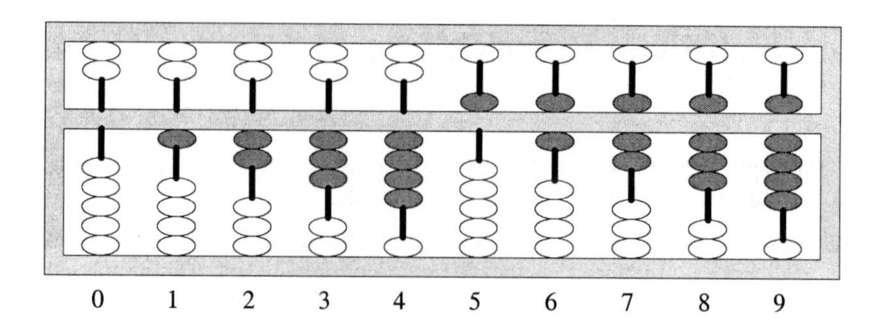

Bild 2-1: Suanpan, ein chinesischer Abakus: Schematische Darstellung der zehn Dezimalziffern (Die zu zählenden Kugeln sind dunkel markiert.)

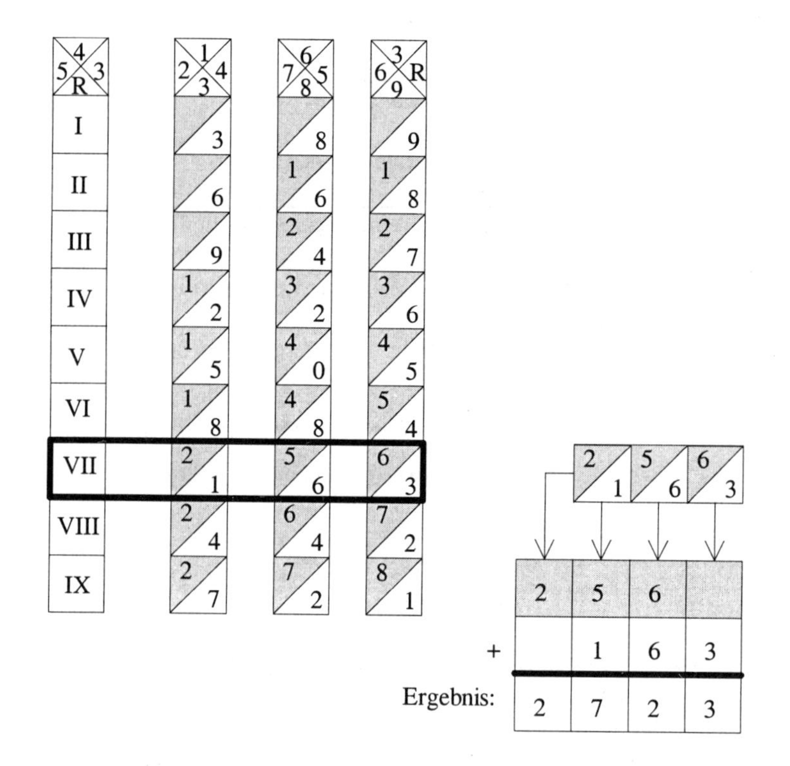

Bild 2-2: Rechenstäbchen nach J. Napier: Die Zahlen auf getöntem Untergrund sind Zehnerwerte. Das oberste Feld auf den Rechenstäbchen dient zur Orientierung, welche Reihen auf der rechten, linken bzw. unteren Seite der Stäbchen stehen. *Beispiel:* 7 · 389 = 2723. Die „VII" auf dem Referenzstäbchen markiert die Zeile, in der die Stäbchen „3", „8" und „9" abgelesen werden.

um 1600 Der schottische Lord John Napier entwickelt die *Rechenstäbchen*, die bei der Multiplikation hilfreich sind (→ Bild 2-2).

1623 Der Tübinger Professor Wilhelm *Schickard* konstruiert die erste Rechenmaschine für sechsstellige Addition und Subtraktion mit automatischem Zehnerübertrag. Multiplikation und Division werden durch Anzeige der Teilprodukte erleichtert. In den Wirren des Dreißigjährigen Krieges geraten die Arbeiten Schickards schnell in Vergessenheit.

→ Erste Rechenmaschine für Addition und Subtraktion.

1642 Ohne Kenntnis von Schickards Entwicklung entwirft der französische Mathematiker Blaise *Pascal* eine Rechenmaschine für achtstellige Addition mit automatischem Zehnerübertrag. Die Subtraktion führt er auf die Addition mit dem Komplementwert des Subtrahenden zurück.

1673 Gottfried Wilhelm von *Leibniz* konstruiert für die 4 Grundrechenarten eine Rechenmaschine mit Staffelwalzen (gestufte Zahnräder). Er entwickelt das duale Zahlensystem und befasst sich mit der binären Arithmetik.

→ Entwicklung des Dualsystems.

1727 Die bisher entwickelten Rechenmaschinen arbeiteten wegen der ungenauen Fertigung nicht einwandfrei. Die erste funktionsfähige Rechenmaschine mit Sprossenrad stellt der Instrumentenmacher Antonius *Braun* her.

→ Erste funktionsfähige Rechenmaschine für die 4 Grundrechenarten.

Es folgen nun viele Entwicklungen und Verbesserungen der Rechenmaschinen, die auf dem Staffel- oder dem Sprossenrad basieren.

1728 Der französische Mechaniker *Falcon* entwickelt einen Webstuhl, der von Holztafeln mit Lochkombinationen automatisch gesteuert wird.

→ Festes Programm für eine Sequenz von Arbeitsschritten.

1833 Der englische Mathematiker Charles *Babbage* konstruiert einen analytischen Rechenautomaten und wird dadurch zum geistigen Urheber der digitalen Rechenautomaten mit Programmsteuerung. Wegen fertigungstechnischer Probleme realisiert er nur einen kleinen Teil der Maschine.

→ „Idee“ eines Rechenautomaten mit Programmsteuerung.

1886 Der amerikanische Bergwerk-Ingenieur Hermann *Hollerith* entwickelt eine elektromagnetische Sortier- und Zählmaschine zur Auswertung von Lochkarten. Bei der Volkszählung 1890 in den USA bewährt sich diese Maschine hervorragend.

→ Lochkarte als Datenträger.

1941 Konrad *Zuse* baut einen elektromagnetischen Dualcode-Rechner mit Daten und Programm auf einem 8-Kanal-Lochstreifen

→ Erster funktionsfähiger programmgesteuerter Rechenautomat.
→ 0. Generation: Erster Rechner im Dualsystem.

1944 Der Mathematiker John von *Neumann* (1903 - 57) konzipiert einen Rechenautomaten mit einem Programm, das erst in den Speicher geladen und dann ausgeführt wird.

→ Erster Rechner mit speicherresidentem Programm.

1945 John P. *Eckert* und John W. *Mauchly* stellen den ersten Röhrenrechner fertig (über 18000 Röhren; ca. 150 kW Leistungsaufnahme).

(*Anmerkung:* Bei einer Lebensdauer von ca. 1000 Stunden pro Röhre kann im Mittel alle 3,3 min ein Fehler auftreten!)

→ 1. Generation: Erster Rechner mit Elektronenröhren.

1955 → 2. Generation: Erster Transistorrechner.

Die Zählung der weiteren Generationen ist nach Tanenbaum {TAN90} gewählt.

ab 1965 → 3. Generation: Rechner mit integrierten Schaltkreisen (ICs).

ab 1975 → Rechner mit Mikroprozessoren.

ab 1980 → 4. Generation: PCs und hochintegrierte Schaltkreise (VLSIs).

2.2 Prinzip des Schickardschen Rechners

1623 stellte Wilhelm *Schickard* den ersten funktionsfähigen Rechner vor. Versetzen wir uns in seine Zeit zurück und überlegen uns, wie ein mechanischer Rechner zum Addieren und Subtrahieren aufgebaut werden kann. Konkret:

Aufgabe: Die Addition „3 + 5" soll mittels eines „Rechners" gelöst werden.

Zunächst benötigt man eine Repräsentation der Zahlen durch mechanische Größen.

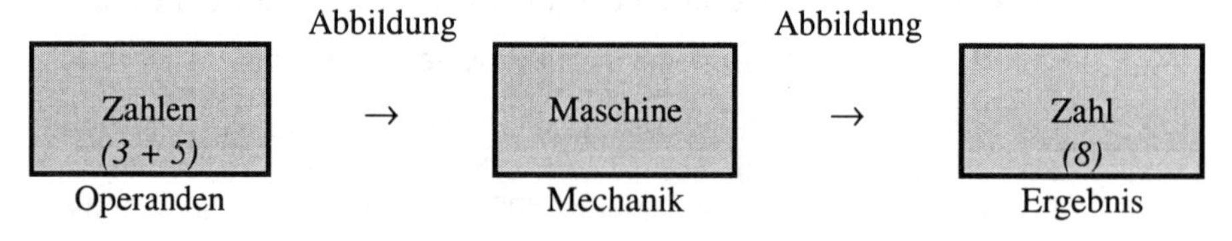

Bild 2-3: Repräsentation von Zahlen: Um Zahlen in einer mechanischen Maschine verarbeiten zu können, müssen sie durch eine mechanische Größe repräsentiert werden.

Im 17. Jahrhundert war die Verwendung von Zahnrädern, z. B. durch die Uhren, weit verbreitet. So hat Schickard für seinen Rechner auch Zahnräder verwendet und damit die *Zahlen durch Winkel* repräsentiert. Eine vereinfachte Konstruktion, um das Prinzip besser erklären zu können, sieht folgendermaßen aus:

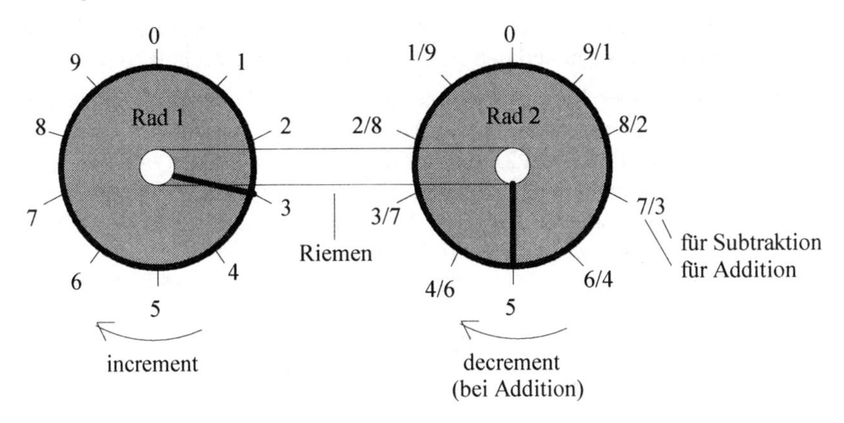

Bild 2-4: Prinzip des Schickardschen Rechners

- Das Rad 1 wird auf den Wert des ersten Summanden eingestellt.
- Das Rad 2 wird auf den Wert des zweiten Summanden eingestellt. Dabei gilt die linke der beiden Zahlen.
- Zum Rechnen verbindet man beide Räder über einen Riemen.
- Dann dreht man das Rad 2 im Uhrzeigersinn auf 0 zurück. Gleichzeitig dreht sich das Rad 1 über den Riemen um den gleichen Winkel.
- Das Rad 1 zeigt auf das Ergebnis.

Bei der Subtraktion stellt man das Rad 2 auf die rechte der beiden Zahlen ein und dreht dann gegen den Uhrzeigersinn.

Hier können wir geschickt zwei wichtige Begriffe einführen:

- *Register* ist eine Speicherzelle, die bei der Verarbeitung von Daten, z. B. zur Speicherung von Operanden ... , eingesetzt wird. {DUD88} Das trifft hier auf das Rad 2 zu.
- *Akkumulator* (kurz: Akku) ist ein spezielles Register, das für Rechenoperationen benutzt wird, wobei es vor der Operation einen Operanden und nach durchgeführter Operation das Ergebnis enthält. (nach {SCH91}) Das gilt hier für das Rad 1.

Die Erweiterung dieses Rechners auf mehrere Stellen ist möglich: Man muss nur für jede Stelle ein Rad einsetzen und diese Räder wie bei einem Zählwerk (z. B. Kilometerzähler) mechanisch koppeln:

- Beim Addieren dreht ein Mitnehmer beim Übergang von 9 auf 0 die nächst höhere Stelle um eine Position weiter.
- Beim Subtrahieren dreht der Mitnehmer beim Übergang von 0 auf 9 die nächst höhere Stelle um eine Position zurück.

Allerdings war in der damaligen Zeit das exakte Weiterdrehen der Räder ein schwieriges mechanisches Problem und ließ sich mit den Fertigungstechniken nicht lösen.

Schickard hat bei seiner Rechenmaschine an Stelle der beiden gekoppelten Räder eine Lochscheibe verwendet, die an die früher üblichen Telefonwählscheiben erinnert. Die Scheibe wird mit dem Zeiger auf den ersten Operanden eingestellt. Einen Bedienungsstift steckt man in das Loch, das den Wert des zweiten Operanden hat. Je nach Rechenart dreht man mit dem Stift die Scheibe in oder gegen den Uhrzeigersinn zur Null. Der Zeiger weist dann auf das Ergebnis.

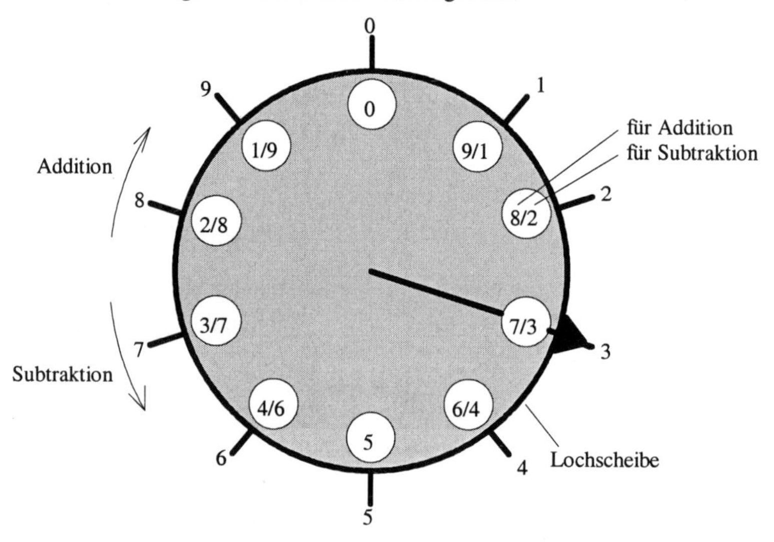

Bild 2-5: Lochscheibe für eine Dezimalstelle bei der Schickardschen Rechenmaschine

Die Zahlen auf Winkel abzubilden, hat große Vorteile:

- Die mechanische Realisierung mit Zahnrädern ist relativ einfach.
- Die Genauigkeit bleibt auch über mehrere Stellen erhalten.
- Unterteilt man jedes Rad in zehn gleiche Winkel, wie im Bild 2-4, so hat man einen Dezimalrechner.

Deshalb hat sich dieses Prinzip durchgesetzt und ist bei fast allen mechanischen Rechenmaschinen bis ins 20. Jahrhundert umgesetzt.

3 Zahlensysteme und ASCII-Zeichen

In diesem Kapitel wollen wir uns damit befassen, welche Möglichkeiten es gibt, Zahlen in einem Rechner darzustellen. Dabei unterscheidet man hauptsächlich zwischen ganzen und reellen Zahlen, die man beim Programmieren als integer bzw. float bezeichnet. Wir werden die in Bild 3-1 aufgeführten Darstellungsarten nacheinander kennen lernen und uns anschließend die Darstellung von Zeichen ansehen.

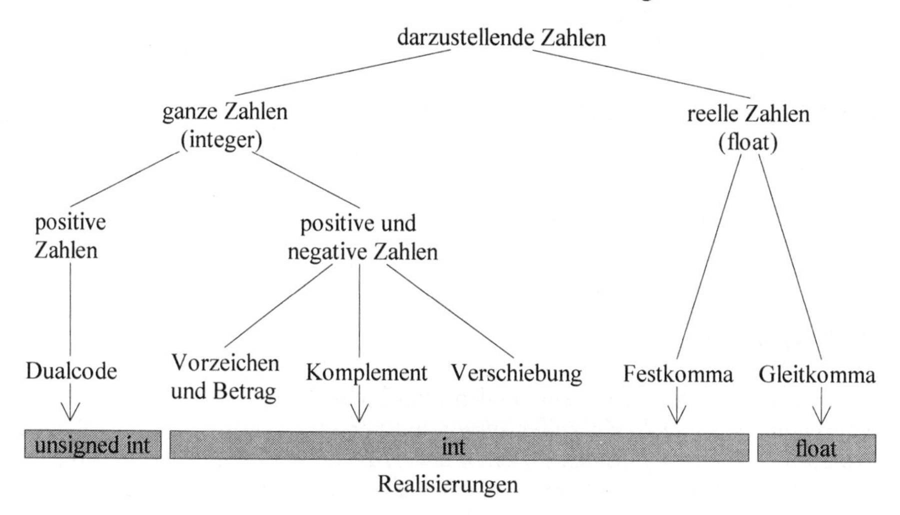

Bild 3-1: Überblick über die Zahlendarstellungsarten

Zur einfacheren Einführung des Dualcodes betrachten wir zunächst das uns vertraute Dezimalsystem.

3.1 Dezimalsystem

Eine wichtige Grundvoraussetzung für die Entwicklung der Datentechnik bildete die Festlegung auf ein sinnvolles Zahlensystem. Von den verschiedenen Zahlensystemen, wie zum Beispiel das Fünfer-System der Chinesen, das Zwanziger-System der Mayas und das Sechziger-System der Sumerer, hat sich nur das *Dezimalsystem* durchgesetzt, weil man beim Zählen und Rechnen die zehn Finger zu Hilfe nehmen kann. Das war der maßgebende Vorteil für die allgemeine Verbreitung.

Das Dezimalsystem gehört zu den so genannten *Stellenwertsystemen*, d. h. jeder Stelle einer Zahl ist eine Zehnerpotenz als Vervielfachungsfaktor zugeordnet.

Tausender	Hunderter	Zehner	Einer	Zehntel	Hundertstel
10^3	10^2	10^1	10^0	10^{-1}	10^{-2}
1	**2**	**3**	**4**	**5**	**6**

Tabelle 3-1: Aufbau des Dezimalsystems am Beispiel der Zahl $(1234{,}56)_{10}$

Mathematisch wird das Dezimalsystem durch die Formel

$$z = \sum_{i=-m}^{n} z_i\, b^i = \sum_{i=-m}^{n} z_i\, 10^i \qquad \text{mit } z_i \in \{0,1,2,...9\};\ m, n \text{ ganze Zahlen}$$

definiert. Auf das obige Beispiel angewendet bedeutet das:

$$(1234{,}56)_{10} = 1 \cdot 10^3 + 2 \cdot 10^2 + 3 \cdot 10^1 + 4 \cdot 10^0 + 5 \cdot 10^{-1} + 6 \cdot 10^{-2}$$

Dabei bezeichnet man den Zeichenvorrat, den man in diesem System benutzen darf, als *Alphabet*. Beim Dezimalsystem sind es die Ziffern 0 bis 9.

3.2 Dualsystem

Im Gegensatz zum Dezimalsystem mit den zehn Ziffern 0 bis 9 erwies es sich in der Datentechnik als sinnvoll, ein Zahlensystem mit nur zwei verschiedenen Zuständen festzulegen, z. B. mit den beiden Ziffern 0 und 1. Technisch kann man dieses binäre Zahlensystem, meist *Binärcode* genannt, einfach und sehr sicher realisieren.

Unter einem *Code* versteht man allgemein die eindeutige Zuordnung (Codierung) von einem Zeichenvorrat zu einem anderen. So ordnet zum Beispiel der ASCII-Code dem „A“ den binären Wert 0100 0001 zu.

Die Anzahl der Binärstellen werden in *bit* (bit = binary digit, binäre Stelle) angegeben. Eine 4 stellige Binärzahl (z. B. 0110) hat also 4 bit.

8 Binärstellen fasst man oft als 1 *Byte* zusammen: also 8 bit = 1 Byte oder kurz 1 B.

Beim *Dualsystem* oder *Dualcode* hat man definiert, dass jeder Stelle als Vervielfachungsfaktor eine Zweierpotenz zugeordnet wird (analog zum Dezimalsystem). Oder mathematisch ausgedrückt:

$$z = \sum_{i=-m}^{n} z_i\, 2^i \qquad \text{mit } z_i \in \{0,1\};\ m, n \text{ ganze Zahlen}$$

Beispiel: Die Dualzahl 1011,01 bedeutet also:

2^3	2^2	2^1	2^0	2^{-1}	2^{-2}
1	**0**	**1**	**1**	**0**	**1**

$$(1011{,}01)_2 = 1 \cdot 2^3 + 0 \cdot 2^2 + 1 \cdot 2^1 + 1 \cdot 2^0 + 0 \cdot 2^{-1} + 1 \cdot 2^{-2} = (11{,}25)_{10}$$

In der folgenden Tabelle sind die wichtigsten *Zweierpotenzen* zusammengestellt.

2^0	1	2^{10}	1024	2^{-1}	0,5
2^1	2	2^{11}	2048	2^{-2}	0,25
2^2	4	2^{12}	4096	2^{-3}	0,125
2^3	8	2^{13}	8192	2^{-4}	0,0625
2^4	16	2^{14}	16384	2^{-5}	0,03125
2^5	32	2^{15}	32768	2^{-6}	0,015625
2^6	64	2^{16}	65536	2^{-7}	0,0078125
2^7	128	2^{17}	131072	2^{-8}	0,00390625
2^8	256	2^{18}	262144	2^{-9}	0,001953125
2^9	512	2^{19}	524288	2^{-10}	0,0009765625

Tabelle 3-2: Zweierpotenzen mit ihren Dezimalwerten

Dezimalzahl		Dualzahl			
10^1	10^0	2^3	2^2	2^1	2^0
	0				0
	1				1
	2			1	0
	3			1	1
	4		1	0	0
	5		1	0	1
	6		1	1	0
	7		1	1	1
	8	1	0	0	0
	9	1	0	0	1
1	0	1	0	1	0
1	1	1	0	1	1
1	2	1	1	0	0
1	3	1	1	0	1
1	4	1	1	1	0
1	5	1	1	1	1

Tabelle 3-3: Einige Dezimalzahlen mit den dazugehörigen Dualzahlen

Die letzte Stelle der Dualzahlen ändert sich jeweils von einer Dezimalzahl zur nächsten. Sie gibt also an, ob die Zahl gerade oder ungerade ist. Dagegen ändert sich die vorletzte Stelle der Dualzahlen nur alle zwei Dezimalzahlen, die drittletzte Stelle nur alle vier Dezimalzahlen, die viertletzte Stelle nur alle acht Dezimalzahlen usw.

Betrachten wir Dualzahlen mit einer festen Länge n. Die Stelle, die am weitesten links steht, nennt man die *höchstwertige Stelle* (engl.: most significant bit, abgekürzt

MSB). Entsprechend heißt die Stelle, die ganz rechts steht, die *niederwertigste Stelle* (engl.: least significant bit, abgekürzt: *LSB*).

Die höchstwertige Stelle n gibt an, ob von dem Zahlenbereich, der sich mit dieser Stellenanzahl darstellen lässt, die obere oder untere Hälfte bezeichnet wird:

- 0 an Stelle n (MSB) kennzeichnet die Hälfte mit den kleineren Werten,
- 1 an Stelle n (MSB) kennzeichnet die Hälfte mit den höheren Werten.

Entsprechend teilt die Stelle n-1 jede Hälfte wiederum in zwei Hälften auf. Das setzt sich so weiter fort bis zur Stelle 1:

- 0 an Stelle 1 (LSB) kennzeichnet eine gerade Zahl,
- 1 an Stelle 1 (LSB) kennzeichnet eine ungerade Zahl.

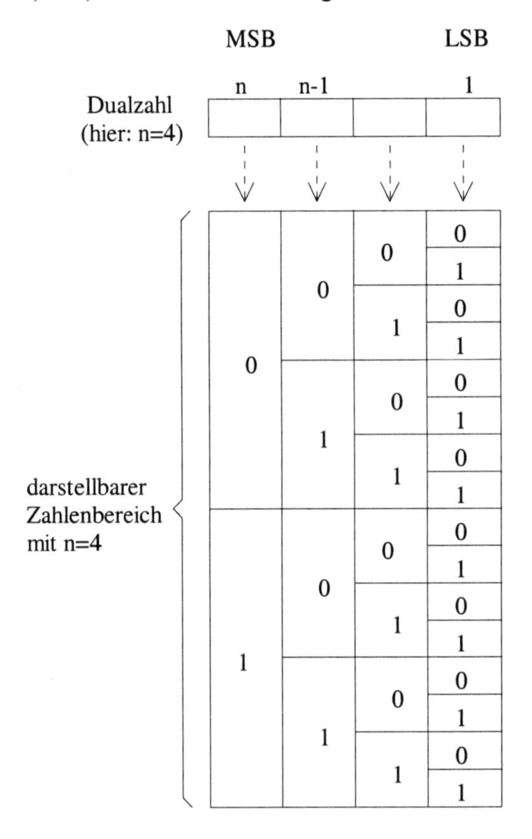

Bild 3-2: Bedeutung der Stellen einer Dualzahl

Für das Arbeiten mit dem Dualsystem brauchen wir noch folgende Regeln:

Bei einer Dualzahl mit einer Länge von n Stellen gilt:

- Es können 2^n verschiedene Zahlen dargestellt werden!
- Die größte darstellbare Zahl beträgt $2^n - 1$!

Beispiel: Im Bild 3-2 ist n = 4. Also gilt:
$2^4 = 16$ verschiedene Zahlen sind möglich.
Die größte Zahl ist $2^4 - 1 = 16 - 1 = 15$.

Eine Addition erfolgt im Dualsystem prinzipiell wie im Dezimalsystem. Bei zwei Summanden sind folgende Kombinationen möglich:

0 + 0 = 0,
0 + 1 = 1,
1 + 0 = 1,
1 + 1 = 0 und ein Übertrag in die nächst höhere Stelle.

3.2.1 Umwandlung von Dual- in Dezimalzahlen

Zur Umwandlung (auch *Konvertierung* genannt) von Dualzahlen in Dezimalzahlen muss man die Zweierpotenzen kennen, oder man verwendet die Tabelle 3-2.

Beispiel: $(100111011{,}01)_2 \rightarrow (315{,}25)_{10}$

Man trägt die Dualzahl in die Tabelle ein und addiert dann alle Zweierpotenzen, in deren Spalte eine 1 steht:

2^{10}	2^9	2^8	2^7	2^6	2^5	2^4	2^3	2^2	2^1	2^0	2^{-1}	2^{-2}	2^{-3}
1024	512	256	128	64	32	16	8	4	2	1	0,5	0,25	0,125
		1	**0**	**0**	**1**	**1**	**1**	**0**	**1**	**1**	**0**	**1**	**0**

$$2^8 + 2^5 + 2^4 + 2^3 + 2^1 + 2^0 + 2^{-2} = 256 + 32 + 16 + 8 + 2 + 1 + 0{,}25 = 315{,}25$$

3.2.2 Umwandlung von Dezimal- in Dualzahlen

Will man eine Dezimalzahl in eine Dualzahl umwandeln, dann muss man die Zweierpotenzen kennen. Wenn man z. B. $(315{,}25)_{10}$ in eine Dualzahl konvertieren will, dann muss man die höchste Zweierpotenz suchen, die in 315,25 enthalten ist, also $256 = 2^8$. Für den Rest bestimmt man wieder die höchste Zweierpotenz usw.

```
315,25-256=59,25
               59,25-32=27,25
                           27,25-16=11,25
                                       11,25-8=3,25
                                                  3,25-2=1,25
                                                           1,25-1=0,25
                                                                   0,25-0,25=0
```

$1\cdot2^8 + 1\cdot2^5 + 1\cdot2^4 + 1\cdot2^3 + 1\cdot2^1 + 1\cdot2^0 + 1\cdot2^{-2}$
$= (100111011{,}01)_2$

Bei ganzen Dezimalzahlen kann man das Verfahren vereinfachen. Man teilt die Dezimalzahl fortlaufend durch 2 und vermerkt jeweils, ob ein Rest auftritt oder nicht. Die Reste von unten nach oben gelesen, ergeben die Dualzahl.

Beispiel:
315 : 2 = 157 Rest 1
157 : 2 = 78 Rest 1
78 : 2 = 39 Rest 0
39 : 2 = 19 Rest 1
19 : 2 = 9 Rest 1
9 : 2 = 4 Rest 1
4 : 2 = 2 Rest 0
2 : 2 = 1 Rest 0
1 : 2 = 0 Rest 1 → Dualzahl: 100111011

Erklärung: Ein Teilen durch 2 entspricht im Dualcode ein Verschieben der Zahl um eine Stelle nach rechts: aus $(100)_2 = (4)_{10}$ wird $(10)_2 = (2)_{10}$.
Entsteht beim Dividieren durch 2 ein Rest, dann war die Zahl ungerade und das bedeutet im Dualcode, dass die letzte Stelle 1 sein muss.
Die letzte Division „1 : 2“ ergibt immer einen Rest, der dann die höchste Stelle des Dualcodes bildet.

3.3 Darstellung von negativen Zahlen

Mit dem Dualcode kann man alle positiven ganzen Zahlen einschließlich der Null darstellen. Wie kann man aber mit dem Dualcode negative Zahlen erzeugen?

Im Dezimalsystem werden neben den zehn Ziffern 0 bis 9 auch noch die beiden Vorzeichen + und - sowie das Komma verwendet. Bei der Darstellung von Zahlen in Rechnern wollen wir aber an dem Binärcode festhalten: Es stehen uns also nur die beiden Zeichen 0 und 1 zur Verfügung. Die Vorzeichen und das Komma dürfen nicht als neue Zeichen eingeführt werden.

3.3.1 Zahlendarstellung mit Vorzeichen und Betrag

Analog zu dem Dezimalsystem bietet sich zunächst das Verfahren *Vorzeichen und Betrag* an. Dabei gibt das Bit, das am weitesten links steht, das Vorzeichen an. Da führende Nullen oder ein Pluszeichen eine Dezimalzahl nicht verändern, ergibt sich fast zwangsläufig folgende Definition für das Vorzeichenbit:

- 0 → positive Zahl
- 1 → negative Zahl.

Beispiel: $(+91)_{10} = (\mathbf{0}\ 101\ 1011)_2$
$(-91)_{10} = (\mathbf{1}\ 101\ 1011)_2$

Das linke Bit erhält also die Bedeutung eines Vorzeichens, ohne dass wir ein zusätzliches Zeichen im Binärsystem aufnehmen müssen.

	Vorzeichen	Betrag	
+5	0	000 0101	positive Zahlen
+4	0	000 0100	
+3	0	000 0011	
+2	0	000 0010	
+1	0	000 0001	
+0	0	000 0000	
-0	1	000 0000	negative Zahlen
-1	1	000 0001	
-2	1	000 0010	
-3	1	000 0011	
-4	1	000 0100	
-5	1	000 0101	

Tabelle 3-4: Negative Zahlen gebildet durch Vorzeichen und Betrag

Bei Programmbeginn kann man eine Zahl als unsigned bzw. signed, also ohne bzw. mit Vorzeichen, deklarieren. Dadurch ändert sich die Bedeutung des höchsten Bits, was wieder Auswirkungen auf das Rechenwerk hat:

- Bei der Addition von Zahlen ohne Vorzeichen (unsigned) werden alle Stellen addiert unabhängig davon, ob das höchste Bit jeweils 0 oder 1 ist.
- Bei Zahlen mit Vorzeichen (signed) bedeutet eine 1 als höchstes Bit eine Subtraktion, also eine von der Addition abweichende Operation.
- Bei der Subtraktion muss die betragsmäßig kleinere Zahl von der größeren abgezogen werden. Unter Umständen muss man dazu die Operanden vertauschen und das beim Vorzeichen des Ergebnisses berücksichtigen.
  Beispiel: 392 – 528 = - (528 – 392) = -136

Diese Fallunterscheidungen müssen bei jeder Addition bzw. Subtraktion durchgeführt werden und verzögern deshalb diese Operationen. Besser wäre ein Verfahren, bei dem das Rechenwerk die Zahlen sofort verabeiten kann, egal ob sie ein Vorzeichen haben oder nicht und ob sie addiert oder subtrahiert werden sollen.

Zusammenfassung: Vorzeichen und Betrag

Zahlenbereich (für n = 8): von 0111 1111 also $+ (2^7 - 1) = +127$
bis 1111 1111 also $- (2^7 - 1) = -127$.

Vorteile: Negative Zahlen kann man direkt darstellen und muss sie nicht erst errechnen (wie bei der Komplement-Darstellung).

Nachteile: 1) Für die Null gibt es zwei verschiedene Darstellungen: 0000 0000 und 1000 0000. Es bedeutet einen gewissen Zusatzaufwand, dies als Gleichheit zu erkennen.

2) Bei der Subtraktion müssen die Operanden vertauscht werden, wenn der Betrag des Subtrahenden größer ist als der des Minuenden. Auch dafür ist eine zusätzliche Logik erforderlich.
3) Das Rechenwerk muss Zahlen mit und ohne Vorzeichen unterschiedlich verarbeiten.
4) Das Rechenwerk muss addieren und subtrahieren können.

3.3.2 Negative Zahlen durch Komplement-Darstellung

Eine andere Methode, um negative Zahlen zu bilden, basiert auf der Komplement-Bildung. Dazu sind einige Vorbetrachtungen notwendig.
In der Rechnertechnik wird die Subtraktion überwiegend auf die Addition zurückgeführt, indem man, anstatt den Subtrahenden abzuziehen, eine geeignete Zahl addiert. Diese Zahl bezeichnet man als *Komplement.* Dieses Verfahren ist aber nur möglich, wenn der Zahlenbereich begrenzt ist. Bei Rechnern ist durch die Wortlänge, z. B. 16 bit oder 32 bit, der Zahlenbereich fest vorgegeben.

Machen wir uns das Prinzip an einem Beispiel aus dem Dezimalsystem klar.

Beispiel: Voraussetzung: Wir wollen nur *einstellige* Dezimalzahlen zulassen!
Berechnet werden soll: 8 - 3 = ?
Wir wollen diese Subtraktion durch eine Addition ersetzen. Welche Zahl muss man dann zu 8 addieren und wie erhält man das richtige Ergebnis?

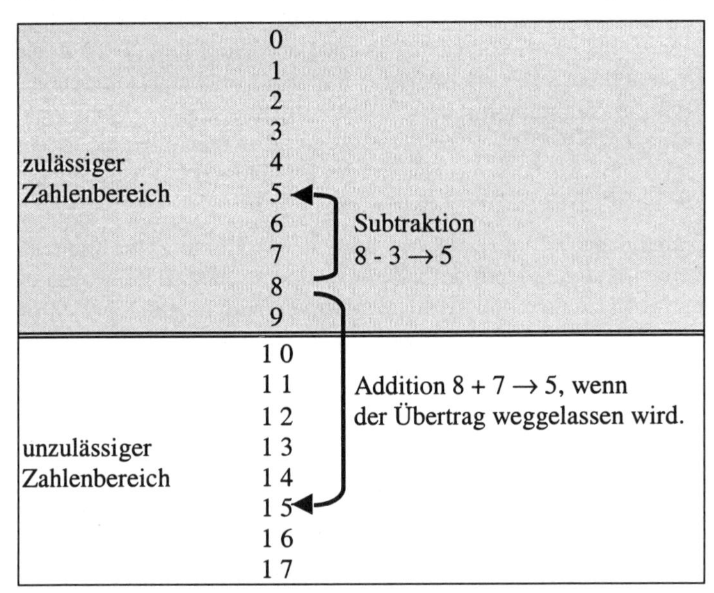

Bild 3-3: Prinzip der Komplement-Rechnung: Anstatt von 8 den Wert 3 zu subtrahieren, addiert man zu 8 das Komplement von 3 und lässt den Übertrag weg.

Wenn man zu 8 die Zahl 7 addiert, erhält man als Ergebnis 15. Da diese Zahl außerhalb des zulässigen Zahlenbereiches liegt, lässt man den Übertrag auf die nächste Stelle weg und hat das richtige Ergebnis 5. Dieses Ergebnis ist wieder eine Zahl aus dem zugelassenen Zahlenbereich.

Man bezeichnet die Zahl 7 als das (Zehner-)Komplement zu 3. Die Zahl (hier 3) plus ihr Komplement (hier 7) ergeben hier 10, also die größte zugelassene Zahl plus 1.

Als allgemeine Regel kann man aufstellen:

Eine Zahl x plus dem Komplement von x ergibt die größte zugelassene Zahl + 1.

Oder die Regel anders ausgedrückt:

Das Komplement zu einer Zahl x erhält man, indem man die größte zugelassene Zahl um 1 erhöht und davon x subtrahiert.

Bisher haben wir das Problem der Subtraktion anscheinend noch nicht gelöst, da man zur Komplement-Bildung doch noch subtrahieren muss. Im Dualsystem ist das zum Glück aber nicht notwendig, wie wir im Folgenden feststellen werden.

Die obige allgemeine Regel wird dabei konkretisiert auf Zweier- und Einer-Komplement.

3.3.2.1 Zweier-Komplement

Definition: Im Dualsystem erhält man zu einer n-stelligen Zahl x das *Zweier-Komplement* $K_2(x)$ durch Invertieren aller n Bits und anschließendem Addieren einer Eins.

Beispiel: $x = (91)_{10} = (0101\ 1011)_2$ mit n = 8, also als achtstellige Dualzahl.

Dualzahl	0101 1011
Invertierte Zahl	1010 0100
+ 1	0000 0001
Komplement $K_2(91)$	1010 0101

Probe: Addiert man die Dualzahl und ihr Zweier-Komplement, dann muss die größte zugelassene Zahl (bei n = 8: 1111 1111) plus 1 (also 1 0000 0000) herauskommen.

Dualzahl (91)	0101 1011	
+ Komplement $K_2(91)$	1010 0101	
	1 0000 0000	Stimmt also!

Die Zweier-Komplement-Bildung im Dualsystem ist damit zwar erklärt, aber das Ziel dieses Abschnittes ist es, negative Zahlen festzulegen. Wenn man eine größere Zahl von einer kleineren subtrahiert, erhält man zwangsläufig eine negative Zahl. Berechnen wir z. B. 3 – 4 bzw. 3 + $K_2(4)$:

Für n = 8 gilt: $(3)_{10} = (0000\ 0011)_2$ $(4)_{10} = (0000\ 0100)_2$

Dualzahl 4		0000 0100
$K_2(4)$:	invertiert	1111 1011
	+1	0000 0001
		1111 1100
Dualzahl 3		0000 0011
+ $K_2(4)$		1111 1100
- 1		1111 1111

Die Zahl -1 wird also bei Anwendung des Zweier-Komplements als 1111 1111 dargestellt. Mit ähnlichen Rechnungen kann man weitere negative Zahlen bestimmen. Dabei ist die linke Stelle immer eine 1. Wie bei der Darstellung „Betrag und Vorzeichen" bildet das höchstwertige Bit auch hier eine Vorzeichenstelle.

Zahl						
+8	0	1	0	0	0	
+7	0	0	1	1	1	n = 4 → 16 Zahlen
+6	0	0	1	1	0	
+5	0	0	1	0	1	
+4	0	0	1	0	0	
+3	0	0	0	1	1	n = 3 → 8 Zahlen
+2	0	0	0	1	0	
+1	0	0	0	0	1	n = 2 → 4 Zahlen
0	0	0	0	0	0	
-1	1	1	1	1	1	
-2	1	1	1	1	0	
-3	1	1	1	0	1	
-4	1	1	1	0	0	
-5	1	1	0	1	1	
-6	1	1	0	1	0	
-7	1	1	0	0	1	Positive Zahlen beginnen mit 0,
-8	1	1	0	0	0	negative Zahlen beginnen mit 1.
-9	1	0	1	1	1	

Bild 3-4: Dualzahlen im Zweierkomplement mit der benötigten Stellenanzahl

Bei der Zweier-Komplement-Darstellung gelten folgende Regeln:

1) Zahl auf die richtige Stellenanzahl bringen.
2) Bei positiven Zahlen steht als MSB eine 0 und bei negativen Zahlen eine 1.
3) Um den Betrag einer negativen Zahl zu erhalten, muss man wieder das Zweier-Komplement bilden.

Sehr wichtig bei der Komplement-Bildung ist die Festlegung und Einhaltung des zulässigen Zahlenbereiches. Deshalb sind im Bild 3-4 und in der Tabelle 3-5 die darstellbaren Zahlenbereiche angegeben.

Wortlänge	nur positiver Bereich	Zweierkomplement	
		positiver Bereich	negativer Bereich
n	$0 \dots 2^n - 1$	bis $2^{n-1} - 1$	bis -2^{n-1}
2	0 ... 3	1	-2
3	0 ... 7	3	-4
4	0 ... 15	7	-8
5	0 ... 31	15	-16
6	0 ... 63	31	-32
7	0 ... 127	63	-64
8	0 ... 255	127	-128
9	0 ... 511	255	-256
10	0 ... 1023	511	-512
11	0 ... 2047	1023	-1024
12	0 ... 4095	2047	-2048
16	0 ... 65.535	32.767	-32.768
24	0 ... 16.777.215	8.388.607	-8.388.608
32	0 ... 4.294.967.295	2.147.483.647	-2.147.483.648

Tabelle 3-5: Darstellbare Zahlenbereiche in Abhängigkeit von der Wortlänge

3.3.2.2 Einer-Komplement

Bei der Bildung des Zweier-Komplements muss man nach dem Invertieren noch eine 1 addieren. Diese Addition vermeidet man bei dem Einer-Komplement.

Definition: Im Dualsystem erhält man zu einer n-stelligen Zahl x das *Einer-Komplement* $K_1(x)$ durch Invertieren aller n Bits.

Beispiel: $x = (91)_{10} = (0101\ 1011)_2$ mit n = 8, also als achtstellige Dualzahl.

Dualzahl	0101 1011
Komplement $K_1(91)$	1010 0100

Probe: Addiert man die Dualzahl und ihr Einer-Komplement, dann muss die größte zugelassene Zahl (bei n = 8: 1111 1111) herauskommen.

Dualzahl (91)	0101 1011	
+ Komplement $K_1(91)$	1010 0100	
	1111 1111	Stimmt also!

Wie sind die negativen Zahlen beim Einer-Komplement festgelegt? Führen wir also wieder die Subtraktion 3 - 4 durch:

Für n = 8 gilt: $(3)_{10} = (0000\ 0011)_2$ $(4)_{10} = (0000\ 0100)_2$

Dualzahl 4		0000 0100
$K_1(4)$:	invertiert	1111 1011
Dualzahl 3		0000 0011
+ $K_1(4)$		1111 1011
- 1		1111 1110

Die Zahl -1 wird bei Anwendung des Einer-Komplements als 1111 1110 dargestellt. Auch bei den anderen negativen Zahlen steht immer eine 1 an der linken Stelle .

Es gibt beim Einer-Komplement eine „positive" Null und eine „negative" Null:

$K_1(x) = 1111\ 1111 \rightarrow x = 0000\ 0000$

Zahl					
+8	0	1	0	0	0
+7	0	0	1	1	1
+6	0	0	1	1	0
+5	0	0	1	0	1
+4	0	0	1	0	0
+3	0	0	0	1	1
+2	0	0	0	1	0
+1	0	0	0	0	1
+0	0	0	0	0	0
-0	1	1	1	1	1
-1	1	1	1	1	0
-2	1	1	1	0	1
-3	1	1	1	0	0
-4	1	1	0	1	1
-5	1	1	0	1	0
-6	1	1	0	0	1
-7	1	1	0	0	0
-8	1	0	1	1	1

n = 4 → 16 Zahlen

n = 3 → 8 Zahlen

n = 2 → 4 Zahlen

Positive Zahlen beginnen mit 0, negative Zahlen beginnen mit 1.

Bild 3-5: Dualzahlen im Einerkomplement mit der benötigten Stellenanzahl

Beim Einer-Komplement gelten ähnliche Regeln wie beim Zweier-Komplement:

1) Zahl auf die richtige Stellenanzahl bringen.
2) Bei positiven Zahlen steht als MSB 0 und bei negativen Zahlen eine 1.
3) Um den Betrag einer negativen Zahl zu erhalten, muss man wieder das Einer-Komplement bilden.

Da die Null beim Einer-Komplement doppelt vorkommt, ist der Zahlenbereich bei gleicher Stellenanzahl jeweils um eine Zahl kleiner als beim Zweier-Komplement (→ Bild 3-5).

3.3.2.3 Rechenregeln beim Einer- und Zweier-Komplement

Beim Rechnen mit Komplementen muss man folgende Regeln beachten:

1) Anzahl der Stellen festlegen bzw. zulässigen Zahlenbereich beachten.
2) Zahlen in voller Stellenzahl darstellen.
3) Einer- bzw. Zweier-Komplement bilden.

Zusätzlich:

1) Beim Zweier-Komplement wird ein Überlauf nicht berücksichtigt. (Voraussetzung ist natürlich, dass der Zahlenbereich eingehalten wird).
2) Gibt es beim Einer-Komplement einen Überlauf, dann muss man eine 1 addieren.

Beispiele: mit n = 8 Stellen; $(35)_{10} \rightarrow (0010\ 0011)_2$; $(91)_{10} \rightarrow (0101\ 1011)_2$

	Dezimal	**Einer-Komplement**	**Zweier-Komplement**
	35	$K_1(35)$ = 1101 1100	$K_2(35)$ = 1101 1101
	91	$K_1(91)$ = 1010 0100	$K_2(91)$ = 1010 0101
1)	35	0010 0011	0010 0011
	+ 91	0101 1011	0101 1011
	+126	0111 1110	0111 1110
2)	35	0010 0011	0010 0011
	- 91	1010 0100	1010 0101
	- 56	1100 0111	1100 1000
		K_1(1100 0111) = 0011 1000	K_2(1100 1000) = 0011 1000
3)	- 35	1101 1100	1101 1101
	+ 91	0101 1011	0101 1011
		1 0011 0111	1 0011 1000
		Überlauf → +1 0000 0001	Überlauf weglassen
	+ 56	0011 1000	0011 1000
4)	- 35	1101 1100	1101 1101
	- 91	1010 0100	1010 0101
		1 1000 0000	1 1000 0010
		Überlauf → +1 0000 0001	Überlauf weglassen
	- 126	1000 0001	1000 0010
		K_1(1000 0001) = 0111 1110	K_2(1000 0010) = 0111 1110

Fazit aus diesen Beispielen:

1) Bei positiven Zahlen rechnet man mit den „normalen" Dualzahlen. Da keine negativen Zahlen auftreten, gibt es keinen Unterschied, ob man für deren Darstellung das Einer- oder Zweier-Komplement vereinbart hat.
2) Ist ein Ergebnis negativ, kann man das entsprechende Komplement bilden, falls man den Betrag wissen möchte. Wenn es aber in einer nachfolgenden Rechnung weiter verwendet wird, kann man das Ergebnis direkt übernehmen.

Entscheidend bei der Komplement-Bildung ist die Einhaltung des zulässigen Zahlenbereiches (→ z. B. Tabelle 3-5). Ein Rechenwerk erkennt zwei Arten von möglichen Überschreitungen des Zahlenbereichs:

1) Tritt bei einer n-stelligen Zahl ein *Übertrag* in die nächst höhere Stelle n+1 auf, dann wird das *Carry*bit C gesetzt. Beim Rechnen mit positiven Zahlen (unsigned integer) bedeutet das eine Überschreitung des Zahlenbereichs.

   Beispiel: Addition von 255 und 1 als achtstellige Zahlen:

   $255|_{10}$ → 1111 1111
   $1|_{10}$ → <u>0000 0001</u>
   1 0000 0000 → Das Ergebnis ist bei n = 8: $0|_{10}$.
   Deshalb als Markierung „Carry".

2) Gibt es bei einer n-stelligen Zahl einen *Überlauf* entweder in die Stelle n+1 oder in die (Vorzeichen-)Stelle n, dann wird das *Overflow*bit O (O = C_{n+1} EXOR C_n) gesetzt. Beim Rechnen in der Komplement-Darstellung (signed integer) liegt dann eine Zahlenbereichsüberschreitung vor. Sie kann bei der Addition zweier positiver oder zweier negativer Zahlen auftreten.

   Beispiele: Addition von 127 und 1 als achtstellige Zahlen (Zweier-Komplement):

   $127|_{10}$ → **0**111 1111
   $1|_{10}$ → <u>**0**000 0001</u>
   1000 0000 → Das Ergebnis lautet: $-128|_{10}$.
   Deshalb als Markierung „Overflow".

   Addition von -128 und -1 als achtstellige Zahlen mit Zweier-Komplement-Darstellung

   $-128|_{10}$ → **1**000 0000
   $-1|_{10}$ → <u>**1**111 1111</u>
   1 **0**111 1111 → Das Ergebnis lautet: $+127|_{10}$.
   Deshalb als Markierung „Overflow".

Das Bild 3-6 zeigt, dass bei diesen drei Beispielen jeweils die Bereichsgrenze überschritten wird. Es muss also eine Markierung des Ergebnisses mit „Carry" bzw. „Overflow" erfolgen, da das fehlerhafte Ergebnis sonst als korrekt gewertet wird.

Das Rechenwerk selbst kann zwischen Zahlen ohne oder mit Vorzeichenstelle nicht unterscheiden. Deshalb muss das Programm vorgeben, ob entweder das C- oder O-Bit abzuprüfen ist.

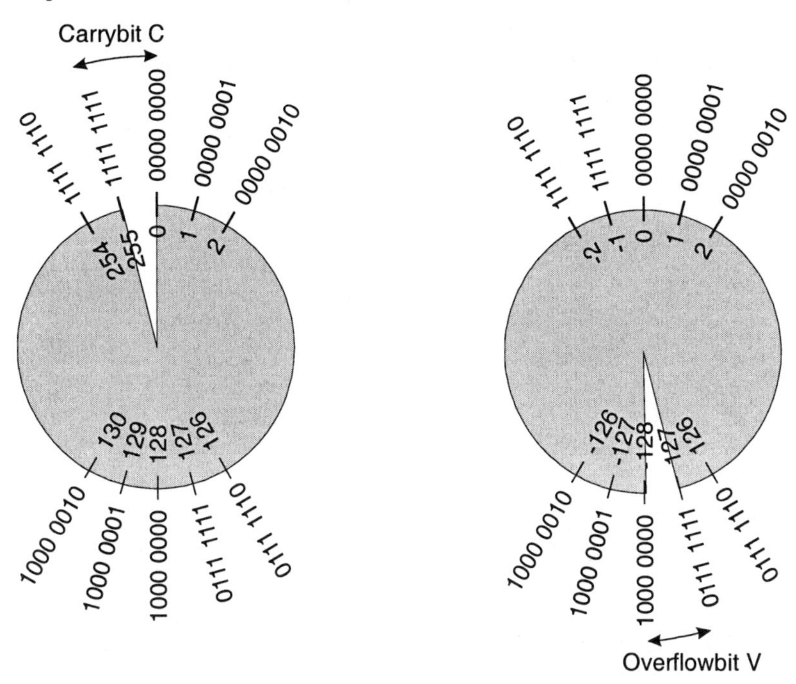

Bild 3-6: *Zahlenring* für achtstellige Zahlen: positive Zahlen (links) und Zweier-Komplement (rechts). Bei Bereichsüberschreitung wird das Carrybit C (links) bzw. das Overflowbit V (rechts) gesetzt.

Zusammenfassung: Komplement-Darstellung

Zahlenbereich (für n = 8):

von	0111 1111	also + $(2^7 - 1) = +127$
bis	1000 0000	also $-2^7 = -128$ beim Zweier-Komplement
bzw.	1000 0000	also $-(2^7 - 1) = -127$ beim Einer-Komplement.

Vorteile:
1) Anstelle einer Subtraktion addiert man das entsprechende Komplement des Subtrahenden: $a - b = a + K(b)$.
2) Beim Zweier-Komplement: Die Null wird eineindeutig dargestellt.

Nachteile:
1) Man muss das Komplement bilden.
2) Die Bildung des Zweier-Komplements ist etwas aufwendiger als beim Einer-Komplement.

3.3.3 Verschiebung um einen Basiswert

Wenn man einen gemischten Zahlenbereich aus positiven und negativen Zahlen nur mit positiven Werten darstellen will, dann kann man das erreichen, indem man den gemischten Zahlenbereich um einen *Basis-* oder *Biaswert* (bias, engl.: verschieben) ins Positive verschiebt. Der Bias-Wert entspricht etwa dem mittleren Wert des Zahlenbereichs.

Beispiel für n = 8: Gemischter Zahlenbereich -127 ... +128
→ Bias: 127
→ positiver Zahlenbereich 0 ... 255.

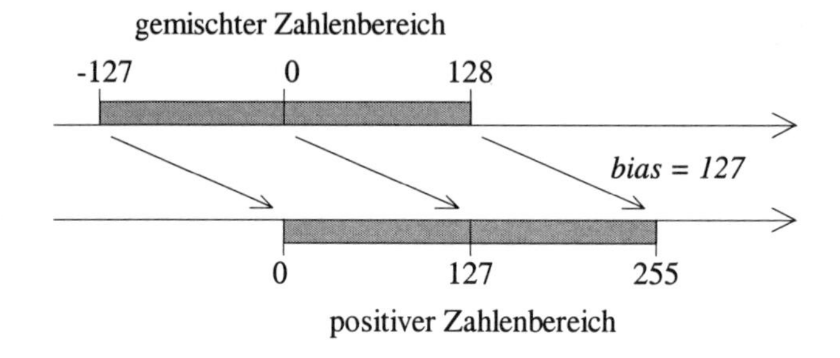

Bild 3-7: Darstellung von gemischten Zahlen durch Verschieben um einen Biaswert

Durch Addition des Basiswertes erhält man aus der gemischten Zahlendarstellung die positive, verschobene Zahl.

Beispiele: „45" im gemischten Zahlenbereich ergibt 45 + 127 = 172 im positiven Zahlenbereich.
„-28" im gemischten Zahlenbereich ergibt -28 + 127 = 99 im positiven Zahlenbereich.

Zusammenfassung: Ganze Zahlen

Zur Darstellung von negativen Zahlen benutzt man das Zweier- und Einer-Komplement, da das Rechenwerk positive und negative Zahlen einheitlich bearbeiten kann. Die Vor- und Nachteile zwischen den beiden Darstellungsformen wiegen sich zwar gegenseitig auf, aber die sehr weit verbreiteten Mikroprozessor-Familien Intel 80x86 und Motorola 680x0 arbeiten in ihren internen Rechenwerken mit dem Zweier-Komplement.

Dagegen beschränkt sich die Darstellung negativer Zahlen mit Vorzeichen und Betrag oder durch Verschiebung nur auf bestimmte Sonderfälle (→ Kap. 3.4.2):

- Vorzeichen und Betrag: Darstellung der Mantisse bei Gleitkommazahlen,
- Verschiebung: Darstellung des Exponenten bei Gleitkommazahlen.

3.4 Reelle Zahlen

Bisher haben wir nur ganze Zahlen betrachtet. Nun wollen wir auch gebrochene Zahlen zulassen. Wie kann man aber das Komma angeben, da die beiden binären Zeichen schon belegt sind? Dazu gibt es zwei verschiedene Strategien:

- Festkomma-Darstellung und
- Gleitkomma-Darstellung.

3.4.1 Festkomma-Darstellung

Bei der *Festkomma*-Darstellung deklariert man die Variable intern als Integer-Wert und verwaltet stattdessen die Kommastelle im Programm. Bei jeder Rechenoperation überprüft das Programm, ob und um wie viele Stellen sich das Komma verändert.

Die Eingabe der Zahlen kann man u. U. vereinfachen, indem man nur die Ziffernfolge ohne Komma anzugeben braucht. So kann man sich bei häufigen Eingaben etwas Tipparbeit ersparen, besonders bei folgenden Fällen:

Beispiele:	kleine gebrochene Zahlen		
	(Kapazität eines Kondensators)	(, 000) 47	Farad
	gemischte Zahlen	1 234, 56	€
	große ganze Zahlen		
	(mittlere Entfernung Erde – Mond)	384 (000,)	km

Da z. B. bei einer Festkomma-Addition das Komma aller Operanden an der gleichen Stelle stehen muss, sind gegebenenfalls die Operanden vorher zu transformieren. Dabei entstehen durch Auf- bzw. Abrunden Ungenauigkeiten.

Beispiel: 113,46 € + 16 % MwSt.

$$\begin{array}{rr} & 113{,}46\ € \\ 16\ \%\ \text{von}\ 113{,}46 = 18{,}1536\ \rightarrow & \underline{18{,}15\ €} \\ & 131{,}61\,€ \end{array}$$

3.4.2 Gleitkomma-Darstellung

Bei der *Gleitkomma*-Darstellung (auch halblogarithmische Darstellung genannt) ist das Komma ein fester Bestandteil der Zahl. Durch eine standardisierte Schreibweise braucht man es nicht explizit anzugeben.

Wir betrachten im Folgenden die *Floatingpoint*-Darstellung nach dem Standard ANSI/IEEE 754 (US-American National Standard Institute / Institute of Electrical and Electronics Engineers). Dieser Standard hat sich inzwischen durchgesetzt und bildet die Grundlage sowohl für einen weltweiten Datenaustausch wie auch für die Rechenwerke in den Mikroprozessoren.

In der Gleitkomma-Darstellung wird jede Zahl z in der Form

$$z = \pm m \cdot b^{\pm e}$$

dargestellt. Dabei ist m die *Mantisse*, e der Exponent und b die Basis des Exponenten. Sowohl die Mantisse wie auch der Exponent haben ein Vorzeichen.

Zur Darstellung einer Gleitkomma-Zahl braucht man also folgende Angaben:

1) Vorzeichen der Mantisse,
2) Betrag der Mantisse mit Komma,
3) Basis (ganze Zahl),
4) Vorzeichen des Exponenten und
5) Betrag des Exponenten (ganze Zahl).

Fünf verschiedene Angaben für eine Zahl beanspruchen viel Speicherplatz. Deshalb will man diese Anzahl verkleinern. Dazu gibt es verschiedene Möglichkeiten. Im *IEEE-Standard 754* ist definiert:

- Das Vorzeichen s wird folgendermaßen festgelegt:
  s = 0 : positiv ; s = 1 : negativ .
- Die Angabe der Basis erübrigt sich, da die Basis durch die Hardware des Rechners festgelegt ist. Der IEEE-Standard bezieht sich auf die Basis 2.
- Um bei den Gleitkomma-Zahlen das Komma der Mantisse nicht darstellen zu müssen, werden die Zahlen *normalisiert*. Das heißt, bei der Mantisse steht das Komma rechts neben der höchstwertigen Stelle, die ungleich Null ist.

Definition: Eine Gleitkomma-Zahl der Form $\pm\, m \cdot b^{\pm e}$ heißt normalisiert, falls gilt:

$$b > |m| \geq 1.$$

Beispiele: Dezimalsystem $654{,}321 \rightarrow 6{,}54321 \cdot 10^{2}$

$0{,}06543 \rightarrow 6{,}543 \cdot 10^{-2}$

Dualsystem $1001{,}011 \rightarrow 1{,}001011 \cdot 2^{3}$

$0{,}011011 \rightarrow 1{,}1011 \cdot 2^{-2}$

Da im Binärsystem $2 > |m| \geq 1$ gilt, muss die Stelle links vom Komma stets 1 sein. Wenn aber jede normalisierte Zahl im Dualsystem mit „1," beginnt, dann kann man diesen Teil auch weglassen. Deshalb gibt man mit *fraction f* (engl.: echte gebrochene Zahl) nur die Stellen rechts vom Komma an. Beim Fraction *f* fehlt gegenüber der Mantisse die führende Eins und das Komma.

- Das Vorzeichen des Exponenten e vermeidet man, indem man den Zahlenbereich um einen *Basiswert* (bias) verschiebt (siehe Abschnitt 3.3.3). Den verschobenen (positiven) Exponenten bezeichnet man auch als *Charakteristik c* oder *biased Exponent*. Diese Art der Darstellung hat den Vorteil, dass man zwei Exponenten schnell vergleichen kann. Für die Umwandlung gilt:

  Charakteristik = biased Exponent = Exponent + bias

  Bei der Charakteristik benutzt man den größten und kleinsten Wert nur für spezielle Ersatzdarstellungen, die wir später noch betrachten werden.

Beispiel für einen Exponent mit n = 8:
→ Charakteristik: 1 bis 254 (0 und 255 haben spezielle Bedeutungen)
→ Exponent: -126 bis +127
→ Bias: 127

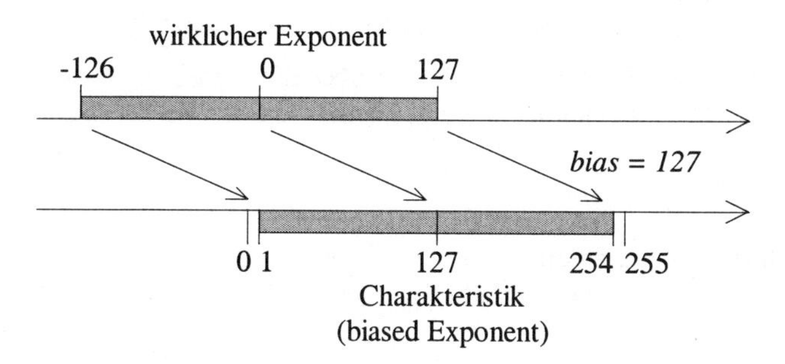

Bild 3-8: Umwandlung des Exponenten in die Charakteristik

Beispiele: Exponent = 45 → Charakteristik = 45 + 127 = 172
Exponent = -28 → Charakteristik = -28 + 127 = 99

Jetzt benötigt man nur noch 3 Angaben zur Darstellung einer Gleitkommazahl:

- das Vorzeichen der Mantisse,
- die Mantisse in normalisierter Form und
- den Exponenten als biased-Wert (Charakteristik).

In der IEEE 754 sind single, double und extended precision als Standardformate definiert. In den Coprozessoren der früheren Mikroprozessor-Generationen wurde das extended precision Format verwendet. Aus dieser Zeit ist auch die Angabe der Mantisse (also mit „1,“) anstatt des Fractions zu erklären. Heute arbeitet z. B. der Pentium intern in diesem Format. Seine acht Gleitkommaregister sind je 80 bit lang.

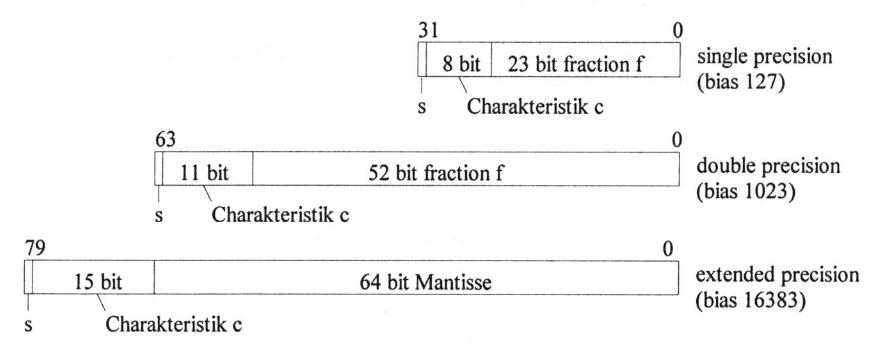

Bild 3-9: 32, 64 und 80 bit Standardformate für Gleitkommazahlen nach IEEE 754

Beispiel:

0	1000 1111	1000 1001 1010 1011 1100 000
Vorzeichen	Charakteristik	fraction

$$+\ 1{,}1000\ 1001\ 1010\ 1011\ 1100\ 000 \cdot 2^{1000\ 1111 - 0111\ 1111}$$
$$= +\ 1{,}1000\ 1001\ 1010\ 1011\ 1100\ 000 \cdot 2^{0001\ 0000}$$
$$= (+\ 1\ 1000\ 1001\ 1010\ 1011{,}1100\ 000)_2 = (+\ 100.779{,}75)_{10}$$

Die Stellenanzahl der Mantisse entscheidet über die Genauigkeit der Gleitkomma-Zahl, während die Stellenanzahl des Exponenten die Größe des darstellbaren Zahlenbereichs angibt:

Größte positive Zahl:

Vorzeichen	Charakteristik	fraction	Wert
0	1111 1110	1111 1111 1111 1111 1111 111	$= (2 - 2^{-23}) \cdot 2^{127}$
			$\approx 1 \cdot 2^{128}$
			$= 3{,}4 \cdot 10^{38}$

Kleinste positive Zahl:

Vorzeichen	Charakteristik	fraction	Wert
0	0000 0001	0000 0000 0000 0000 0000 000	$= 1 \cdot 2^{-126}$
			$= 1{,}2 \cdot 10^{-38}$

Größte negative Zahl:

Vorzeichen	Charakteristik	fraction	Wert
1	0000 0001	0000 0000 0000 0000 0000 000	$= -1 \cdot 2^{-126}$

Kleinste negative Zahl:

Vorzeichen	Charakteristik	fraction	Wert
1	1111 1110	1111 1111 1111 1111 1111 111	$= -(2 - 2^{-23}) \cdot 2^{127}$
			$\approx -1 \cdot 2^{128}$

Trägt man die Bereiche auf einer Zahlengeraden auf, dann sieht man, dass um den Nullpunkt herum eine kleine Lücke besteht.

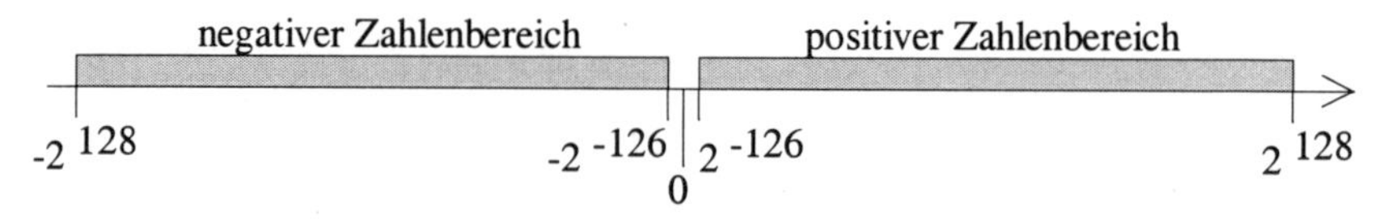

Bild 3-10: Zwischen dem positiven und negativen Zahlenbereich ist eine kleine Lücke (hier viel zu groß gezeichnet). Dadurch kann die Null nicht dargestellt werden.

Die Null selbst kann man nach dem beschriebenen Verfahren nicht darstellen. Der Grund dafür liegt in der Normalisierung: Die Mantisse m kann nur Werte im Intervall $\{m \mid 1 \leq m < 2\}$ und nicht den Wert 0 annehmen. Oder anders ausgedrückt: Die

Zahl 0 kann man nicht normalisieren. Deshalb benötigt man für die Null eine Ersatzdarstellung. Dazu verwendet man die dafür reservierten Werte der Charakteristik. Nach dem IEEE Standard 754 gilt:

Normalisiert	±	0 < Charakteristik < max	Beliebiges Bitmuster
Nicht normalisiert	±	0	Beliebiges Bitmuster ≠ 0
Null	±	0	0
Unendlich	±	111 ... 1 (max)	0
Keine Zahl (NaN: not a number)	±	111 ... 1 (max)	Beliebiges Bitmuster ≠ 0

Wie sind die Gleitkommazahlen nun in den beiden Zahlenbereichen verteilt? Betrachten wir nur den positiven Zahlenbereich. Zu Anfang dieses Kapitels haben wir festgestellt, dass das Bit mit der höchsten Wertigkeit den Zahlenbereich halbiert (→ Bild 3-2). Diese obere Hälfte wird dann durch die Mantisse linear geteilt. Die Stellenanzahl n des Fractions bestimmt dabei die Anzahl der Teilungen, nämlich 2^n.

Die untere Hälfte wird wiederum halbiert. Deren obere Hälfte (Exponent – 1) enthält genau so viele Gleitkommazahlen wie bei der ersten Halbierung. Folglich ist der Abstand jetzt nur halb so groß. Das setzt sich so fort: Die Gleitkommazahlen werden mit jeder neuen Halbierung doppelt so dicht, wie Bild 3-11 schematisch zeigt.

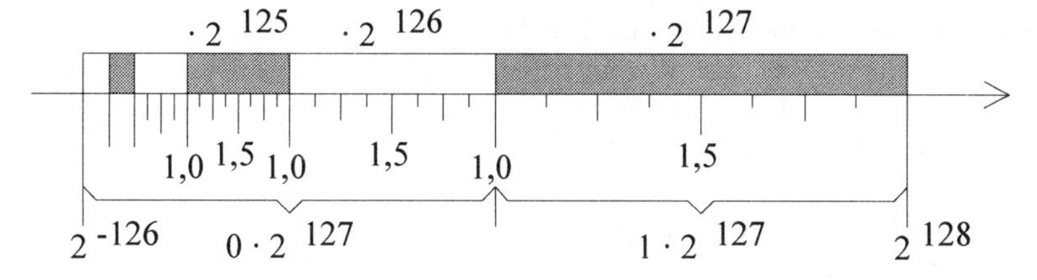

Bild 3-11: Prinzipielle Verteilung der Gleitkommazahlen innerhalb des positiven Zahlenbereichs (hier mit n = 3, d. h. 8 Teilungen).

Die Gleitkomma-Operationen sind komplexer als Festkomma-Operationen:

- Bei Addition bzw. Subtraktion müssen beide Operanden auf den gleichen Exponent gebracht werden.
- Mantisse und Exponent müssen getrennt behandelt werden.

Früher hat man für die Gleitkomma-Arithmetik meist einen Floatingpoint-*Coprozessor* (intel 80x87, Motorola 68881 und 68882) verwendet. Heute sind sie in den Mikroprozessoren integriert. Ohne Coprozessor werden die Gleitkomma-Operationen per Software realisiert, und zwar mit erheblichen Ausführungszeiten.

3.4.3 Vergleich von Festkomma- und Gleitkomma-Darstellung

Geht man von der gleichen Wortlänge aus, so ist die Genauigkeit der Gleitkomma-Darstellung kleiner als die der Festkomma-Darstellung, da Stellen für den Exponenten reserviert werden müssen. Der Bereich der darstellbaren Zahlen dagegen ist wesentlich größer.

Wählt man die Darstellungen (Wortlänge 32 bit)

Festkomma: 1 bit Vorzeichen + 31 bit Zahlenwert
Gleitkomma: 1 bit Vorzeichen + 8 bit Charakteristik + 23 bit fraction,

dann ergibt sich folgender Vergleich:

	Genauigkeit	Zahlenbereich (gerundet)
Festkomma	31 Binärstellen	$+ 2^{31}$ bis $- 2^{31}$ (bei ganzen Zahlen)
Gleitkomma	24 Binärstellen	$+ 2^{128}$ bis $- 2^{128}$.

Die Festkomma-Darstellung wird man überall dort verwenden, wo es auf eine hohe Genauigkeit ankommt und der Zahlenbereich nicht sehr groß sein muss. Das gilt vorwiegend im kaufmännischen Bereich. Dagegen benötigt man im wissenschaftlichen Bereich häufig einen großen Zahlenbereich bei etwas geringerer Genauigkeit. Allerdings muss man dafür eine längere Rechenzeit in Kauf nehmen.

3.5 Andere Binärcodes

Der Dualcode ist, vergleichbar mit dem Dezimalcode, ein „normaler" Stellenwertcode: Jede Stelle ist mit einer Zweierpotenz gewichtet. Bei anderen Binärcodes ist der Stellenwert entweder anders festgelegt oder kann gar nicht angegeben werden, da er sich von Zahl zu Zahl ändert. Hier sollen nur wenige Codes erwähnt werden.

3.5.1 Unbeschränkte Binärcodes

In der Gruppe von Binärcodes, die keine feste Länge haben, ist als wichtigster Vertreter der *Gray-Code* zu nennen.

Dezimalzahl	Gray-Code
0	00000
1	00001
2	00011
3	00010
4	00110
5	00111
6	00101
7	00100

Dezimalzahl	Gray-Code
8	01100
9	01101
10	01111
11	01110
12	01010
13	01011
14	01001
15	01000

Dezimalzahl	Gray-Code
16	11000
17	11001
18	11011
19	11010
20	11110
21	11111
22	11101
23	11100

Tabelle 3-6: Der Gray-Code

Der Gray-Code ist dadurch charakterisiert, dass sich benachbarte Codeworte nur in einer Stelle unterscheiden. Er gehört damit zur Gruppe der so genannten *einschrittigen Codes*, die für viele technische Anwendungen sehr wichtig sind.

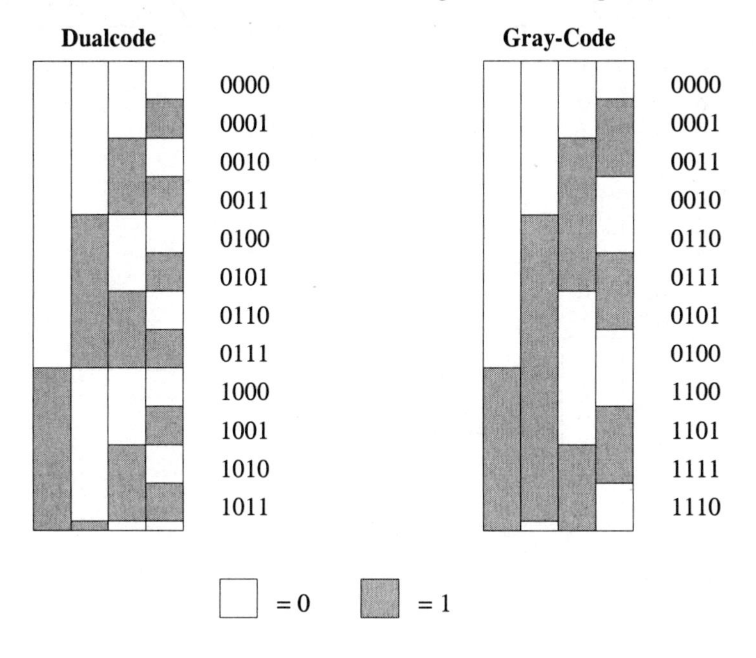

Bild 3-12: Beim Gray-Code ändert sich von einem Codewort zum nächsten nur 1 Bit.

3.5.2 Tetradencodes

Zur Darstellung von Dezimalzahlen benutzt man häufig sogenannte *Tetradencodes* (tetrade, griechisch: Vierergruppe). Dabei wird jede Dezimalziffer durch eine vierstellige Binärzahl dargestellt. Eine n-stellige Dezimalzahl benötigt also n Tetraden.

Beispiel:

Dezimalzahl	4	7	1	1	5
BCD-Zahl	0100	0111	0001	0001	0101

Die Tetradencodes nennt man auch *BCD-Codes* (binary coded decimals). Leider ist der Begriff „BCD“ doppeldeutig:

- Zum einen bezeichnet man allgemein alle Tetradencodes, die die zehn Dezimalziffern codieren, als BCD-Codes und
- andererseits versteht man darunter nur einen speziellen Code, bei dem jede Tetrade im *Dualcode* dargestellt wird.

Letzteren Fall bezeichnet man manchmal auch als NBCD-Code (normal BCD).

Dezimal-ziffer	(N)BCD-Code 2^3 2^2 2^1 2^0
0	0 0 0 0
1	0 0 0 1
2	0 0 1 0
3	0 0 1 1
4	0 1 0 0
5	0 1 0 1
6	0 1 1 0
7	0 1 1 1
8	1 0 0 0
9	1 0 0 1
	1 0 1 0
	1 0 1 1
	1 1 0 0
	1 1 0 1
	1 1 1 0
	1 1 1 1

Dezimal-ziffer	3-Exzess-Code
	0 0 0 0
	0 0 0 1
	0 0 1 0
0	0 0 1 1
1	0 1 0 0
2	0 1 0 1
3	0 1 1 0
4	0 1 1 1
5	1 0 0 0
6	1 0 0 1
7	1 0 1 0
8	1 0 1 1
9	1 1 0 0
	1 1 0 1
	1 1 1 0
	1 1 1 1

Dezimal-ziffer	Aiken-Code 2^1 2^2 2^1 2^0
0	0 0 0 0
1	0 0 0 1
2	0 0 1 0
3	0 0 1 1
4	0 1 0 0
	0 1 0 1
	0 1 1 0
	0 1 1 1
	1 0 0 0
	1 0 0 1
	1 0 1 0
5	1 0 1 1
6	1 1 0 0
7	1 1 0 1
8	1 1 1 0
9	1 1 1 1

Bild 3-13: Die 3 bekanntesten Tetradencodes: (N)BCD-, 3-Exzess- und Aiken-Code

Bei 4 binären Stellen sind insgesamt 16 verschiedene Kombinationen (Tetraden) möglich. Davon werden nur 10 Tetraden zur Darstellung der 10 möglichen Dezimalziffern benötigt. Die restlichen 6 Kombinationen werden nicht gebraucht. Man bezeichnet sie als *Pseudotetraden.*

Den Vorteil der leichten Umrechnung zwischen Dezimal- und BCD-Code erkauft man sich durch längere Datenworte (Speicherbedarf!). Außerdem ist das Rechnen im BCD-Code aufwendiger, weil die ungenutzten Kombinationen „übersprungen" werden müssen.

Beispiel: Die Addition 5147 + 2894 = 8041 würde im BCD-Code zunächst ergeben:

```
5147: 0101 0001 0100 0111
2894: 0010 1000 1001 0100
      -------------------
      0111 1001 1101 1011
```

Da dieses Zwischenergebnis in den beiden rechten 4 bit-Folgen (Tetraden) keine gültigen BCD-Codes enthält, muss es von rechts beginnend korrigiert werden. Durch Addition von „6" erhält man das richtige Ergebnis, weil das genau die Anzahl der Code-Kombinationen ist, die beim BCD-Code übersprungen werden und dadurch ungenutzt bleiben:

```
0111 1001 1101 1011
               0110  Addition wegen ungültiger BCD-Stelle
-------------------
             1 0001  Addition des Übertrages
-------------------
0111 1001 1110 0001

0111 1001 1110 0001
          0110       Addition wegen 2. ungültiger BCD-Stelle
-------------------
        1 0100 0001  Addition des Übertrages
-------------------
0111 1010 0100 0001

0111 1010 0100 0001
     0110            Addition wegen 3. ungültiger BCD-Stelle
-------------------
   1 0000 0100 0001  Addition des Übertrages
-------------------
1000 0000 0100 0001
```

Dieses Beispiel zeigt, wie umständlich durch die zahlreichen Korrekturschritte eine einfache Addition sein kann. Es ist zwar bewusst so extrem gewählt, aber deshalb nicht unrealistisch. Nur mit einem speziellen Hardware-BCD-Rechenwerk können die Rechenoperationen schnell genug durchgeführt werden. Zum Beispiel erfolgen bei der Motorola 680x0 Mikroprozessor-Familie Addition und Subtraktion byteweise, also nur zwei Dezimalstellen gleichzeitig. Deshalb ist die BCD-Arithmetik recht langsam. Dadurch wird der BCD-Code heute nur noch in Ausnahmen verwendet.

3.6 Oktal- und Hexadezimalcode

Diese beiden Codes sind zwar vom Dualcode abgeleitet, gehören aber nicht zu den Binärcodes. Da die Dualzahlen im Vergleich zu den Dezimalzahlen drei- bis viermal so viele Stellen benötigen, fasst man beim *Oktalcode* (d. h. Basis 8) 3 Stellen und beim *Hexadezimalcode* (d. h. Basis 16) 4 Stellen zusammen (beginnend bei 2^0, d. h. beim Komma).

Beispiel: Dualzahl 010100101001

Dualzahl	010	100	101	001
Oktalzahl	2	4	5	1

Dualzahl	0101	0010	1001
Hexadezimalzahl	5	2	9

Oktal- und Hexadezimalsystem sind auch Stellenwertsysteme:

- Jeder Stelle beim Oktalsystem ist eine Potenz von 8 zugeordnet.
- Jeder Stelle beim Hexadezimalsystem ist eine Potenz von 16 zugeordnet.

Beim Hexadezimalcode werden die Ziffern, die größer als 9 sind, mit den Großbuchstaben A bis F bezeichnet.

Dualzahl	Oktalziffer
0 0 0	0
0 0 1	1
0 1 0	2
0 1 1	3
1 0 0	4
1 0 1	5
1 1 0	6
1 1 1	7

Dualzahl	Hexadezimalziffer
0 0 0 0	0
0 0 0 1	1
0 0 1 0	2
0 0 1 1	3
0 1 0 0	4
0 1 0 1	5
0 1 1 0	6
0 1 1 1	7
1 0 0 0	8
1 0 0 1	9
1 0 1 0	A
1 0 1 1	B
1 1 0 0	C
1 1 0 1	D
1 1 1 0	E
1 1 1 1	F

Bild 3-14: Oktal- und Hexadezimalcode

3.7 ASCII-Code

Bisher haben wir kennen gelernt, wie man ein- oder mehrstellige Zahlen darstellen kann. Daneben will man aber auch Texte speichern und verarbeiten können. Deshalb hat man für Buchstaben, Ziffern, Sonderzeichen und auch verschiedene Steuerzeichen einen Code definiert, der sich international durchgesetzt hat. Er heißt *ASCII-Code* (american standard code for information interchange) und ist auch in einer deutschen Norm (DIN 66003) festgelegt (→ Bild 3-15).

In diesem Zeichensatz fehlen aber die nationalen Sonderzeichen. Deshalb ersetzt man die Codes 5B bis 5D und 7B bis 7E, das sind die Sonderzeichen [, \,], {, |, } und _ , bei der deutschen Version durch die Umlaute und das „ß" (→ Bild 3-16).

Mit dieser Version können deutsche Texte erfasst und bearbeitet werden. Will man aber in dem Text z. B. französische oder spanische Wörter verwenden oder gar Formeln mit griechischen Buchstaben einfügen, dann fehlen die entsprechenden nationalen bzw. griechischen Zeichen. Deshalb hat IBM mit ihren PCs einen Zeichensatz definiert, der aus 256 Zeichen (also 8 bit) besteht und viele wichtige Schrift- und Grafikzeichen enthält.

	Hexdez.	0 .	1 .	2 .	3 .	4 .	5 .	6 .	7 .
Hexdez.	Binär	000....	001....	010....	011....	100....	101....	110....	111....
. 0	...0000	NUL	DLE	SP	0	@	P	`	p
. 1	...0001	SOH	DC1	!	1	A	Q	a	q
. 2	...0010	STX	DC2	"	2	B	R	b	r
. 3	...0011	ETX	DC3	#	3	C	S	c	s
. 4	...0100	EOT	DC4	$	4	D	T	d	t
. 5	...0101	ENQ	NAK	%	5	E	U	e	u
. 6	...0110	ACK	SYN	&	6	F	V	f	v
. 7	...0111	BEL	ETB	´	7	G	W	g	w
. 8	...1000	BS	CAN	(	8	H	X	h	x
. 9	...1001	HT	EM	)	9	I	Y	i	y
. A	...1010	LF	SUB	*	:	J	Z	j	z
. B	...1011	VT	ESC	+	;	K	[	k	{
. C	...1100	FF	FS	,	<	L	\	l	|
. D	...1101	CR	GS	-	=	M	]	m	}
. E	...1110	SO	RS	.	>	N	~	n	‾
. F	...1111	SI	US	/	?	O	_	o	DEL

Abkürzungen:

Übertragungssteuerung	**Formatsteuerung**	**allgem. Steuerzeichen**
SOH start of heading	BS backspace	NUL null
STX start of text	HT horizontal tabulation	SO shift out
ETX end of text	LF line feed	SI shift in
EOT end of transmission	VT vertical tabulation	SUB substitution
ENQ enquiry	FF form feed	ESC escape
ACK acknowledge	CR carriage return	FS file separator
BEL bell		GS group separator
DLE data link escape		RS record separator
DC .. device control # ..		US unit separator
NAK negative acknowledge		SP space
SYN synchronisation		DEL delete
ETB end of transmission block		
CAN cancel		
EM end of medium		

Bild 3-15: ASCII-Code (7 bit)

	Hexdez.	0 .	1 .	2 .	3 .	4 .	5 .	6 .	7 .
Hexdez.	Binär	000....	001....	010....	011....	100....	101....	110....	111....
. A	...1010	LF	SUB	*	:	J	Z	j	z
. B	...1011	VT	ESC	+	;	K	Ä	k	ä
. C	...1100	FF	FS	,	<	L	Ö	l	ö
. D	...1101	CR	GS	-	=	M	Ü	m	ü
. E	...1110	SO	RS	.	>	N	~	n	ß
. F	...1111	SI	US	/	?	O	_	o	DEL

Bild 3-16: Deutsche Version des ASCII-Codes

In der Norm ISO-8859 sind 8 bit-Zeichensätze festgelegt. Allerdings gibt es inzwischen über 10 verschiedene Varianten, die sich in den oberen 128 Zeichen unterscheiden und Erweiterungen z. B. für west- und osteuropäische Sprachen enthalten.

Um einen weltweit einheitlichen Zeichensatz zu erreichen, ist das *Unicode*-Konsortium gegründet worden. Mit dem Unicode-Standard 3.0 hat es 49194 Zeichen mit einem 32 bit-Code festgelegt. Wichtige Designkriterien waren dabei, dass

- bisherige Zeichensätze möglichst erhalten bleiben,
- identische Zeichen nur einmal vorkommen
- und viele Zeichen zusammengesetzt werden (z. B. Zeichen und Akzent).

Für die Ein/Ausgabe von Unicode setzt sich UTF-8 durch. Mit einem Byte kann man den bisherigen 7 bit-ASCII-Code angeben. Bis zu 2048 Zeichen kann man in zwei Byte codieren und mit maximal sechs Byte bis zu 2^{31} Zeichen festlegen.

3.8 Zusammenfassung der Zahlensysteme

Die für uns interessanten *Zahlensysteme* sind im Bild 3-17 zusammengestellt. Der ASCII-Code dient nur der Darstellung von einzelnen Ziffern (und Buchstaben) und gehört damit nicht zu den Zahlensystemen.

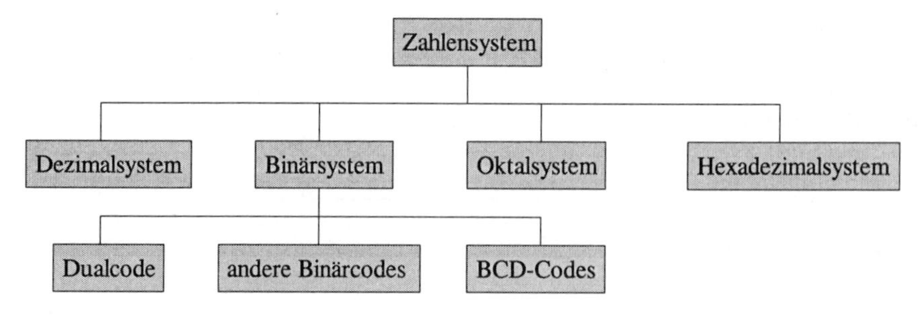

Bild 3-17: Zusammenstellung der wichtigsten Zahlensysteme

4 Von Neumann - Rechnerarchitektur

Im Jahr 1944 hat John von *Neumann* ein Architektur-Konzept für einen speicherprogrammierten Universalrechner vorgelegt. Nach dieser „von Neumann-Architektur" werden bis heute fast alle Digitalrechner aufgebaut. Die Nicht-von-Neumann-Rechner haben bisher noch keine große Bedeutung erlangt.

Bevor wir zu den damals revolutionierenden Ideen von Neumanns kommen, soll der Begriff des *Universalrechners* näher erläutert werden. Je nach Anwendungsbereich gibt es verschiedene Anforderungen an den „Rechner":

1) Kommerzieller Bereich (z. B. Handel, Banken, Versicherungen):
   - einfache Arithmetik,
   - große Datenmengen,
   - Standard-Peripheriegeräte.

2) Industrieller Bereich (z.B. Automobil-, chemische Industrie):
   - komplexe Arithmetik,
   - kleinere Datenmengen,
   - Anschluss sehr unterschiedlicher Peripheriegeräte,
   - meist Echtzeit-Betrieb (bei Prozesssteuerungen).

3) Wissenschaftlicher Bereich:
   - sehr komplexe Arithmetik,
   - sehr große Datenmengen,
   - Anschluss sehr unterschiedlicher Peripheriegeräte.

Als wesentliche, gemeinsame Anforderungen sind also

- eine erweiterbare Arithmetik,
- eine ausbaubare Verwaltung der gespeicherten Daten
- und eine große Flexibilität beim Anschluss von Peripheriegeräten

zu nennen. Zum Beispiel ein PC erfüllt im Prinzip alle diese Punkte. Da die PC-Systeme ständig leistungsstärker und flexibler werden, können sie in immer neuen Anwendungsbereichen eingesetzt werden. Schon deshalb gleichen sich die Hardware-Systeme immer mehr an. Die wesentlichen Unterschiede stecken heute in der Software (z. B. Echtzeit-Betriebssysteme, Datenbanken).

Die ersten Rechnersysteme waren ganz speziell für eine Anwendung konzipiert, wie zum Beispiel der analytische Rechenautomat von Charles Babbage. Im Gegensatz dazu ist der PC prinzipiell unabhängig von der Anwendung, also ein Beispiel für einen Universalrechner. Die Software übernimmt dann die Lösung der vom Anwender gestellten Aufgabe.

4.1 Aufbau eines von Neumann-Rechners

John von Neumann hat das Prinzip des Universalrechners in einer umfangreichen theoretischen Studie über Rechenmaschinen entwickelt. Deshalb bezeichnet man diese Struktur allgemein als „von Neumann-Architektur", für die allerdings keine präzise Definition existiert. Aufgrund der wichtigsten Merkmale ordnet man heute einen Rechner der „von Neumann-Architektur" zu oder auch nicht. Diese Merkmale sind:

1) Ein programmgesteuerter Rechner besteht aus
   - zentraler Recheneinheit (CPU = *C*entral *P*rocessing *U*nit) mit
     - Rechenprozessor und
     - Steuerprozessor,
   - Speicher,
   - Ein/Ausgabe-Einheiten und
   - den internen Datenwegen.

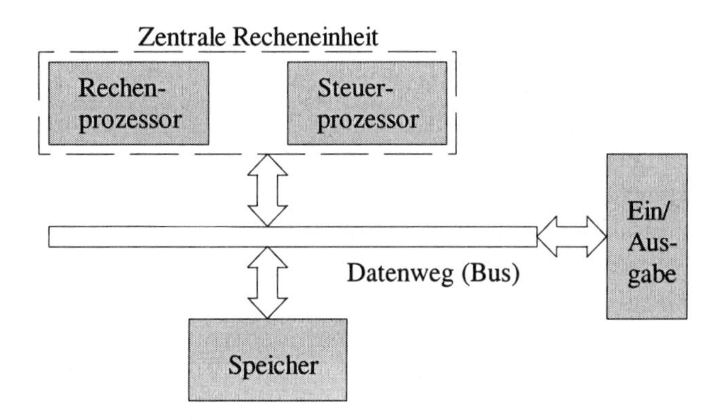

Bild 4-1: Blockschaltbild eines von Neumann-Rechners

2) Die Zahlen werden im Rechner binär dargestellt.

3) Die Struktur des Rechners ist unabhängig von dem zu bearbeitenden Problem (also: Universalrechner). Die verschiedenen Aufgaben werden durch entsprechende Programme gelöst.

4) Programme und von diesen benötigte Daten werden in einem Speicher abgelegt und zwar in einem *gemeinsamen* Speicher. Die Speicherplätze sind gleich lang und werden über Adressen einzeln angesprochen.

5) Befehle geben nur die Speicheradresse an, wo die Daten abgelegt sind, und nicht die Daten selbst.

Anmerkung: Das gilt heute nicht mehr. Inzwischen gibt es dafür zwei getrennte Befehle:

add ax, 123 — Addiere Konstante 123 zum Inhalt des Registers ax.

add ax, ds:[100] — Addiere den Inhalt der Speicherzelle 100 im Datensegment zum Inhalt des Registers ax. Dort steht z. B. 123.

Die von Neumann-Architektur wird auch *als Architektur des minimalen Hardware-Aufwands* und als *Prinzip des minimalen Speicheraufwands* bezeichnet.

Die bedeutendste Neuerung in der damaligen Zeit war seine Idee, das Programm und die Daten zuerst in denselben Speicher zu laden und dann auszuführen. Bis dahin wurde das Programm noch über Lochstreifen schrittweise eingelesen und sofort (streng sequenziell) bearbeitet. Nun war es möglich:

- Sprünge einzuführen, sowohl auf vorhergehende wie spätere Programmsequenzen, und
- Programmcode während des Programmablaufes zu modifizieren (eine sehr riskante, fehleranfällige Möglichkeit!).

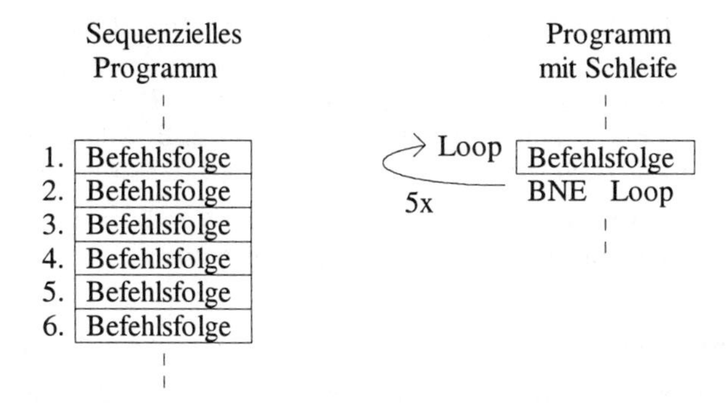

Bild 4-2: Beim sequenziellen Programm muss eine Befehlsfolge z. B. sechsmal gespeichert werden. Dagegen genügt beim Einsatz einer Schleife die einfache Befehlsfolge.

Von Neumann erreicht also mit seinem Konzept, dass der Rechner selbstständig logische Entscheidungen treffen kann. Damit ist der Übergang vom starren Programmablauf zur flexiblen Programmsteuerung oder, anders ausgedrückt, von der Rechenmaschine zur Datenverarbeitungsanlage geschafft.

Die von Neumann-Architektur hat aber auch Nachteile:

- Im Speicher kann man Befehle und Daten anhand des Bitmusters nicht unterscheiden.
- Im Speicher kann man variable und konstante Daten nicht unterscheiden.
- Bei falscher Adressierung können Speicherinhalte verändert werden, die nicht geändert werden dürfen, wie z. B. Befehle und Konstanten. (Eine Bitänderung bei einem Befehl erzeugt einen ganz anderen Befehl!).

Die Adressenverwaltung ist sehr wichtig. Wenn eine Adresse unbekannt ist, muss man den gesamten Speicher nach dem gewünschten Datenwort durchsuchen (, falls das überhaupt möglich ist).

In den nun folgenden Abschnitten werden wir die Funktionseinheiten der von Neumann-Architektur genauer betrachten:

- die zentrale Recheneinheit,
- den Speicher,
- die Ein/Ausgabe-Einheiten und
- die Datenwege.

4.2 Zentrale Recheneinheit

Die *Zentrale Recheneinheit* (engl.: *C*entral *P*rocessing *U*nit, kurz: *CPU*) stellt das „Gehirn" im System dar. Ein geschicktes Zusammenspiel des Steuerprozessors mit dem Rechenprozessor sorgt dafür, dass nacheinander die Befehle geholt und dann ausgeführt werden. Für arithmetische Operationen, wie z. B. Addition, oder logische Operationen, wie z. B. AND und NOT, ist der Rechenprozessor zuständig.

Der Rechenprozessor hat eine feste Verarbeitungsbreite, z. B. von 8, 16, 32 oder 64 bit. Man spricht dann von einem 8, 16, 32 oder 64 bit-System.

4.2.1 Rechenprozessor

Die Aufgabe des *Rechenprozessors* besteht in der Bearbeitung der Daten, besonders dem Ausführen von arithmetischen und logischen Operationen. Um allgemeine Gleichungen lösen zu können, werden sie in einfache Gleichungen mit maximal zwei Operanden zerlegt.

Beispiel: $x = (a + b) \cdot c^2$ $\rightarrow x_1 = a + b$

$\rightarrow x_2 = c \cdot c$

$\rightarrow x = x_1 \cdot x_2$

Die eigentliche Verarbeitung übernimmt die so genannte arithmetisch-logische Einheit (engl.: *A*rithmetic *L*ogical *U*nit; kurz: *ALU*). Wie das grafische Symbol andeutet (→ Bild 4-3), verknüpft die ALU die beiden Eingänge A und B aufgrund des angegebenen Operators miteinander und gibt das Ergebnis am Ausgang F aus. Sie ist rein kombinatorisch aufgebaut, braucht also keinen Takt. Welche Operation durchgeführt wird, bestimmt der Befehl. Die Hardware der CPU wandelt den so genannten Befehlscode in Steuersignale um, zum Beispiel bei dem früheren Standard-ALU-Baustein 74181 in die Signale S0 bis S3 und M.

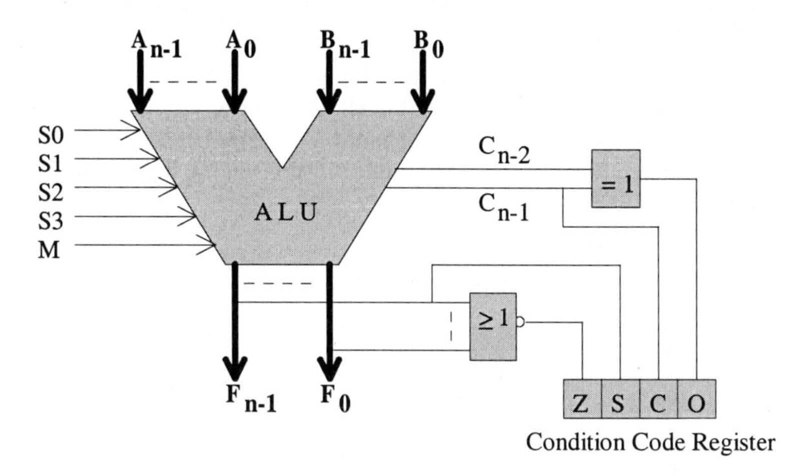

Bild 4-3: Aufbau einer ALU (am Beispiel des Bausteins 74181) und Erzeugung der Signale für das Condition Code Register

Neben arithmetischen Aufgaben, wie Addieren und Subtrahieren, kann die ALU auch logische Operationen, wie AND, OR und Negation, durchführen. Ferner kann sie über eine Logik verfügen, die die beiden Operanden auf Gleichheit oder größer bzw. kleiner abprüft.

Um das Ergebnis einer arithmetischen Operation schnell auswerten zu können, haben die Rechenwerke eine Art Statusregister, das so genannte *Condition Code Register* oder *Flag Register*, mit folgenden vier Angaben:

- Das *Zero-Bit* Z zeigt an, ob das Ergebnis der ALU-Operation Null ist.
- Das *Sign-Bit* S zeigt an, ob das Ergebnis, falls es sich um Zahlen mit Vorzeichen handelt, negativ ist.
- Das Carry-Bit C zeigt an, ob ein Übertrag in der höchsten Ergebnisstelle bei Ausführung einer Addition oder Subtraktion entsteht. Das ist nur beim Rechnen mit ganzen Zahlen ohne Vorzeichen wichtig.

- Das Overflow-Bit O zeigt an, ob der Zahlenbereich, falls es sich um Zahlen in Komplement-Darstellung handelt, überschritten worden ist.

Eine CPU enthält normalerweise eine Anzahl von Registern (CPU-Register), die verschiedene Funktionen haben. Davon wird ein großer Teil als so genannte Arbeitsregister für die ALU-Eingabe benutzt. Beim intel 8086 sind es 8 Register und beim Motorola 68000 15 Register.

Bei einfachen Gleichungen braucht man drei Register: zwei für die beiden Operanden und eins für das Ergebnis (→ Bild 4-4 links). Welche Register für welche Funktion benutzt wird, gibt man an den entsprechenden Stellen in den Befehlen durch die Adressen an. Da für eine Operation drei Adressen notwendig sind, nennt man so aufgebaute Rechner *Dreiadressmaschinen.*

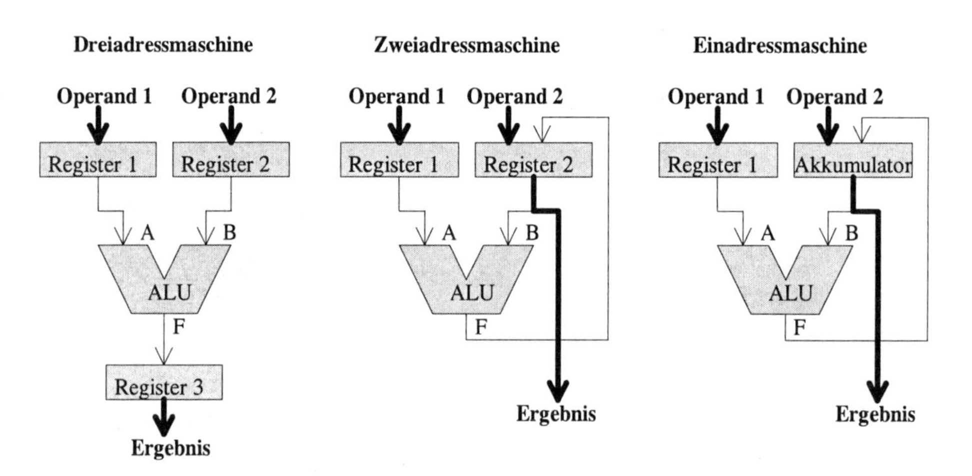

Bild 4-4: Prinzipieller Aufbau eines Rechenwerks

Den Aufwand kann man reduzieren, indem man die mittlere Schaltung von Bild 4-4 wählt. Bei dieser *Zweiadressmaschine* braucht man nur zwei Adressen zur Auswahl der Register 1 und 2. Nachteil ist allerdings, dass einer der beiden Operanden durch das Ergebnis überschrieben wird.

Will man nur eine Adresse angeben, damit die Befehle kürzer sind, dann muss der zweite Operand immer im selben Register, dem *Akkumulator*, abgelegt werden. Bei dieser *Einadressmaschine*, die im Bild 4-4 rechts dargestellt ist, steht zu Beginn der eine Operand im Register und der andere im Akkumulator. Nach der Operation steht das Ergebnis im Akkumulator.

Der Vorteil einer Einadressmaschine liegt in der kürzeren Befehlslänge: Man braucht im Befehl nur die Adresse für ein Register anzugeben. Dafür muss man oft in einem separaten Befehl den Akkumulator vorher mit dem richtigen Wert laden.

Dagegen erlaubt es eine Dreiadressmaschine, alle drei Register in einem Befehl zu adressieren. Diese Befehle sind also leistungsfähiger, aber dafür auch länger, d. h. sie benötigen mehr Speicherplatz.

Die wichtigsten Mikroprozessoren (z. B. die Familien Intel 80x86 und Motorola 680x0) sind heute als Zweiadressmaschinen aufgebaut. Deshalb beziehen sich die Erklärungen in den folgenden Abschnitten auf diesen Maschinentyp.

Zum Speichern des Ergebnisses genügt allerdings ein normales Register nicht. Bei der Multiplikation nämlich hat das Ergebnis die doppelte Länge im Vergleich zu den Faktoren. Man braucht also zwei normal lange Register für die beiden Operanden und ein Register mit doppelter Länge für das Ergebnis.

Falls man in Kauf nehmen kann, dass der Multiplikator (Operand 2) am Ende der Operation nicht mehr verfügbar ist, kann man das Register 2 für den Multiplikator nutzen. Das Produkt steht dann in einem Zusatzregister und dem Register 2. Damit ergibt sich die in Bild 4-5 dargestellte Schaltung für ein Rechenwerk (nähere Erklärung → 4.2.1.4).

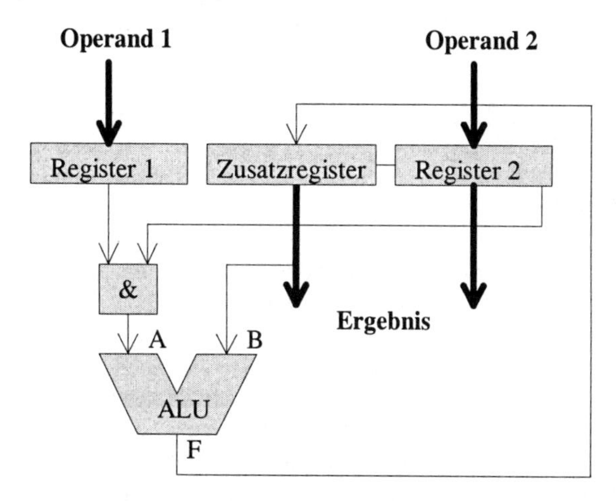

Bild 4-5: Rechenwerk für die vier Grundrechenarten

Im Folgenden wollen wir betrachten, wie eine ALU für eine serielle oder parallele Addition oder für eine Multiplikation aufgebaut sein muss.

4.2.1.1 Serielle Addition

Für eine *serielle Addition* müssen die Register als Schieberegister realisiert sein. Da bei einer Addition ein Übertrag auftreten kann, benötigt man ein „Übertrags-Flipflop" zum Zwischenspeichern. Das Übertrags-Flipflop wird zusammen mit den Schieberegistern mit einem synchronen Takt, normalerweise dem Rechnertakt, betrieben.

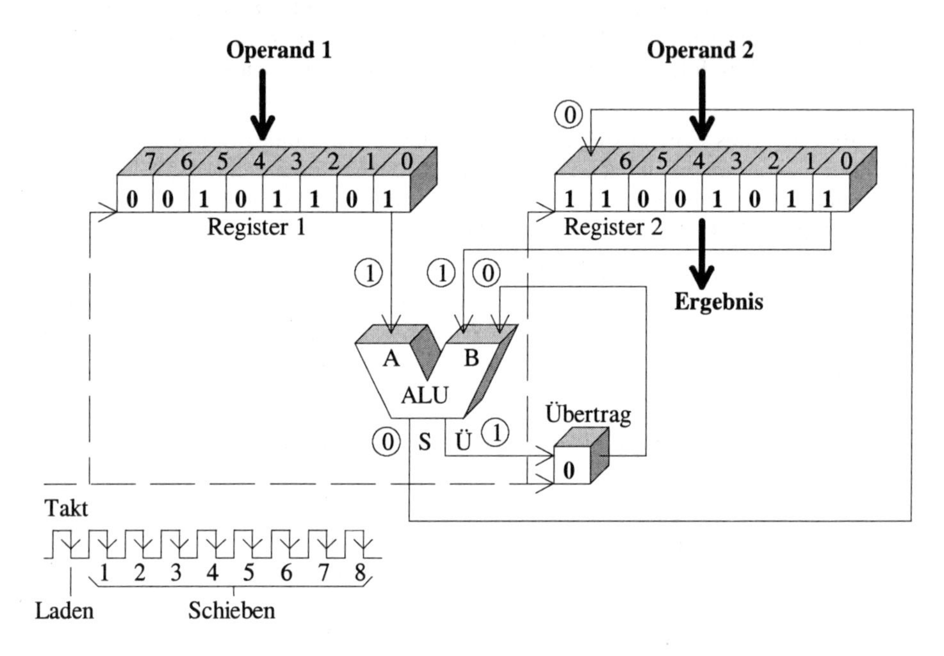

Bild 4-6: 8 bit-Rechenwerk für die serielle Addition: Aus den beiden zu addierenden Bits (beide 1) erzeugt die ALU als Summe 0 und Übertrag 1.

Bei der seriellen Addition liegen zunächst die niederwertigsten Bits der beiden Summanden an den Eingängen (A und B) der ALU an. Die ALU bildet als Ergebnis die Summe (S) und einen möglichen Übertrag (Ü). Mit dem nächsten Takt werden die Inhalte der beiden Register 1 und 2 um ein Bit nach rechts geschoben:

- Das Register 1 wird im Kreis geschoben, d. h., es übernimmt an seiner höchstwertigen Stelle das nach rechts hinausgeschobene Bit.
- Gleichzeitig speichert das Register 2 das Ergebnisbit S an seiner höchstwertigen Stelle. Das nach rechts hinausgeschobene Bit geht verloren.

Ein etwaiger Übertrag wird im Übertrags-Flipflop gespeichert. Die beiden nächsten Bits und der Übertrag der vorhergehenden Stelle liegen nun an den Eingängen der ALU an.

Der Vorgang wiederholt sich, bis alle Stellen bearbeitet sind. Bei einer Wortlänge von n bit, benötigt die serielle Addition also n Takte. Dabei ergibt sich die Länge eines Taktes aus der Dauer der verschiedenen Bearbeitungsvorgänge.

Anmerkung: Da das Subtrahieren auf das Addieren des Einer- bzw. Zweier-Komplements zurückgeführt werden kann, brauchen wir die Subtraktion als Rechenart nicht getrennt zu behandeln. Im Abschnitt 4.2.1.3 betrachten wir trotzdem ein einfaches Rechenwerk zur Addition und Subtraktion.

Wie ist die ALU für eine serielle Addition intern aufgebaut? Die benötigte Schaltung ergibt sich aus der folgenden Funktionstabelle:

B_n	A_n	$S_{h(n)}$	$Ü_{h(n)}$
0	0	0	0
0	1	1	0
1	0	1	0
1	1	0	1

Dabei bedeuten:

A_n und B_n : n-te Stelle des Summanden A bzw. B

$S_{h(n)}$: Summe des Halbaddierers an der Stelle n

$Ü_{h(n)}$: Übertrag des Halbaddierers von der Stelle n

$$\rightarrow S_{h(n)} = \overline{A_n}\ B_n \vee A_n\ \overline{B_n} = A_n \text{ EXOR } B_n \tag{4.1}$$

$$Ü_{h(n)} = A_n\ B_n \tag{4.2}$$

Diese Gleichungen gelten aber nur für die Bitstelle mit der kleinsten Wertigkeit, da ein Übertrag von der vorhergehenden Stelle nicht berücksichtigt wird. Diese Schaltung nennt man deshalb *Halbaddierer*.

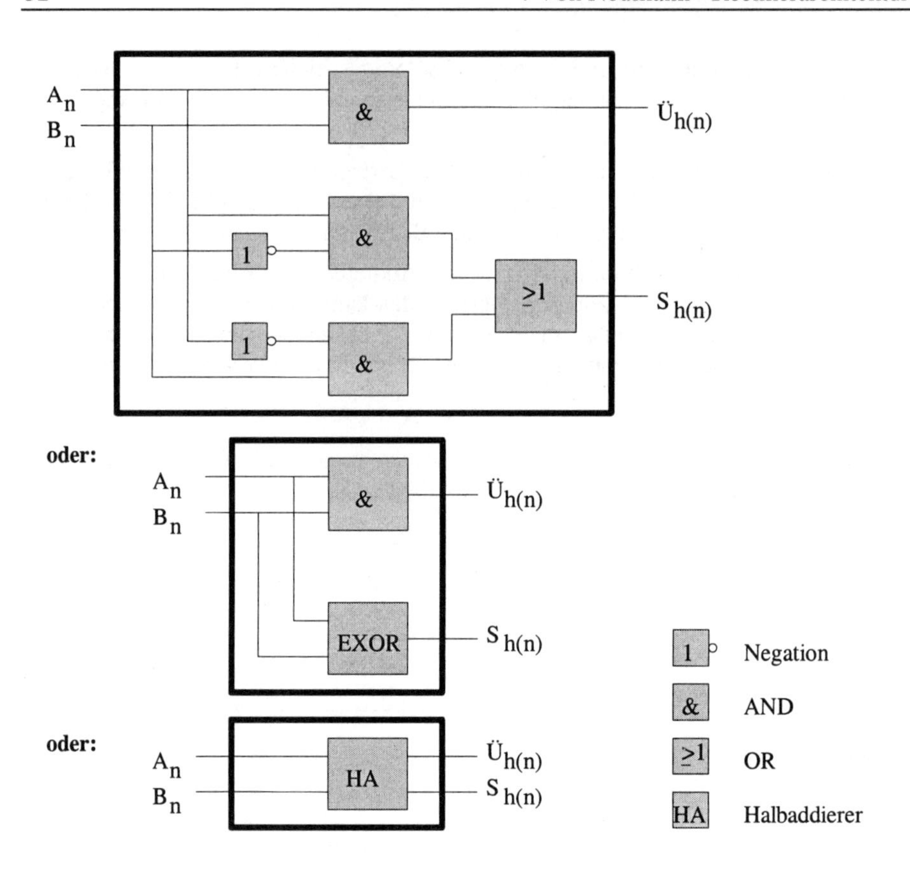

Bild 4-7: Schaltbild des Halbaddierers

Nimmt man den Übertrag der vorhergehenden Stelle, der im Übertrags-Flipflop zwischengespeichert wird, hinzu, so erhält man den *Volladdierer*:

A_n	B_n	$Ü_{n-1}$	S_n	$Ü_n$
0	0	0	0	0
0	1	0	1	0
1	0	0	1	0
1	1	0	0	1
0	0	1	1	0
0	1	1	0	1
1	0	1	0	1
1	1	1	1	1

$$S_n = \overline{A_n}\ B_n\ \overline{Ü_{n-1}}\ \text{v}\ A_n\ \overline{B_n}\ \overline{Ü_{n-1}}\ \text{v}\ \overline{A_n}\ \overline{B_n}\ Ü_{n-1}\ \text{v}\ A_n\ B_n\ Ü_{n-1}$$

$$= (\overline{A_n}\ B_n\ \text{v}\ A_n\ \overline{B_n})\ \overline{Ü_{n-1}}\ \text{v}\ (\overline{A_n}\ \overline{B_n}\ \text{v}\ A_n\ B_n)\ Ü_{n-1}$$

$$= (\overline{A_n}\ B_n\ \text{v}\ A_n\ \overline{B_n})\ \overline{Ü_{n-1}}\ \text{v}\ (\overline{\overline{A_n} B_n \text{v} A_n \overline{B_n}})\ Ü_{n-1}$$

$$Ü_n = A_n\ B_n\ \overline{Ü_{n-1}}\ \text{v}\ \overline{A_n}\ B_n\ Ü_{n-1}\ \text{v}\ A_n\ \overline{B_n}\ Ü_{n-1}\ \text{v}\ A_n\ B_n\ Ü_{n-1}$$

$$= A_n\ B_n\ \text{v}\ (\overline{A_n}\ B_n\ \text{v}\ A_n\ \overline{B_n})\ Ü_{n-1}$$

Setzt man die Ergebnisse des Halbaddierers an der n-ten Stelle ($S_{h(n)}$ und $Ü_{h(n)}$) ein, so gilt:

$$S_n = S_{h(n)}\ \overline{Ü_{n-1}}\ \text{v}\ \overline{S_{h(n)}}\ Ü_{n-1} = S_{h(n)}\ \text{EXOR}\ Ü_{n-1} \tag{4.3}$$

$$Ü_n = Ü_{h(n)}\ \text{v}\ S_{h(n)}\ Ü_{n-1} \tag{4.4}$$

Also kann man den Volladdierer folgendermaßen aus zwei Halbaddierern zusammenschalten:

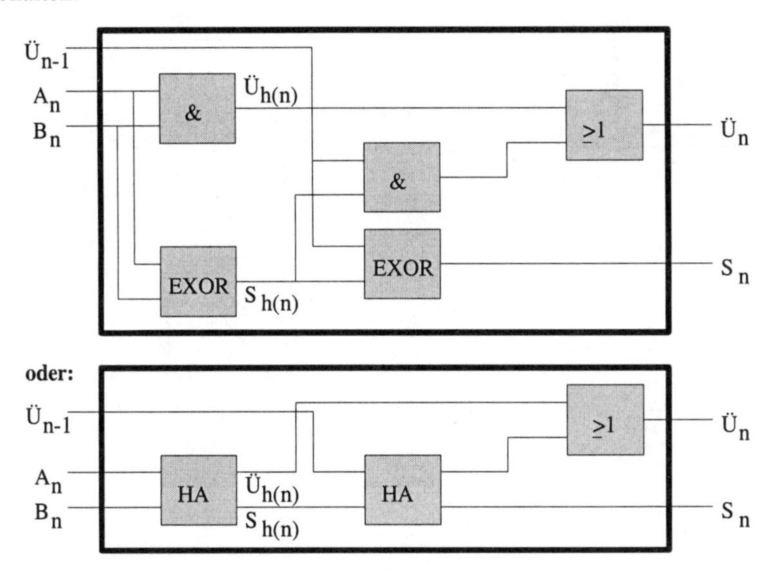

Bild 4-8: Schaltbild des Volladdierers

Um die verschiedenen Schaltungen für serielle und parallele Addition in ihrer Geschwindigkeit vergleichen zu können, berechnen wir die maximale Verzögerungszeit eines seriellen Volladdierers mit Standardbausteinen:

Vorgaben: Wortlänge 16 bit
Durchlaufverzögerung eines AND-Gatters (74LS08): 20 ns
Durchlaufverzögerung eines OR-Gatters (74LS32): 22 ns
Durchlaufverzögerung eines EXOR-Gatters (74LS86): 30 ns

Ergebnis: Die Berechnung der Summe S_n dauert 30 ns + 30 ns = 60 ns
und die Berechnung des Übertrages $Ü_n$ 30 ns + 20 ns + 22 ns = 72 ns
→ pro Stelle benötigt diese Schaltung maximal 72ns
→ pro Wort benötigt diese Schaltung mindestens 1152 ns
→ Diese Schaltung schafft maximal 870.000 Additionen pro Sekunde.

4.2.1.2 Parallele Addition

Mit schnelleren Schaltkreis-Familien oder durch Integration in Mikroprozessoren kann man die Rechenzeit um eine bis drei Zehnerpotenz verkleinern. Das ist aber immer noch zu langsam. Deshalb untersuchen wir einmal, um wie viel die parallele Addition schneller ist.

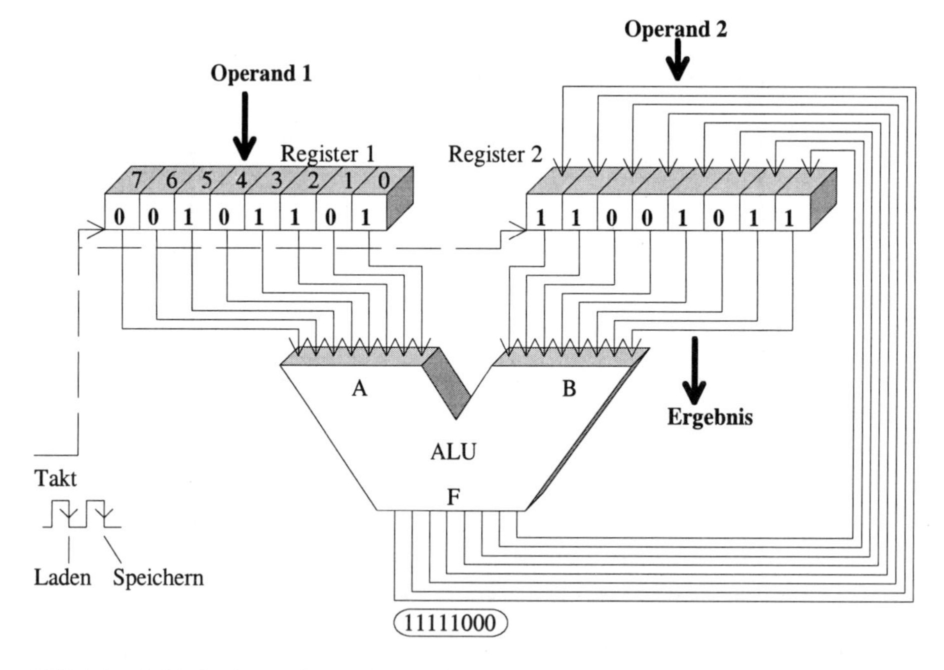

Bild 4-9: 8 bit-Rechenwerk für die parallele Addition: Die ALU bildet aus den beiden Summanden (00101101 und 11001011) das Ergebnis (11111000).

Bei der *parallelen Addition* werden alle Stellen gleichzeitig von der ALU addiert, wie das Schaltbild in Bild 4-9 zeigt. Dabei werden die Überträge von einer Stelle zur nächst höheren automatisch berücksichtigt. Das Ergebnis liegt jetzt also nach einem Takt vor. Aber der Takt muss recht langsam sein, da es Probleme mit den Überträgen gibt.

Das Berücksichtigen der Überträge bedeutet ein zeitliches Problem. Betrachten wir dazu ein Rechenwerk, das für jede Bitstelle einen Volladdierer besitzt. Zur besseren Übersicht sind im Bild 4-10 die Addierwerke in der ALU und die beiden Register nach Bitstellen aufgeteilt.

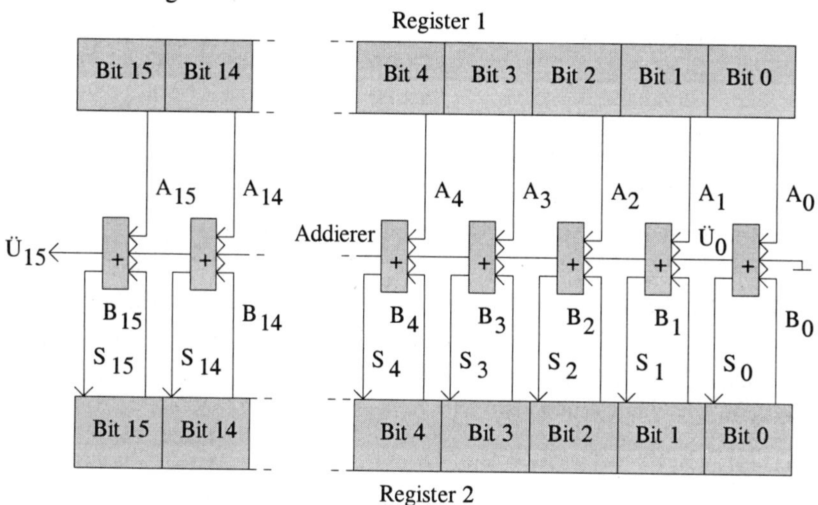

Bild 4-10: Paralleles Addierwerk

Wie groß ist jetzt die Rechengeschwindigkeit, wenn man dieselben Vorgaben wie beim seriellen Addieren macht? In 72 ns ist zwar für jede Stelle die Summe und der Übertrag berechnet, aber im ungünstigsten Fall kann sich ein Übertrag von der niederwertigsten bis zur höchstwertigen Stelle fortpflanzen:

Berechnung: Übertrag der Stelle 0: $Ü_0$ ist gebildet nach 20 ns [nur Halbaddierer]
Übertrag der Stelle 1: $Ü_1$ ist gebildet nach 72 ns [$S_{h(1)}$ später als $Ü_0$]
Übertrag der Stelle 2: $Ü_2$ ist gebildet nach (72 + 42) ns
Übertrag der Stelle 3: $Ü_3$ ist gebildet nach (72 + 2 · 42) ns
:
Übertrag der Stelle 14: $Ü_{14}$ ist gebildet nach (72 + 13 · 42) ns
Übertrag der Stelle 15: $Ü_{15}$ ist gebildet nach (72 + 14 · 42) ns = 660 ns

Trotz eines erheblichen Hardware-Aufwandes haben wir die Zeit für eine Addition von bisher 1152 ns nur auf 660 ns reduzieren können, d. h. eine Verkürzung der Rechenzeit um ca. 43%.

Die lange Rechenzeit liegt darin begründet, dass wir zwar ein paralleles Addierwerk haben, der Überlauf aber trotzdem seriell durchläuft, im ungünstigsten Fall von der Stelle 0 bis zum Ausgang der Stelle 15. (Ein Übertrag von der Stelle 15 bedeutet, dass der Zahlenbereich überschritten wurde.) Wir brauchen deshalb ebenfalls eine *parallele* Übertragsberechnung. Mit der so genannten carry-look-ahead-Logik kann man das erreichen.

Beispiel:	*Bitstelle*	*5*	*4*	*3*	*2*	*1*	*0*
	Summand A	**0**	**1**	**1**	**0**	**1**	**0**
	Summand B	**0**	**1**	**0**	**1**	**1**	**1**
	Teilsumme	*0*	*0*	*1*	*1*	*0*	*1*
	zu addierender Übertrag	*1*	*1*	*1*	*1*	*0*	*0*
	Summe	**1**	**1**	**0**	**0**	**0**	**1**

Ein Übertrag wird an der Stelle n gebildet und ist an Stelle n+1 zu addieren, wenn

- entweder zwei Einsen addiert werden ($A_n \quad B_n = 1$) (hier: Bitstelle 1 und 4)
- oder die Teilsumme an der Stelle n gleich 1 ist und zusätzlich ein Übertrag von der Stelle n-1 zu berücksichtigen ist [(A_n EXOR B_n) $\ddot{U}_{n-1}$] (im Beispiel an Bitstelle 2 und 3).

Die logische Gleichung lautet also:

$$\ddot{U}_n = A_n \quad B_n \ \text{v} \ (A_n \ \text{EXOR} \ B_n) \ \ddot{U}_{n-1}$$

Mit den Gleichungen 4.2 und 4.1 erhält man wieder die Gleichung 4.4:

$$\ddot{U}_n = A_n \quad B_n \ \text{v} \ (A_n \ \text{EXOR} \ B_n) \ \ddot{U}_{n-1} = \ddot{U}_{h(n)} \ \text{v} \ S_{h(n)} \quad \ddot{U}_{n-1}$$

Für die anderen Überträge ergibt sich analog:

$$\ddot{U}_{n-1} = \ddot{U}_{h(n-1)} \ \text{v} \ S_{h(n-1)} \quad \ddot{U}_{n-2} \tag{4.5}$$

$$\ddot{U}_{n-2} = \ddot{U}_{h(n-2)} \ \text{v} \ S_{h(n-2)} \quad \ddot{U}_{n-3} \tag{4.6}$$

Die Summe an der Stelle n beträgt nach der Gleichung 4.3:

$$S_n = S_{h(n)} \ \text{EXOR} \ \ddot{U}_{n-1}$$

Fügt man die Gleichungen 4.5 und 4.6 ein, dann erhält man:

$$S_n = S_{h(n)} \ \text{EXOR} \ [\ddot{U}_{h(n-1)} \ \text{v} \ S_{h(n-1)} \ \ddot{U}_{n-2}]$$

$$S_n = S_{h(n)} \ \text{EXOR} \ [\ddot{U}_{h(n-1)} \ \text{v} \ S_{h(n-1)} \ \ddot{U}_{h(n-2)} \ \text{v} \ S_{h(n-1)} \ S_{h(n-2)} \ \ddot{U}_{n-3}]$$

Für die unteren Stellen erhält man die Gleichungen:

$$S_0 = S_{h(0)}$$

$$S_1 = S_{h(1)} \text{ EXOR } Ü_0 = S_{h(1)} \text{ EXOR } [\, Ü_{h(0)} \vee S_{h(0)}\, Ü_{-1}\,]$$

$$= S_{h(1)} \text{ EXOR } Ü_{h(0)} \qquad \text{mit } Ü_{-1} = 0$$

$$S_2 = S_{h(2)} \text{ EXOR } [\, Ü_{h(1)} \vee S_{h(1)}\, Ü_{h(0)}\,]$$

$$S_3 = S_{h(3)} \text{ EXOR } [\, Ü_{h(2)} \vee S_{h(2)}\, Ü_{h(1)} \vee S_{h(2)}\, S_{h(1)}\, Ü_{h(0)}\,]$$

$$S_4 = S_{h(4)} \text{ EXOR}[\, Ü_{h(3)} \vee S_{h(3)}\, Ü_{h(2)} \vee S_{h(3)}\, S_{h(2)}\, Ü_{h(1)} \vee S_{h(2)}\, S_{h(1)}\, Ü_{h(0)}\,]$$

Damit ist das Bildungsprinzip erkennbar.

Wie diese Gleichungen zeigen, kann man mit Halbaddierern und verschiedenen Gattern einen so genannten Paralleladdierer mit *carry look ahead*-Schaltung aufbauen. Für jede Bitstelle wird der Übertrag (carry) vorherbestimmt (look ahead).

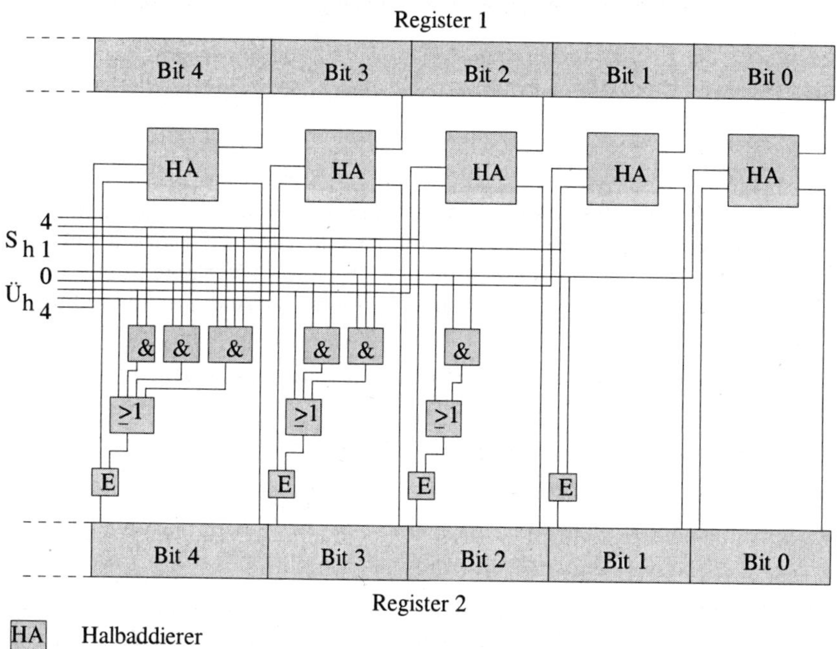

Bild 4-11: Paralleles Addierwerk mit carry look ahead-Schaltung

Die Gatter sind auf drei Ebenen verteilt, so dass kein Signal von den Halbaddierern mehr als 3 Gatter hintereinander durchlaufen muss (siehe Bild 4-11).

Anmerkung: Es gibt integrierte Schaltkreise mit solchen carry look ahead-Schaltungen. Meist sind sie für 4 Stellen ausgelegt und können für beliebig lange Wortbreiten kaskadiert werden (z. B. 74182).

Berechnung der Rechenzeit (Vorgaben wie beim seriellen Addieren):

Durchlaufverzögerung des Halbaddierers für die Summe (EXOR):	30 ns
Durchlaufverzögerung des Halbaddierers für den Übertrag (AND):	20 ns

Da die Summenbildung des Halbaddierers langsamer als die Übertragsbildung ist, ist sie für die weitere Berechnung maßgebend.

	Durchlaufverzögerung des Halbaddierers für die Summe (EXOR):	30 ns
+	Durchlaufverzögerung der 3 Verknüpfungsebenen (AND + OR + EXOR):	72 ns
		102 ns

Mit 102 ns für eine 16 bit-Addition haben wir eine deutliche Verbesserung der Rechenzeit erreicht. (Dabei ist die Rechenzeit unabhängig von der Wortlänge.)

Heute führen die Rechenwerke normalerweise die Additionen parallel durch und benutzen eine carry look ahead-Logik zur schnellen Übertragsverarbeitung.

4.2.1.3 Subtraktion

Im Kapitel 3 haben wir festgestellt, dass die *Subtraktion* auf eine Addition des Einer- oder Zweier-Komplements zurückgeführt werden kann. Da das Komplement vor der Addition erst gebildet werden muss, klingt dieses Verfahren zunächst aufwendig. Aber, wie Bild 4-12 zeigt, ist ein Rechenwerk für Addition und Subtraktion recht einfach zu realisieren.

Erinnern wir uns, dass das Zweier-Komplement gebildet wird, indem

- jede Stelle invertiert und
- anschließend eine Eins addiert wird.

Das erreichen wir in der Schaltung, indem bei der Subtraktion

- der zweite Operand invertiert (EXOR-Gatter an den B-Eingängen) und
- der Übertragseingang (carry in) auf Eins gesetzt wird.

Das EXOR-Gatter bewirkt, dass bei ADD/SUB = 0 (d. h. Addition) der Eingang B unverändert bleibt, während bei ADD/SUB = 1 (d. h. Subtraktion) der Eingang B invertiert wird:

ADD/SUB	B	B'	
0 (addieren)	0	0	(normal)
0 (addieren)	1	1	(normal)
1 (subtrahieren)	0	1	(invertiert)
1 (subtrahieren)	1	0	(invertiert)

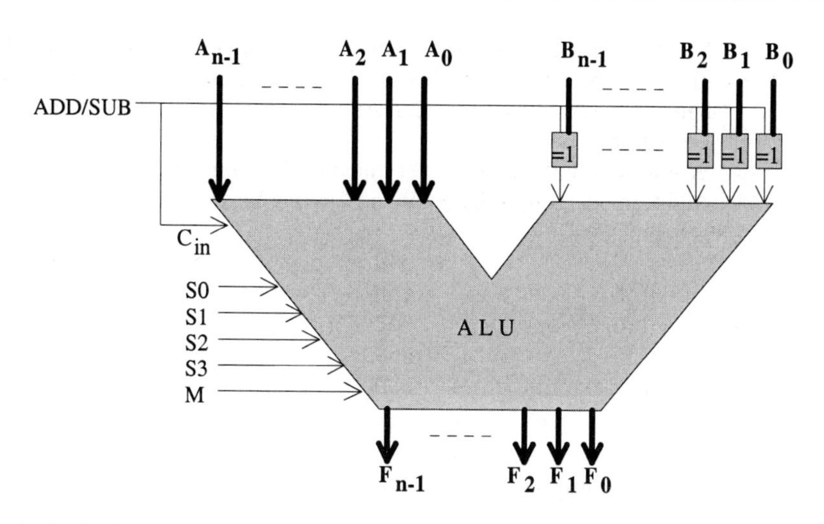

Bild 4-12: Rechenwerk für Addition und Subtraktion

4.2.1.4 Multiplikation

Ziel ist es, eine möglichst einheitliche Struktur für *Multiplikation* und Division zu finden. Betrachten wir zunächst einmal, wie wir normalerweise multiplizieren:

156 · 321	
156	156 · 1
312	156 · 2
468	156 · 3
50076	

Für ein Rechenwerk kann man diese Multiplikation noch mehr formalisieren, indem man jedes Teilprodukt durch entsprechend häufiges Addieren berechnet und das Ergebnis vor dem nächsten Teilprodukt nach rechts schiebt:

	000	
+ 156	156	
Rechtsschieben	015	6
+ 156	171	6
+ 156	327	6
Rechtsschieben	032	76
+ 156	188	76
+ 156	344	76
+ 156	500	76
Rechtsschieben	050	076
	Produkt	

Anmerkung: Wir beginnen mit der niederwertigsten Stelle des Multiplikators. Dadurch ergibt sich ein Rechtsschieben. Die nach rechts herausgeschobenen Stellen werden bei der Addition der Teilprodukte nicht mehr verändert.

Würde man mit der höchstwertigen Stelle beginnen, dann könnte die Addition der Teilprodukte einen Übertrag bis in die höchste Stelle ergeben:

		000
+ 156		156
+ 156		312
+ 156		468
Linksschieben	4	680
+ 156	4	836
+ 156	4	992
Linksschieben	49	920
+ 156	50	076
	Produkt	

Beim Linksschieben benötigt man also ein größeres Addierwerk als beim Rechtsschieben, um einen etwaigen Übertrag addieren zu können. Deshalb wird das erste Verfahren eingesetzt.

Betrachten wir das Bild 4-5 „Rechenwerk für die 4 Grundrechenarten“ aus dem Abschnitt 4.2.1. Wir speichern die beiden Faktoren in den Registern:

- Multiplikand im Register 1 = *MD-Register* (MD = Multiplikand/Divisor),
- Multiplikator im Register 2 = *MQ-Register* (MQ = Multiplikator/ Quotient).
- Nach der Operation steht das Produkt im Zusatz- und MQ-Register.

Das Zusatzregister setzen wir zuerst auf Null und verbinden Zusatzregister mit dem Multiplikator-Register zu einem gemeinsamen Schieberegister. Jetzt haben wir den gewünschten Multiplizierer:

Funktion	MD-Register	Zusatzregister	MQ-Register
Start	156	000	32**1**
1 mal 156 addieren		156	32**1**
Rechtsschieben		015	6 3**2**
2 mal 156 addieren		171	6 3**2**
		327	6 3**2**
Rechtsschieben		032	76 **3**
3 mal 156 addieren		188	76 **3**
		344	76 **3**
		500	76 **3**
Rechtsschieben		050	076
		Produkt	

Beim Dezimalsystem muss man „mitzählen", wie oft der Multiplikand auf das Zusatzregister addiert werden soll. Hier bietet das Dualsystem einen Vorteil. Da nur die Ziffern 0 und 1 auftreten, braucht man bei jeder Stelle nur zu entscheiden,

- ob addiert werden muss (bei 1)
- oder nicht (bei 0).

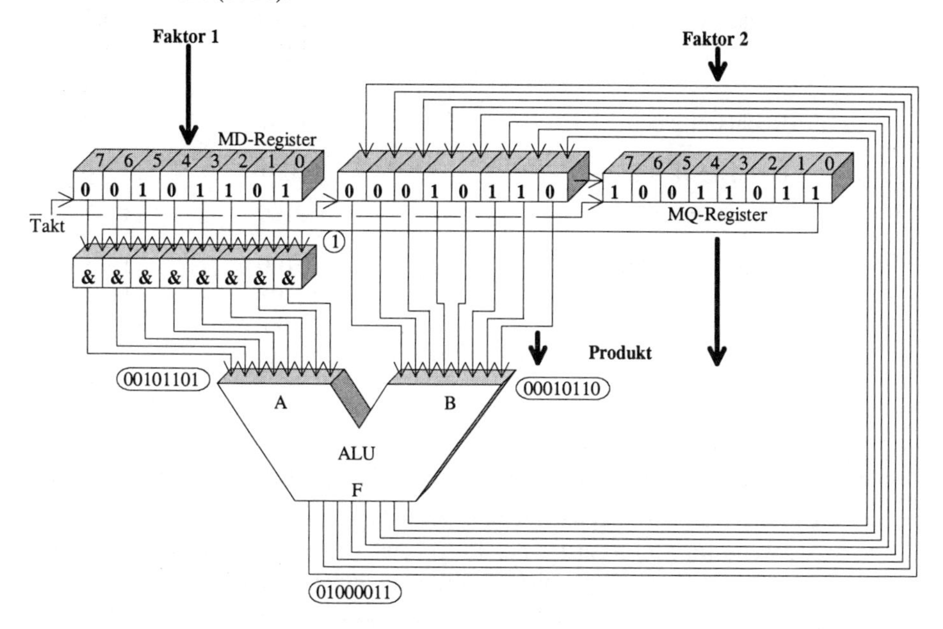

Bild 4-13: Rechenwerk für die Multiplikation

Deshalb sind zwischen dem MD-Register und den A-Eingängen der ALU die AND-Verknüpfungen geschaltet. Der zweite Eingang der AND-Gatter ist mit der niederwertigsten Stelle des MQ-Registers verbunden. Ist diese Stelle 1, so wird der Inhalt des MD-Registers zur ALU durchgeschaltet und dadurch zum Inhalt des Zusatzregisters hinzuaddiert. Ist die Stelle 0, so liefern die AND-Gatter am Ausgang eine 0, d. h. es wird 0 zum Inhalt des Zusatzregisters addiert.

Tritt bei einer Addition ein Übertrag auf, dann wird dieser zunächst zwischengespeichert. Beim anschließenden Rechtsschieben gelangt dieser Übertrag wieder an eine gültige Stelle im Zusatzregister.

Betrachten wir nun eine Multiplikation nach dem obigen Schema im Dualsystem:

Beispiel: $1101 \cdot 1011 = 10001111$

Funktion	MD-Register	Zusatzregister	MQ-Register
Start	1101	0000	101**1**
1 mal 1101 addieren		1101	101**1**
Rechtsschieben		0110	1 10**1**
1 mal 1101 addieren		0110	1 10**1**
		1101	1 10**1**
		10011	1 10**1**
Rechtsschieben		1001	11 1**0**
0 mal 1101 addieren		1001	11 1**0**
Rechtsschieben		0100	111 **1**
1 mal 1101 addieren		0100	111 **1**
		1101	111 **1**
		10001	111 **1**
Rechtsschieben		1000	1111
		Produkt	

Bei einer Wortlänge von n Stellen ist das Ende der Multiplikation erreicht,

- wenn n-mal addiert und nach rechts geschoben wurde,
- bzw. wenn im MQ-Register der Eingabewert (2. Faktor) heraus- und dafür die rechte Hälfte des Ergebnisses vollständig hineingeschoben wurde.

Das Maschinenprogramm eines Rechners muss über seine Befehlsfolge dem Rechenwerk jeden Schritt angeben, d. h. n mal die beiden Anweisungen geben:

- Addieren (<MD-Reg.> + <Zusatzregister> → Zusatzregister),
- Rechtsschieben (Zusatzregister und MQ-Reg.).

Diese softwaremäßige Realisierung benötigt bei einer Multiplikation von 16 bit-Zahlen ohne Vorzeichen mindestens 32 Rechnertakte. Für rechenintensive Anwendungen dauert diese Multiplikation zu lang. Deshalb wurden Hardware-Multiplizierer (→ 4.2.1.6.1) entwickelt, die auch in den heutigen Mikroprozessoren eingesetzt werden.

Bei der vorzeichenbehafteten Multiplikation berechnet man zuerst das Vorzeichen des Produktes und multipliziert dann die Absolutbeträge.

4.2.1.5 Division

Betrachten wir zunächst einmal das *Divisions*verfahren, wie wir es in der Schule gelernt haben. Dabei wollen wir sehr formal vorgehen, um die Vorgehensweise für den Rechner übernehmen zu können.

Beispiel:

```
 1 0 8  :  9  =  12
-9
--
-8                    Ergebnis ist negativ, also 9 wieder addieren.
+9
--
 1 0                  Nächste Stelle dazunehmen, subtrahieren.
  -9
  --
   1                  Ergebnis ist positiv, also weiter subtrahieren.
  -9
  --
  -8                  Ergebnis ist negativ, also 9 wieder addieren.
  +9
  --
   1 8                Nächste Stelle dazunehmen, subtrahieren.
    -9
    --
     9                Ergebnis ist positiv, also weiter subtrahieren.
    -9
    --
     0                Ergebnis ist 0, also ist die Rechnung beendet.
```

Die Division wird also über eine wiederholte Subtraktion ausgeführt, beginnend mit den höherwertigen Stellen. Der Divisor ist solange von den entsprechenden Stellen des Dividenden zu subtrahieren, bis die Differenz negativ wird. Dann muss die letzte Subtraktion durch eine Addition rückgängig gemacht werden. Die Anzahl der wirklichen Subtraktionen gibt den Wert der entsprechenden Stelle des Quotienten an.

Im Unterschied zum Dezimalsystem ist beim Dualsystem für die Bestimmung der einzelnen Quotientenstellen jeweils nur eine Subtraktion erforderlich, weil jede Stelle höchstens den Wert 1 annehmen kann. Damit lässt sich auch die Division in einem Rechenwerk für Addition und Subtraktion durchführen.

Der Divisor wird vom Dividenden stellenrichtig subtrahiert:

- Ist die Differenz positiv, so erhält die entsprechende Quotientenstelle eine 1.
- Wird die Differenz negativ, so hat die Quotientenstelle den Wert 0.

Ob der Rest positiv oder negativ ist, kennzeichnet die höchstwertige Dualstelle der Differenz: eine 0 bedeutet positiv, eine 1 bedeutet negativ. Bei einer negativen Differenz muss diese letzte Subtraktion durch eine nachfolgende Addition aufgehoben werden. Vor der nächsten Subtraktion des Divisors wird das Zusatzregister zusammen mit dem MQ-Register (Dividend) nach links geschoben.

Die beiden Operanden werden in den entsprechenden Registern abgelegt:

- Divisor im Register 1 = MD-Register (MD = Multiplikand/Divisor),
- Dividend im Register 2 = MQ-Register.
- Nach der Operation steht der Quotient im MQ-Register (MQ = Multiplikator/ Quotient) und der Rest im Zusatzregister.

Beispiel: $14|_{10} : 3|_{10} = 4|_{10}$ Rest $2|_{10}$

Da wir die Subtraktion durch die Addition des Zweier-Komplements ersetzen wollen, muss man 5 stellige Dualzahlen verwenden:

$14|_{10} = 01110|_2$ $\quad$ $3|_{10} = 00011|_2 \quad \rightarrow \quad K_2(00011) = 11101$

Funktion	MD-Register	Zusatzregister	MQ-Register
Start	00011	00000	01110
	K_2: 11101		
1. Linksschieben		00000	1110 0
Subtraktion		00000	1110 0
		11101	1110 0
Führende 1 zeigt, dass Zahl negativ ist;		11101	1110 0
also Subtraktion rückgängig machen.		00000	1110 **0**
2. Linksschieben		00001	110 00
Subtraktion		00001	110 00
		11101	110 00
Führende 1 zeigt, dass Zahl negativ ist;		11110	110 00
also Subtraktion rückgängig machen.		00001	110 0**0**
3. Linksschieben		00011	10 000
Subtraktion		00011	10 000
		11101	10 000
Übertrag entfällt; führende 0 zeigt, dass Zahl positiv ist; deshalb keine Addition; letzte Stelle im MQ-Register wird auf 1 gesetzt.		(1) 00000	10 00**1**
4. Linksschieben		00001	0 0010
Subtraktion		00001	0 0010
		11101	0 0010
Führende 1 zeigt, dass Zahl negativ ist;		11110	0 0010
also Subtraktion rückgängig machen.		00001	0 001**0**
5. Linksschieben		00010	00100
Subtraktion		00010	00100
		11101	00100
Führende 1 zeigt, dass Zahl negativ ist;		11111	00100
also Subtraktion rückgängig machen.		00010	00100
		Rest	Quotient

Bei einer Wortlänge von n Stellen ist das Ende der Division erreicht, wenn n mal nach links geschoben und subtrahiert wurde.

Bei der Division wird im Allgemeinen der Rest nicht verschwinden, d. h. man könnte die Rechnung nach dem Komma fortsetzen. Wegen der beschränkten Wortlänge können einige Stellen verloren gehen. Haben die zu streichenden Stellen einen Wert größer als 1000.., so wird die vorangegangene Stelle aufgerundet, im anderen Fall abgerundet.

Beispiele bei 4 gültigen Stellen: 0100,0... → abrunden: 0100
0100,1... → aufrunden: 0101

Die Division lässt sich umgehen, wenn man mit dem Kehrwert des Divisors multipliziert. Wegen des großen Zeitbedarfs für die Bildung des Kehrwertes über eine Iteration wird dieses Verfahren nur selten angewendet.

4.2.1.6 Spezielle Rechenwerke

4.2.1.6.1 Hardware-Multiplizierer

Betrachten wir nochmals die Multiplikation von zwei Zahlen A und B. Wegen der Übersichtlichkeit sollen die Zahlen (Primärzahlen) jeweils nur 4 Stellen haben. Dann gilt:

	A_3	A_2	A_1	A_0	$\cdot$	B_3	B_2	B_1	B_0	← Primärziffern
					$A_3 B_0$	$A_2 B_0$	$A_1 B_0$	$A_0 B_0$		← Teilprodukt 1
				$A_3 B_1$	$A_2 B_1$	$A_1 B_1$	$A_0 B_1$			← Teilprodukt 2
			$A_3 B_2$	$A_2 B_2$	$A_1 B_2$	$A_0 B_2$				← Teilprodukt 3
		$A_3 B_3$	$A_2 B_3$	$A_1 B_3$	$A_0 B_3$					← Teilprodukt 4
P_7	P_6	P_5	P_4	P_3	P_2	P_1	P_0			

A_0, A_1, A_2, A_3, B_1, B_1, B_2 und B_3 bezeichnet man als Primärziffern. Für die Multiplikation zweier Primärziffern gilt folgende Wertetabelle:

A_0	B_0	$A_0 \cdot B_0$
0	0	0
0	1	0
1	0	0
1	1	1

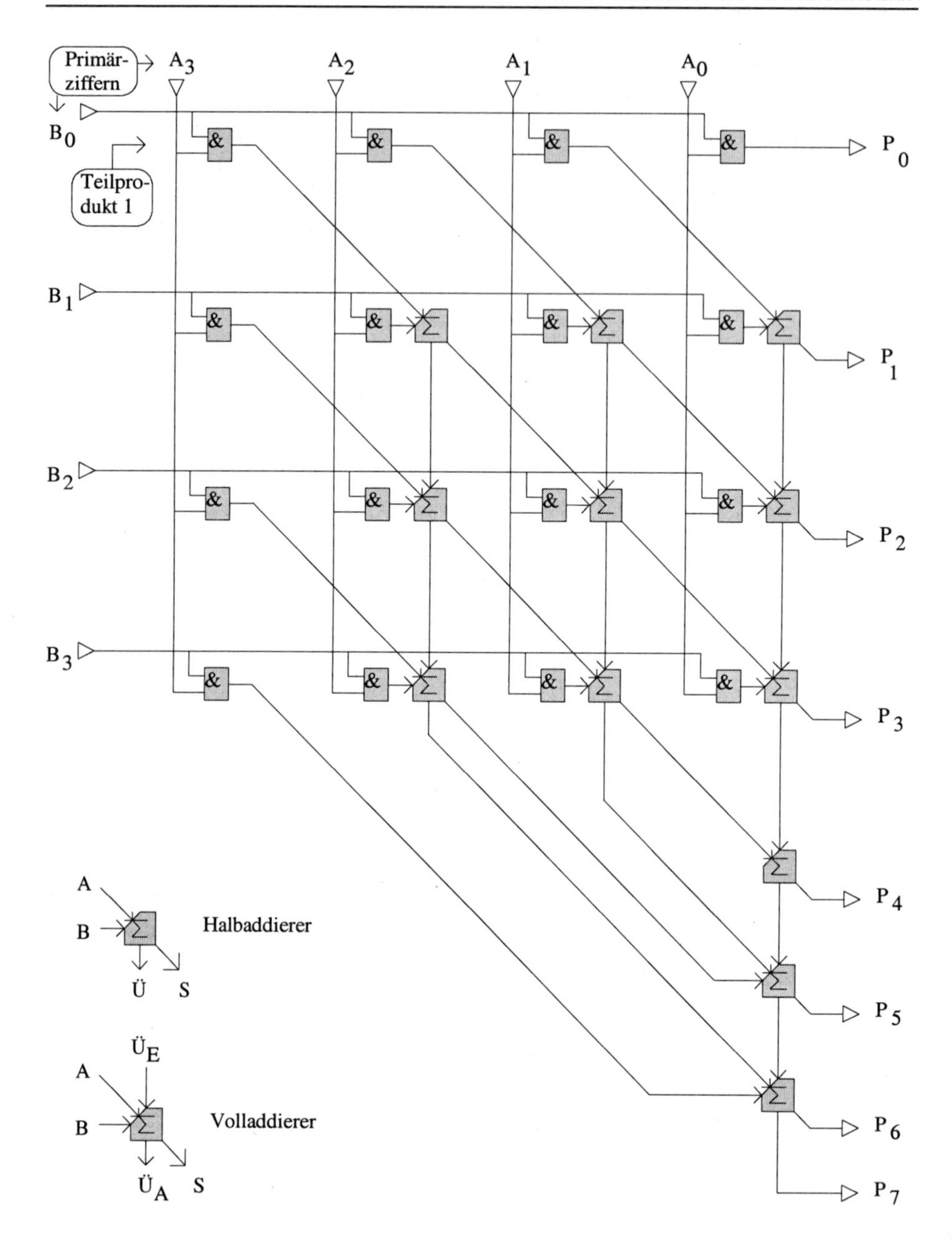

Bild 4-14: Hardware-Multiplizierer

Die Wertetabelle zeigt, dass die Multiplikation der Primärziffern einer UND-Verknüpfung entspricht. Eine UND-Verknüpfung der Primärziffern (z. B. A_0B_0) bildet dann eine Stelle des Teilproduktes (z. B. A_3B_0 A_2B_0 A_1B_0 A_0B_0). Die 4 Teilprodukte müssen noch stellenrichtig addiert werden, um das Produkt zu erhalten.

Bei dem Hardware-Multiplizierer wird jede Stelle des Produktes für sich berechnet. Dazu gehören folgende Operationen:

- UND-Verknüpfung der Primärziffern,
- stellenrichtiges Addieren dieser UND-Verknüpfungen und
- Berücksichtigen der Überträge aus den niederwertigeren Stellen.

Das Bild 4-14 stellt die Schaltung für einen vierstelligen Hardware-Multiplizierer dar. Bei größeren Wortlängen, z. B. 32 bit, werden mehrere kleinere Hardware-Multiplizierer kaskadiert, da sonst der Hardware-Aufwand zu groß würde. In den früheren *Coprozessoren* und heutigen Mikroprozessoren ist ein solcher Hardware-Multiplizierer integriert. Dadurch reduziert sich die Rechenzeit erheblich.

4.2.1.6.2 Tabellen-Rechenwerke

Arithmetische Operationen lassen sich am schnellsten mit *Tabellen-Rechenwerken* lösen. Dabei werden die Ergebnisse nicht berechnet, sondern sind bereits in entsprechenden Tabellen gespeichert und brauchen nur noch ausgelesen zu werden.

Beispiel: Multiplikation von zwei zweistelligen Dualzahlen

B	A	P
00	00	0000
00	01	0000
00	10	0000
00	11	0000
01	00	0000
01	01	0001
01	10	0010
01	11	0011
10	00	0000
10	01	0010
10	10	0100
10	11	0110
11	00	0000
11	01	0011
11	10	0110
11	11	1001

Will man zum Beispiel B = 10 und A = 11 multiplizieren, dann erhält man aus der Tabelle ohne irgendeine Rechenoperation das Produkt P = 0110 (siehe markierte

Zeile). Realisiert wird ein solches Tabellen-Rechenwerk (auch *Look up Table* genannt), indem man A und B zusammen als eine Adresse betrachtet und unter dieser Adresse das Produkt zuerst speichert und später dann ausliest.

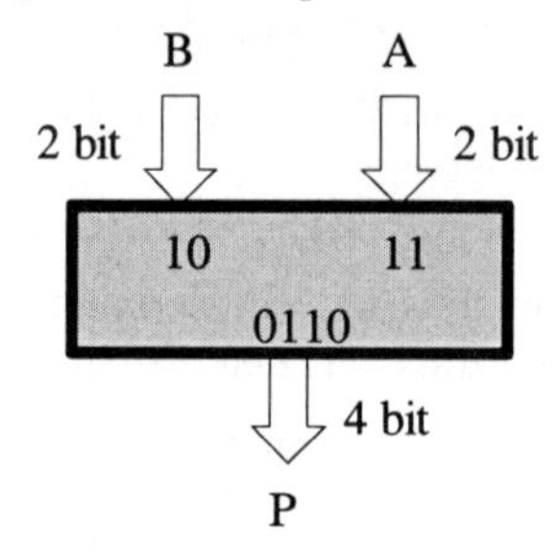

Bild 4-15: Beispiel für ein Tabellen-Rechenwerk (Look up Table)

Das ist ein extrem schnelles Verfahren. Leider steigt aber der Speicherbedarf exponentiell an.

Berechnung des benötigten Speicherbedarfs:

- Die Adresse wird aus B und A zusammengesetzt: 2 bit + 2bit = 4 bit.
- Bei 4 bit Adresslänge sind $2^4 = 16$ Speicherworte ansprechbar.
- Das Produkt kann maximal so viele Stellen haben, wie B und A zusammen: 4 bit.

Daraus ergibt sich, dass für diese Look up Table 16 · 4 bit = 64 bit Speicher benötigt werden.

Mit zunehmender Länge der Faktoren wächst der Speicherbedarf so stark an, dass eine Realisierung nicht mehr vertretbar ist:

Länge der Faktoren	Anzahl der Speicherworte	Länge des Produktes	Speicherbedarf
2 bit	16	4 bit	8 Byte
4 bit	256	8 bit	256 Byte
6 bit	4.096	12 bit	6.144 Byte
8 bit	65.536	16 bit	131.072 Byte
16 bit	4.294.967.296	32 bit	17.179.869.184 Byte
32bit	$2^{64} \rightarrow$ ca. 10^{20}	64 bit	$2^{67} \rightarrow$ ca. 10^{21} Byte

Tabelle 4-1: Der Speicherbedarf wächst exponentiell mit der Länge der Faktoren.

4.2.2 Steuerprozessor

Zur wichtigsten Aufgabe des *Steuer-* oder *Befehlsprozessors* gehört die Koordination der zeitlichen Abläufe im Rechner. Dazu muss der Steuerprozessor die Befehle aus dem Speicher holen, entschlüsseln und deren Ausführung steuern (deshalb auch *Steuerwerk* oder *Leitwerk* genannt). Er besteht aus Befehlsregister, Befehlsdecoder, Speicheradressregister und Befehlszähler.

- Im *Befehlsregister* (IR = *Instruction Register)* befindet sich jeweils der aktuell zu bearbeitende Befehl. Das Befehlsregister ist ein spezielles CPU-Register, das vom Anwender nicht adressierbar ist.
- Der Befehlsdecoder entschlüsselt den Befehl und erzeugt die zur Ausführung notwendigen Hardware-Steuersignale.
- Im *Speicheradressregister (MAR = Memory Address Register)* steht
  - die Adresse des nächsten auszuführenden Befehls oder
  - die Adresse eines Datenwortes, falls zur Ausführung eines Befehls ein Datenwort vom Speicher geholt bzw. in den Speicher gebracht werden muss.
- Der *Befehlszähler* (PC = *Program Counter)* übernimmt den Wert des Speicheradressregisters und erhöht ihn entsprechend der Befehlslänge. Bei einem linearen Befehlsablauf kann das Speicheradressregister diesen Wert dann als Adresse für den folgenden Befehl übernehmen; bei einem Sprung ist die neue Adresse im Befehl selbst angegeben.

Im Bild 4-16 ist die Struktur der zentralen Recheneinheit dargestellt. Neben den gerade erklärten Funktionseinheiten des Steuerprozessors ist auch der Rechenprozessor mit ALU und Register-Satz eingezeichnet.

Das Speicheradressregister hat noch eine weitere Aufgabe: Die Speicheradresse wird solange zwischengespeichert, bis der Systembus für den gewünschten Datentransfer frei ist. Dann kann das Speicheradressregister zum richtigen Zeitpunkt die Adresse an den Adressbus weitergeben. Eine ähnliche Aufgabe hat das Daten-Pufferregister: Daten, die die zentrale Recheneinheit über den Systembus zum Ziel übertragen will, müssen gepuffert werden, bis der Datenbus sie übernehmen kann.

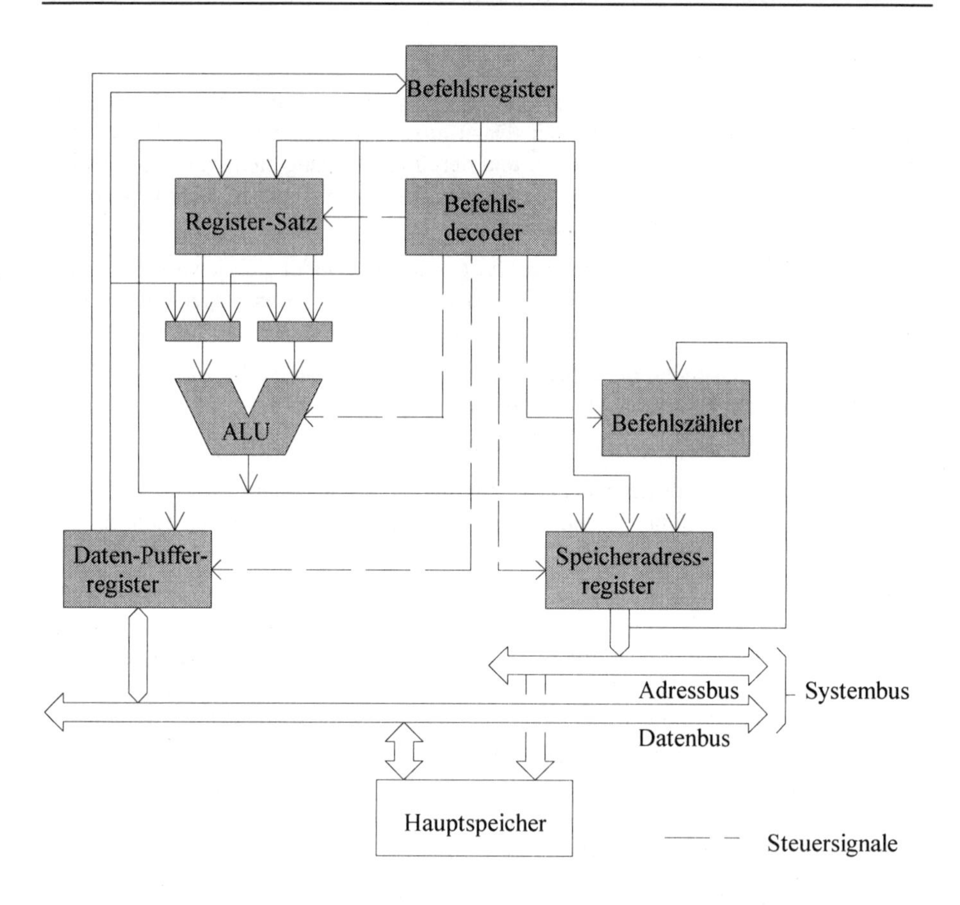

Bild 4-16: Struktur einer zentralen Recheneinheit

4.2.2.1 Befehlsaufbau

Der Steuerprozessor erhält seine Aufgaben durch die Befehle des zu bearbeitenden Programms. Die *Maschinenbefehle (instructions)* geben an, welche Operation mit welchen Daten *(Operanden)* auszuführen ist und wo das Ergebnis abgespeichert werden soll. Die Befehle bestehen also aus zwei Teilen:

- Der Operationsteil gibt die Art der auszuführenden Operation an *(OP-Code, Befehlscode)*.
- Im Operandenteil *(Operand Specifier)* können je nach Rechnertyp eine oder mehrere Operanden angegeben sein. Meistens enthält der Operandenteil nur die

Adressen, unter denen die Operanden zu finden sind. Deshalb spricht man, wie im Bild 4-4 schon gezeigt, auch von Ein-, Zwei- oder Dreiadressmaschinen bzw. -befehlen. (Manchmal wird anstelle einer Adresse dem Operanden direkt eine Konstante zugeordnet.)

- Beim *Einadressbefehl* gibt der Operandenteil die Adresse eines Operanden an. Der andere Operand muss in den Akkumulator geladen werden. Das Ergebnis steht nach der Operation im Akkumulator.

  Von der Hardware ist dazu ein Register fest als Akkumulator definiert.

Befehlscode	Adresse eines Operanden

- Beim *Zweiadressbefehl* stehen im Operandenteil die Adressen der beiden Operanden. Das Ergebnis wird je nach Rechnersystem unter der Adresse des ersten oder zweiten Operanden abgespeichert. Einen Akkumulator benötigt man hier nicht.

  Beispiele: intel 80x86: add ax,bx ; Inhalte von ax und bx addieren; Ergebnis in ax speichern.

  Motorola 680x0: add.l d1,d2 ; Inhalte von d1 und d2 addieren; Ergebnis in d2 speichern.

Befehlscode	Adresse 1. Operand	Adresse 2. Operand

- Beim *Dreiadressbefehl* wird zusätzlich noch die Adresse für das Ergebnis angegeben.

Befehlscode	Adresse Ergebnis	Adresse 1. Operand	Adresse 2. Operand

Es gibt auch Rechner, bei denen anstelle einer Operanden- oder der Zieladresse die Adresse des nächsten Befehls angegeben wird. In diesem Falle benötigt man keinen Befehlszähler.

Die folgende Zusammenstellung soll zeigen, wie unterschiedlich die Anzahl und die Länge der verschiedenen Befehle sein kann:

Rechnersystem/Prozessor	Anzahl der Befehle	Befehlslänge
IBM /370	ca. 140 User-Befehle	2, 4, 6 Byte
DEC VAX	ca. 330 Befehle	2 bis ca. 16 Byte
Motorola MC68000	ca. 83 Befehle	2 bis 5 Byte
intel 8086	73 Bef. + 17 Sprungbefehle	1 bis 6 Byte

4.2.2.2 *Befehlsdecodierung*

Der *Befehlsdecoder* hat die Aufgabe, aufgrund des jeweiligen Befehlscodes zum richtigen Zeitpunkt die entsprechenden Steuersignale an die verschiedenen Hardware-Komponenten weiterzugeben. Der Befehlscode unterscheidet sich von Hersteller zu Hersteller erheblich.

Um das Prinzip des Befehlsdecoders besser zu verstehen, vereinfachen wir den Ablauf und beschränken uns zunächst auf folgende drei verschiedene Befehle (hier für die Intel 80x86-Prozessoren dargestellt; gilt für andere Prozessoren analog):

- Additionsbefehl „add ax,bx“ (Addiere die Inhalte der Register ax und bx),
- Subtraktionsbefehl „sub ax,bx“ (Subtrahiere Inhalt von bx vom Inhalt von ax),
- Stoppbefehl „hlt“ (Halte den Prozessor an; nur bei den Intel 80x86-Prozessoren).

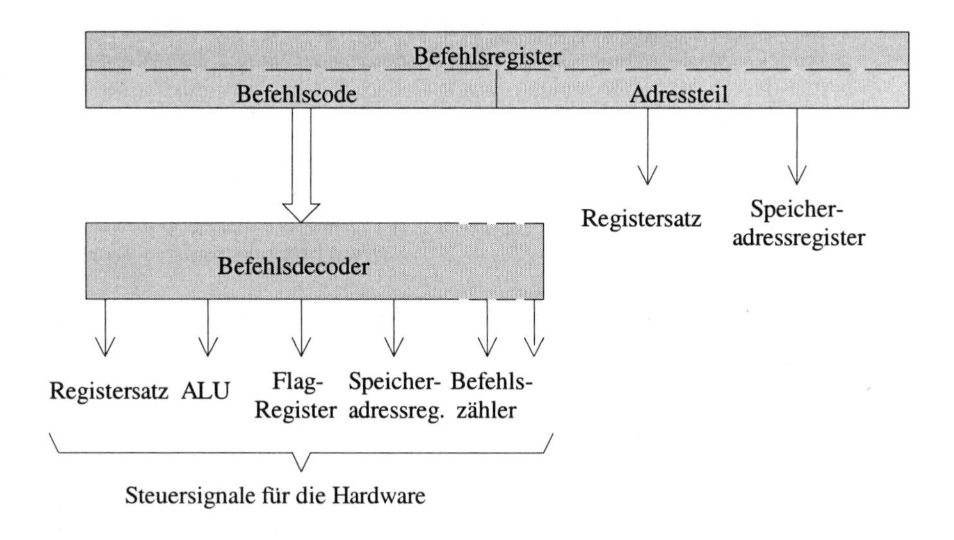

Bild 4-17: Blockschaltbild eines Befehlsdecoders

Während der HALT-Befehl lediglich ein Hardware-Signal erzeugt und zum Mikroprozessor schickt, enthalten die beiden anderen Befehle mehrere Schritte:

add ax,bx:
1) Register ax und bx mit den Eingängen der ALU verbinden.
2) Befehlszähler erhöhen.
3) ALU auf „Addieren“ einstellen.
4) Ergebnis im Register ax speichern.
5) Flagbits entsprechend dem Ergebnis setzen.
6) „STOP“ (warten auf den nächsten Befehl).

sub ax,bx:
1) Register ax und bx mit den Eingängen der ALU verbinden.
2) Befehlszähler erhöhen.
3) ALU auf „Subtrahieren" einstellen.
4) Ergebnis im Register ax speichern.
5) Flagbits entsprechend dem Ergebnis setzen.
6) „STOP" (warten auf den nächsten Befehl).

Fazit: Einige Befehle haben große Gemeinsamkeiten, wie z. B. „add" und „sub", während andere, wie z. B. „hlt", einen völlig abweichenden Befehlsablauf besitzen. Deshalb bildet man Gruppen von Befehlen mit ähnlichem Ablauf.

Die Erzeugung der notwendigen Steuersignale für die einzelnen Hardware-Einheiten kann man auf verschiedene Arten lösen:

- durch eine Hardware-Schaltung
  Realisierungsmöglichkeiten: Aufbau aus Gattern, mit Decoder-PROM(s) oder durch einen Sequencer (Ablaufsteuerung).
- durch spezielle Software-Programme (Firmware)
  Realisierungsmöglichkeiten: einstufiges Mikroprogramm oder Mikroprogramm mit Unterprogrammen (Nanoprogramm).

Beispiel: Sequencer (Ablaufsteuerung)

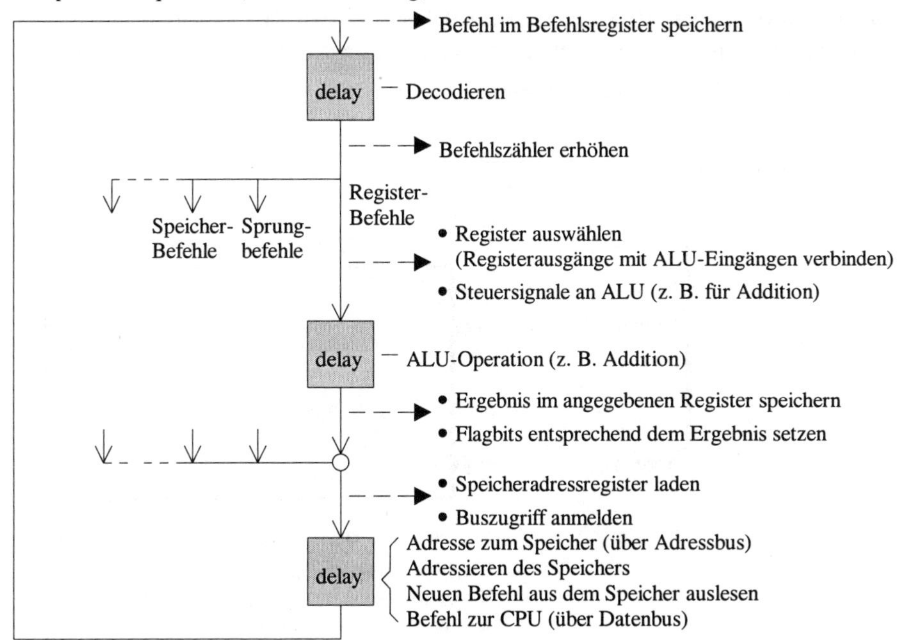

Bild 4-18: Vereinfachtes Schema einer Ablaufsteuerung bei Register-Befehlen

Die Hardware-*Ablaufsteuerung*, auch *Sequencer* genannt, teilt den Befehlsablauf in mehrere Schritte auf und erzeugt dann im richtigen Moment die entsprechenden Steuersignale. Das ist im Bild 4-18 vereinfacht für die Befehlgruppe dargestellt, deren Operanden in den CPU-Registern gespeichert sind.

Die Verzögerungszeiten (delay) dienen dazu, die Zeiten zu überbrücken, die zur Ausführung der rechts angegebenen Aktivitäten benötigt werden. Anschließend können die mit dem Pfeil markierten Funktionen gestartet werden.

Anwendungsgebiet: RISC-Prozessoren

Beispiel: Mikroprogramm

Die einzelnen Schritte eines Befehls kann man auch in einer Sequenz von mehreren „Unterbefehlen" *(Mikrobefehle)* ablaufen lassen. Diese Sequenz wird als so genannte *Firmware* in einem festverdrahteten Mikroprogrammspeicher (ROM) abgelegt. Der Befehlscode startet automatisch die entsprechende Mikroprogrammsequenz.

Da ähnliche Befehle identische Teilaktivitäten haben, kann man diese Schritte auch in einem *Nanoprogramm* realisieren und diese wie ein Unterprogramm aufrufen, um Speicherplatz für den Mikroprogrammcode zu sparen.

Die Datenworte des Mikroprogrammspeichers werden als Steuersignale für die Hardware interpretiert, vergleichbar mit den Ausgangssignalen des Sequencers.

Anwendungsgebiet: fast alle Mikroprozessoren (CISC)

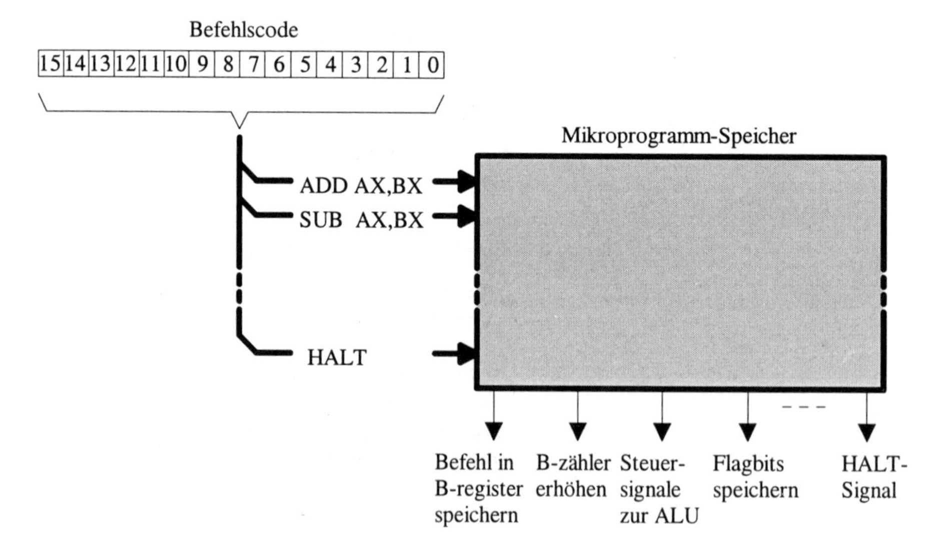

Bild 4-19: Beispiel für den Aufbau eines einstufigen Mikroprogramms

4.2.2.3 Befehlsausführung

Bei der von Neumann-Architektur stehen die Befehle mit den Daten zusammen im Speicher. Die Inhalte der Speicherzellen sind Bitmuster und können Befehle, Daten oder auch Adressen sein. Sie sind nicht unterscheidbar und erhalten ihre Bedeutung erst durch den momentanen Programmablauf. Der Rechner muss also aufgrund des zeitlichen Ablaufs selbst entscheiden, wie ein spezielles Speicherwort zu interpretieren ist. Technisch löst man dieses Problem, indem man die Ausführungszeit für einen Befehl in zwei Phasen aufteilt:

- Mit Beginn der *Fetch-* oder *Interpretations-Phase* übernimmt das Speicheradressregister den Wert des Programmzählers bzw. bei Verzweigungen die Sprungadresse. Der Inhalt dieser Adresse wird in das Befehlsregister geladen; d. h., dieser Speicherinhalt wird als Befehl interpretiert. Der Decodierer analysiert den Befehl und erzeugt die entsprechenden Steuersignale für die Hardware.
- In der nun folgenden *Ausführungs-* oder *Execution-Phase* erfolgt die eigentliche Befehlsausführung mittels der Steuersignale. Wird in dieser Phase der Speicher angesprochen, so können es nur Daten oder Adressen sein.
  Während dieser Befehlsausführungsphase zählt der Programmzähler hoch.

> Zwischen Speicher und CPU werden in der *Fetch-Phase* nur *Befehle* und in der *Ausführungsphase* nur *Daten* oder Adressen transportiert.

Deutlicher wird dieser Ablauf an einem konkreten Beispiel. Dazu betrachten wir das kurze Programm „summe" (→ Kapitel 7) für einen intel 80x86-Prozessor.

Inhalt des Speichers		Assembler-Programm			
Adresse	Maschinencode	Zeilennr.	Marke	Operator	Operand
		1		.model	small
		2		.data	
ds:0000	3200	3	n	dw	50
ds:0002	0000	4	sum	dw	0
		5		.code	
cs:0000	BAF5 16	6	summe:	mov	dx,@data
cs:0003	8EDA	7		mov	ds,dx
cs:0005	A100 00	8		mov	ax,n
cs:0008	0106 0200	9	marke:	add	sum,ax
cs:000C	48	10		dec	ax
cs:000D	75F9	11		jnz	marke
cs:000F	B44C	12		mov	ah,4Ch
cs:0011	CD21	13		int	21h
		14		end	summe

Tabelle 4-2: Ein Beispiel-Programm in Assembler-Schreibweise und in Maschinencode

Der Befehl „jnz marke“ (jump if not zero) verzweigt nach „marke“, wenn das Flagbit Z den Wert 0 hat.

Das Programm in Assembler-Schreibweise (rechter Teil der Tabelle 4-2) wird vom Assemblierer in den Maschinencode (linker Teil) übersetzt und im Haupt- oder Arbeitsspeicher des Rechners unter den angegebenen Adressen abgelegt. Die Adressen sind dabei hexadezimal dargestellt.

Betrachten wollen wir nur die Zeilennummern 9 bis 11 und zwar zu dem Zeitpunkt, an dem das Programm folgende aktuelle Werte erreicht hat:

Speicherort	Wert (nicht gedreht)
ax	0002
„sum“	04F8

Phase		Befehlszähler	Speicheradressreg.	Befehlsreg. (Mnemonik)	ALU	Flag-R. OSZC	ax (hexadez.)
1	Fetch	cs : 0008	cs : 0008	add sum,ax	nop	? ? ? ?	0002
	Ausführung	cs : 000C	ds : 0002	add sum,ax	04F8 + 0002	0 0 0 0	0002
2	Fetch	cs : 000C	cs : 000C	dec ax	nop	0 0 0 0	0002
	Ausführung	cs : 000D	cs : 000C	dec ax	0002 - 1	0 0 0 0	0001
3	Fetch	cs : 000D	cs : 000D	jnz marke	nop	0 0 0 0	0001
	Ausführung	cs : 000F	cs : 000D	jnz marke	000F + FFF9	0 0 0 0	0001
4	Fetch	cs : 000F	cs : 0008	add sum,ax	nop	0 0 0 0	0001
	Ausführung	cs : 000C	ds : 0002	add sum,ax	04FA + 0001	0 0 0 0	0001
5	Fetch	cs : 000C	cs : 000C	dec ax	nop	0 0 0 0	0001
	Ausführung	cs : 000D	cs : 000C	dec ax	0001 - 1	0 0 1 0	0000
6	Fetch	cs : 000D	cs : 000D	jnz marke	nop	0 0 1 0	0000
	Ausführung	cs : 000F	cs : 000D	jnz marke	000F + FFF9	0 0 1 0	0000
7	Fetch	cs : 000F	cs : 000F	mov ah,4Ch	nop	0 0 1 0	0000

Tabelle 4-3: Funktion des Steuerwerks (nop: no operation, keine Aktivität)

Schrittweise Erklärung der Tabelle 4-3:

1. Zu Beginn der **Fetch-Phase** wird der aktuelle Wert des Befehlszählers ins Speicheradressregister übernommen (einzige Ausnahme siehe 9).
2. Das Bitmuster, das unter dieser Adresse im Speicher abgelegt ist, wird in das Befehlsregister gebracht. In unserer Tabelle ist zum einfacheren Verständnis statt des Bitmusters die Assembler-Schreibweise eingetragen.
3. Während der Fetch-Phase erhält die ALU keine Aufgabe (jedenfalls bei intel 80x86-Prozessoren) und die Register verändern sich nicht.

4. In der **Ausführungsphase** addiert der Befehlszähler zum Inhalt des Speicheradressregisters die Länge des aktuellen Befehls (in Byte gemessen) hinzu.
5. Falls ein Operand aus dem Speicher geholt, wie z. B. „sum“ in Phase 1, und / oder in den Speicher transportiert werden muss, dann wird die Adresse in das Speicheradressregister gebracht. Sonst wird das Speicheradressregister nicht verändert, wie z. B. in den Phasen 2 und 3 der Tabelle 4-3.
6. Die ALU führt nun den Befehl aus. Beim ersten Befehl addiert also die ALU den Inhalt von „sum“ zum Inhalt des Registers ax. Das Ergebnis wird unter „sum“ wieder im Speicher abgelegt.
7. Da das Ergebnis der Addition weder 0 ist, noch eine führende Eins hat, noch ein Carry oder Overflow aufgetreten sind, werden die Flagbits nun alle auf 0 gesetzt.
8. Damit ist ein Befehl geholt und komplett bearbeitet worden. Die Schritte 1 bis 7 wiederholen sich jetzt.
9. Eine Abweichung vom normalen Ablauf bewirkt der bedingte Sprungbefehl „jnz marke“. Die Sprungbedingung ist in diesem Fall erfüllt, wenn das Ergebnis der letzten arithmetischen Operation (hier: dec ax) ungleich 0 ist bzw. das Flagbit Z = 0 ist. Bei erfüllter Sprungbedingung (hier: Phase 3 der Tabelle 4-3) übernimmt das Speicheradressregister in der folgenden Fetch-Phase *nicht* den Wert des Befehlszählers, sondern die Sprungadresse, die die ALU gerade berechnet hat.

   Falls aber die Sprungbedingung nicht erfüllt ist (hier: Phase 6 der Tab. 4-3), wird das Speicheradressregister wie bisher mit dem Inhalt des Befehlszählers geladen.

Zur Vertiefung folgt hier eine generelle Erklärungen zur Funktion des Steuerwerks.

Phase:

Es wechseln sich immer ab:

- Fetchphase — Holen und Dekodieren von *Befehlen.*
- Ausführungsphase — Holen, Bearbeiten und Speichern von *Daten.*

Befehlszähler:

Der *Befehlszähler* wird immer in der Ausführungsphase gesetzt. Er übernimmt den Inhalt, den das Speicheradressregister (MAR) während der Fetchphase hatte, und zählt diesen Inhalt um so viel hoch, wie der aktuelle Befehl Bytes hat.

Beispiel:

Phase	Befehlszähler	Speicheradressregister	Befehl
Fetch	cs : 0130	cs : 0130	01 06 02 00
Ausführung	**cs : 0134**	ds : 0002	01 06 02 00

Befehl „01 06 02 00“ ist 4 Byte lang. Also muss der Inhalt des MARs in der Fetchphase (cs : 0130) um 4 hochgezählt werden: → cs : 0134.

Speicheradressregister (MAR):

- Fetchphase — Das *Speicheradressregister* übernimmt in der Fetchphase den Inhalt des Befehlszählers.

  Einzige Ausnahme: Wenn der vorhergehende Befehl ein absoluter Sprungbefehl oder ein bedingter Sprungbefehl, dessen Sprungbedingung erfüllt ist, war, dann muss das Speicheradressregister auf die Adresse des Sprungziels gesetzt werden.

  Beispiele:

  jmp marke1 — absoluter Sprungbefehl, d. h. Adresse von „marke1" ins Speicheradressregister.

  jnz marke2 — bedingter Sprungbefehl (Springe nach marke2, wenn das „letzte Ergebnis" nicht 0 ist):

  Wenn das Zero-Flagbit = 0 ist, springe zur marke2 (Adresse von „marke2" ins MAR).

  Wenn das Zero-Flagbit = 1 ist, gehe zum nächsten Befehl (Wert des Befehlszählers übernehmen).

- Ausführungsphase — Der Inhalt des Speicheradressregisters wird nur geändert, wenn Daten (Operanden) geholt oder gespeichert werden sollen.

Befehlsregister:

Das *Befehlsregister* wird in der Fetchphase mit dem aktuellen Befehl geladen. Der Befehl bleibt solange gespeichert, bis er abgearbeitet ist (d. h. während der Ausführungsphase).

ALU:

- Fetchphase — keine Aktivität der *ALU*: nop (no operation)
- Ausführungsphase
  1) Arithmetische und logische Operationen werden ausgeführt.
     (Adressen für Daten im Speicher brauchen nicht berechnet zu werden, da der Offset im Befehl stets angegeben ist.)
  2) Adressen für Sprungziele müssen berechnet werden:
     Sprungziel = Inhalt des Befehlszählers in dieser Ausführungsphase plus Displacement (Displacement steht in den beiden letzten hexadezimalen Stellen des Befehls).
     Achtung bei der Erweiterung von Adressen:
     Das Vorzeichen muss erhalten bleiben:
     - Ist das höchstwertige Bit eine 0, dann werden Nullen vorangestellt.
     - Ist das höchstwertige Bit eine 1, dann werden Einsen vorangestellt.

Beispiele: Displacement = $05|_{16}$ → $00\ 05|_{16}$
Displacement = $7F|_{16}$ → $00\ 7F|_{16}$
Displacement = $80|_{16}$ → $FF\ 80|_{16}$
Displacement = $F9|_{16}$ → $FF\ F9|_{16}$

Flag-Register:

Interessant sind nur folgende Bits im *Flag-Register*:

Z = zero Das Ergebnis hat den Wert 0.
S = sign Das höchstwertige Bit des Ergebnisses ist 1 (also u. U. eine negative Zahl).
C = carry Ein Übertrag in der höchsten Stelle ist aufgetreten (also bei ganzen Zahlen ohne Vorzeichen: Überschreitung des Zahlenbereichs).
O = overflow Ein Überlauf ist aufgetreten (also bei Rechnung im Komplement: Überschreitung des Zahlenbereichs).

Flagbits werden nur in der Ausführungsphase verändert. Im Anhang B ist angegeben, welche Befehle welche Flagbits beeinflussen. So verändern z. B. die Sprungbefehle die Flagbits nicht.

Sprungbefehle entscheiden anhand der Flagbits, ob die Sprungbedingung erfüllt ist oder nicht.

Der Programmzähler wird beim Einschalten des Rechnersystems (oder beim Betätigen einer Resettaste) automatisch mit einer festen Anfangsadresse geladen. Das Betriebssystem muss bei dieser Adresse beginnen. Bei einem korrekten Ablauf wird nun Befehl für Befehl sequenziell bearbeitet bzw. zu einem anderen Programmteil gesprungen. Fehler im Programmablauf selbst können nur auftreten,

- wenn ein Befehl verfälscht wird
  (Dadurch kann z. B. ein kürzerer Befehl decodiert werden. Der nachfolgende Befehl ist dann ebenfalls falsch. Das kann sich noch fortsetzen, so dass das Programm schließlich „abstürzt".)
- oder wenn die Sprungadresse fehlerhaft ist.
  (Führt das Sprungziel z. B. in den Datenbereich, dann werden die Datenwörter als Befehle interpretiert und lösen ungewünschte Reaktionen bis hin zum Programmabsturz aus.)

Man kann die Befehlsverarbeitung noch weiter unterteilen, und zwar normalerweise in folgende 5 Stufen:

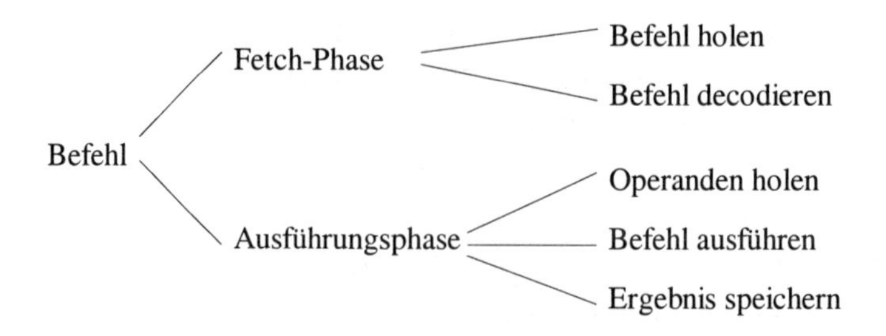

Diese Stufen müssen stets nacheinander bearbeitet werden. Dadurch addieren sich alle Ausführungszeiten. Falls ein neuer Befehl erst geholt wird, wenn der vorherige Befehl vollständig bearbeitet ist, dann reduziert das die Leistungsfähigkeit eines Rechnersystems erheblich. Deshalb verwenden neue Mikroprozessoren Pipeline- (→ Abschnitt 5.2.1.2) und / oder Skalar-Techniken (→ Abschnitt 5.4.2).

Bei den ersten Realisierungen eines von Neumann-Rechners verbrauchte die Befehlsausführung die meiste Zeit. Heute dagegen fällt sie im Verhältnis zu den Speicherzugriffszeiten kaum noch ins Gewicht. Denn die Kommunikation zwischen CPU und Speicher über die Datenwege ist zu einem Engpass geworden. Deshalb bezeichnet man sie auch als *von Neumannschen Flaschenhals.*

4.3 Speicher

Der Speicher eines von Neumann-Rechners besteht aus einer Vielzahl von Speicherzellen. Jede Speicherzelle kann 1 bit speichern. Man fasst jeweils mehrere Zellen zu einer *Speicherzeile* oder einem *Speicherwort* zusammen (z. B. bei einem 32 bit System ergeben 32 bit ein Speicherwort).

Im Allgemeinen wird ein Speicher schematisch als Rechteck dargestellt (→ Bild 4-20). Dabei entspricht die Breite des Rechtecks, auch *Speicherbreite* genannt, der Länge eines Speicherwortes. Die Speicherworte werden untereinander gezeichnet. Die *Speichertiefe* gibt dann die Anzahl der Speicherworte an (dimensionsloser Wert!).

Um ein Speicherwort gezielt in einem Speicher ablegen und auch wiederfinden zu können, zählt man die Speicherplätze vom Speicheranfang bis zum -ende durch, und zwar byteweise. Diese Zahlen nennt man *Adressen.* Man braucht also so viele verschiedene Adressen, wie der Speicher Bytes enthält (*Kapazität* des Speichers).

Einen solchen Speicher bezeichnet man auch als *ortsadressiert*, da die einzelnen Speicherzellen aufgrund einer vorgegebenen Adresse angesprochen werden.

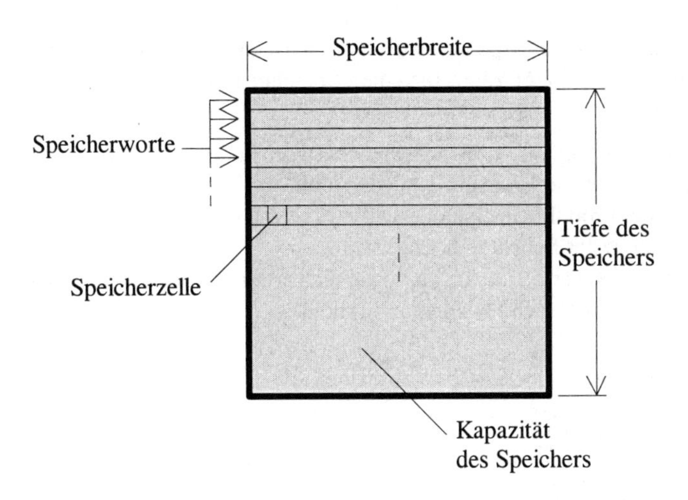

Bild 4-20: Schematische Darstellung des Speichers als Rechteck

Beispiel: Kapazität eines Speichers: 1024 Byte

→ $1024 = 2^{10}$ Adressen sind notwendig, um jedes Byte adressieren zu können.

→ Jede Adresse muss 10 bit lang sein.

Die Maßeinheit für die Kapazität ist 1 Byte = 8 bit. Für Vielfache dieser Einheit nimmt man das Dual- und nicht das Dezimalsystem als Grundlage:

- 1 KByte (Kilobyte) $= 2^{10}$ Byte = 1024 Byte
- 1 MByte (Megabyte) $= 2^{20}$ Byte $= 2^{10} \cdot 2^{10}$ Byte = 1.048.576 Byte
- 1 GByte (Gigabyte) $= 2^{30}$ Byte $= 2^{10} \cdot 2^{10} \cdot 2^{10}$ Byte = 1.073.741.824 Byte
- 1 TByte (Terabyte) $= 2^{40}$ Byte = 1.099.511.627.776 Byte
- 1 PByte (Petabyte) $= 2^{50}$ Byte = 1.125.899.906.842.624 Byte

Die Organisation eines Speichers wird also durch zwei der drei Kenngrößen beschrieben:

- die Speicherbreite, d. h. die Länge einer Speicherzeile oder eines Speicherwortes in Bits,
- die Länge oder Tiefe des Speichers, d. h. die Anzahl der Speicherzeilen (dimensionslos),
- und die Kapazität des Speichers in Byte (Speicherbreite · Länge).

Da im Speicher *nicht* die Speicherworte, sondern die Bytes durchgezählt werden, ergeben sich, wie Bild 4-21 zeigt, für einen Speicher mit einer Kapazität von 8 Byte folgende Adressen:

- Für ein System mit 8 bit pro Speicherwort ändert sich nichts: Die Adresse wird von Wort zu Wort um 1 hochgezählt.
- Ein System mit 16 bit Speicherworten hat 2 Bytes pro Wort; also werden die Adressen in 2er Schritten hochgezählt.
- Bei einem System mit 32 bit Speicherworten hat jedes Wort 4 Bytes; also werden die Adressen jeweils um 4 erhöht.

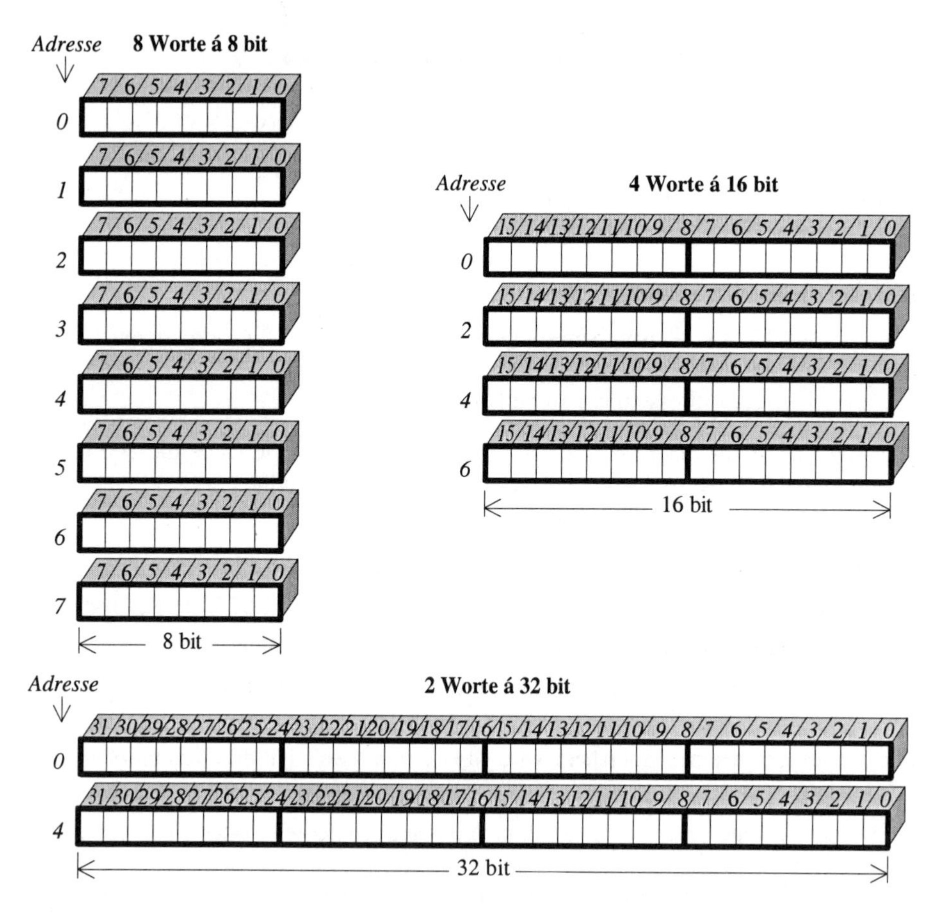

Bild 4-21: 3 Realisierungsarten eines Speichers mit einer Kapazität von jeweils 8 Byte

Man braucht zwei Angaben, um ein Datenwort im Speicher zu spezifizieren:
- seine Adresse und
- seine Länge (siehe Bilder 4-21 und 4-22c).

Wenn ein Speicherwort aus mehreren Bytes besteht (z. B. ein 32 bit Speicherwort hat 4 Bytes), dann kann man die Bytes verschieden zählen *(byte ordering)*:

- Zählt man von links nach rechts, dann beginnt man also beim höchstwertigen Bit. Man nennt diese Zählung deshalb *„big endian"*.
- Analog beginnt beim *„little endian"* die Zählung vom niederwertigsten Bit aus, also von rechts nach links.

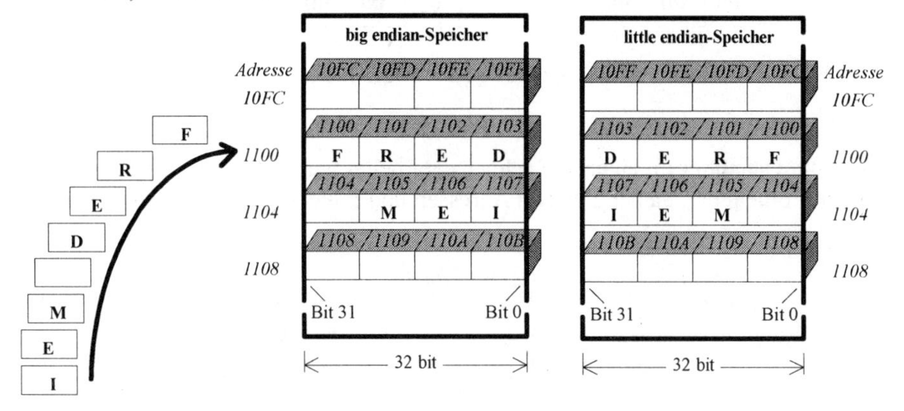

Bild 4-22a: Seriell ankommende Bytes werden beim big endian-Speicher (links) von links nach rechts und beim little endian-Speicher von rechts nach links gespeichert.

Leider haben die führenden System- und Mikroprozessor-Hersteller sich nicht auf eine einheitliche Zählung einigen können:

- big endian: z. B. IBM /370, Motorola
- little endian: z. B. DEC VAX, Intel.

Bei einem little und einem big endian-System muss man folgendes beachten:

1.) Man zählt *generell* die Wertigkeiten der Bitstellen von rechts (2^0) nach links (2^n). Deshalb werden Zahlen entsprechend ihrem Format, wie z. B. integer, short integer, long integer, rechtsbündig abgelegt.

Beispiel: 32 bit Integer-Zahl „25" ($25|_{10} = 19|_{16}$: → Bild 4-22b unten)

2.) Dagegen werden Character Strings byteweise und damit verschieden abgelegt.

Beispiel: „FRED MEIER" (→ Bild 4-22b oben)

Kompliziert wird es dann, wenn sowohl Integer-Zahlen wie auch Character Strings gespeichert werden.

Beispiel: Personaldaten: Name „FRED MEIER" und Alter „25"

big endian (Bit 31 … Bit 0)

Byte 0	Byte 1	Byte 2	Byte 3
F	**R**	**E**	**D**
	M	**E**	**I**
E	**R**		
00	**00**	**00**	**19**

little endian (Bit 31 … Bit 0)

Byte 3	Byte 2	Byte 1	Byte 0
D	**E**	**R**	**F**
I	**E**	**M**	
		R	**E**
00	**00**	**00**	**19**

Bild 4-22b: ASCII-Zeichen werden byteweise und Integer-Werte als Langwort gespeichert.

Solange die Daten nur im eigenen Rechner verarbeitet wurden, stellte das byte ordering kein Problem dar, da bei gleichen Adressen und Längen die Daten gleich sind.

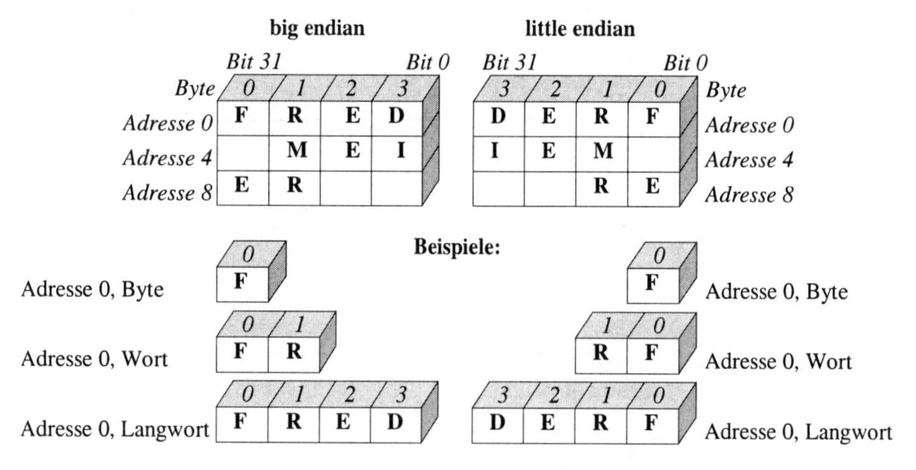

Bild 4-22c: Zur Adressierung muss man die Adresse und die Datenwortlänge angeben. Die Daten sind für big und little endian-Adressierung gleich.

Erst durch den Datenaustausch zwischen einem little und big endian-System entsteht ein Problem. Beim Datentransfer müssen mit Hilfe des so genannten „*byte swappings*" die Bytes vor oder nach der Übertragung vertauscht werden, vorausgesetzt man weiß, wann die Daten in welchem Format übertragen werden (→ Bild 4-23).

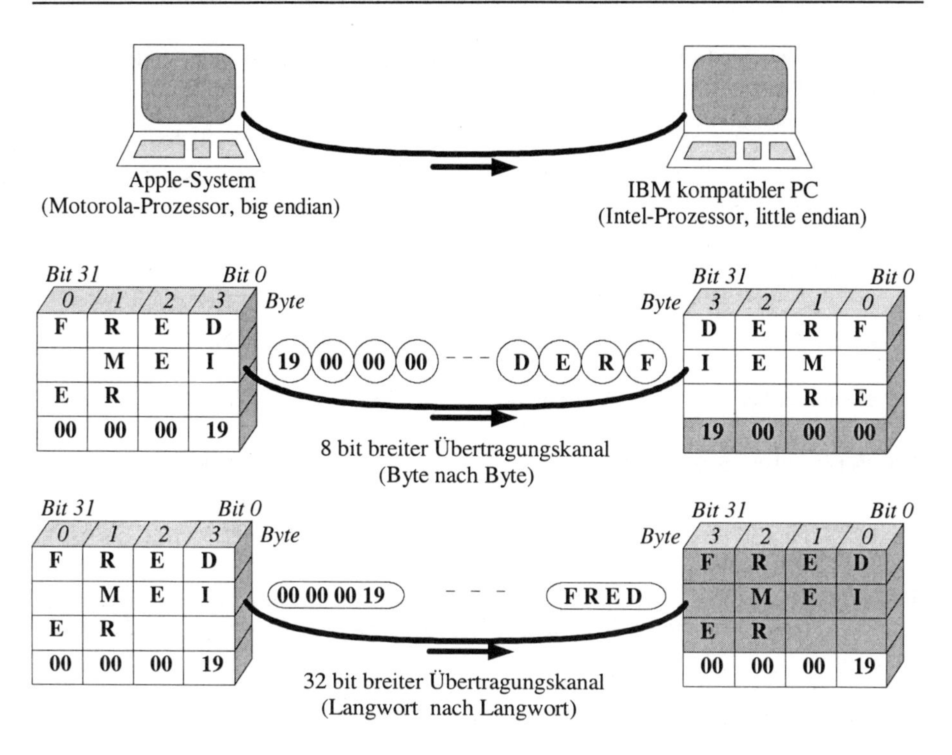

Bild 4-23: Bei der Übertragung von Integer-Zahlen und Character Strings zwischen einem big und little endian-System treten ohne korrigierendes Byte Swapping Fehler auf (siehe markierte Felder).

Bei Datenübertragungsprotokollen oder auch bei Grafikdateiformaten, wie z. B. TIFF-Dateien, wird im Header meist angegeben, ob die Daten im big oder little endian-Format abgelegt sind.

4.3.1 Speicher-Hierarchie

Der Speicher ist zu einer sehr leistungsbestimmenden Einheit geworden. Einerseits soll die Kapazität des Speichers möglichst groß sein, um auch umfangreiche Programme aufnehmen zu können. Andererseits stellen schnelle Speicher-Bausteine immer noch einen beachtlichen Kostenfaktor bei der Hardware dar. Deshalb speichert man die Daten je nach Anforderung auf verschiedenen Hierarchie-Ebenen.

Diese so genannte *Speicher-Hierarchie* ist im Bild 4-24 dargestellt. Es zeigt, wie mit „zunehmender Entfernung“ von der CPU

- die Zugriffszeit wächst,

- die mit vernünftigem Aufwand zu realisierende Kapazität steigt und
- der Preis pro Megabyte sinkt.

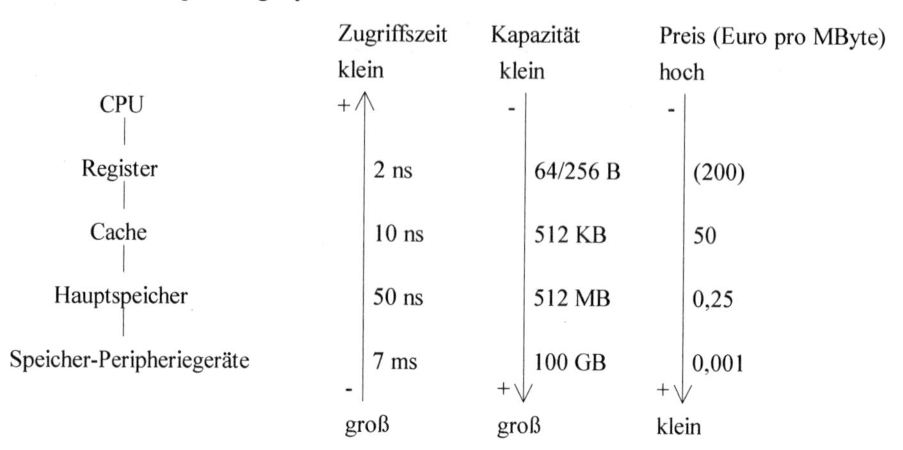

Bild 4-24: In der Speicher-Hierarchie setzt man je nach Anforderung sowohl schnelle, aber teure Speichereinheiten, wie auch langsame, dafür aber preiswerte Speicher ein.

Deshalb ist es mittlerweile fast selbstverständlich, dass

- Daten, die man häufig braucht, wie z. B. aktuelle Programmteile, Arbeitsdaten, nahe bei der CPU, also möglichst im Cache, gespeichert werden,
- während Daten, die man selten benötigt, wie z. B. spezielle Programme, Archivdaten oder Backups, auf Peripheriegeräten abgelegt werden.

4.3.2 Prinzipieller Aufbau eines konventionellen Hauptspeichers

Heute setzt man in fast allen *Haupt-* oder *Arbeitsspeichern* dynamische Halbleiterbausteine ein, weil diese Chips relativ preisgünstig und „kompakt" sind. Im Abschnitt 4.3.3.1 werden sie genauer vorgestellt.

Hier soll zunächst der prinzipielle Aufbau eines Haupt- oder Arbeitsspeichers erklärt werden. Die Speicherchips sind als Speichermatrix verdrahtet (→ Bild 4-25). Wie bereits im Bild 4-20 dargestellt, ist die Breite der Matrix gleich der Länge eines Speicherwortes.

Über den Adressbus wird dem Speicher die Adresse mitgeteilt, deren Inhalt gelesen oder geschrieben werden soll. Das Adressregister speichert die Adresse, damit sie sich während der Decodierung nicht verändern kann. Zur Vereinfachung nehmen wir zunächst an, dass der Adressdecoder aus der Adresse ein Signal für jedes Speicherwort generiert. Dieses adressierte Speicherwort kann jetzt

- beim Lesen aus den Speicherzellen geholt und in das Lesedaten-Register übernommen werden bzw.
- beim Schreiben mit dem Inhalt des Schreibdaten-Registers geladen werden.

Meist übernimmt ein spezieller Controller-Baustein die zeitliche Steuerung des Lese- bzw. Schreibvorgangs und generiert automatisch die Refresh-Zyklen.

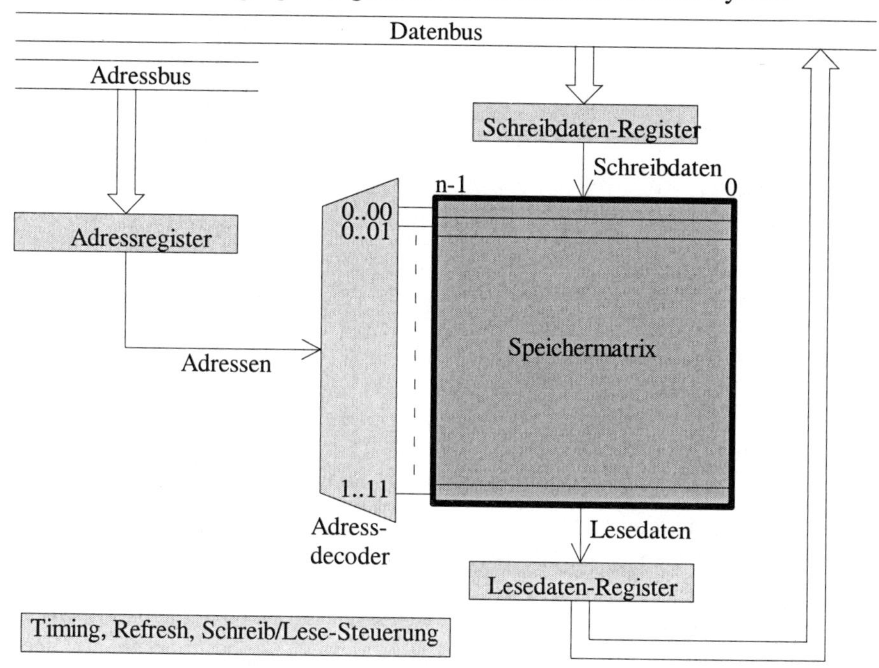

Bild 4-25: Vereinfachtes Blockschaltbild eines Hauptspeichers

Heute erfolgt die Adressdecodierung zweistufig. Auf dem CPU- bzw. Mainboard wird nur die entsprechende Speicherbank (→ Abschnitt 4.3.3.3) ausgewählt, während die eigentliche Decodierung in den *Speicherchips* selbst erfolgt.

4.3.3 Die verschiedenen Halbleiter-Speicherbausteine

Inzwischen gibt es eine große Auswahl an Halbleiter-*Speicherbausteinen*, die für verschiedene Anwendungsfälle konzipiert sind (→ Bild 4-26). Eine grobe Einteilung ergibt sich dadurch, ob die Bausteine beim Ausschalten des Systems ihre Information verlieren dürfen oder nicht. Eine andere Einteilung wäre, ob man auf die Speicherbausteine vorwiegend nur lesend oder lesend und schreibend zugreifen will. Die technische Realisierung bewirkt zufälligerweise, dass beide Einteilungen die Bausteine in die gleichen Gruppen aufteilt.

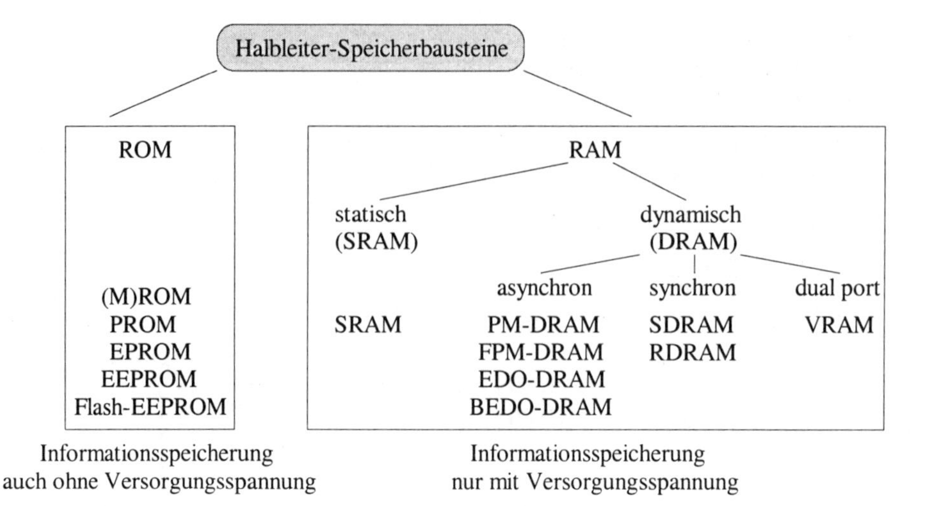

Bild 4-26: Übersicht der verschiedenen Halbleiterspeicher (ohne Funktionsspeicher)

ROM read only memory (Speicherfamilie für Lese-Anwendungen, bei der das Schreiben nicht oder nur zeitaufwendig möglich ist.):

- *(M)ROM* (Masken-ROM)
  beim Chip-Hersteller durch entsprechende Masken programmiert, nicht löschbar,
- *PROM* (programmable ROM)
  mit speziellem Gerät einmal programmierbar, nicht löschbar,
- *EPROM* (erasable, programmable ROM)
  mit speziellem Gerät programmierbar, mit UV-Licht löschbar,
- *EEPROM* (electric erasable, programmable ROM)
  in der Schaltung beschreibbar, byteweise elektrisch löschbar,
- *Flash-EEPROM*, spezielle Variante der EEPROMs
  in der Schaltung beschreibbar, nur blockweise elektrisch löschbar. Wegen der Blockorientierung kann man einen Flashspeicher als „elektronische Festplatte“ (z. B. als PC-Card in Notebooks) oder als Speicher bei digitalen Kameras einsetzen. Als Hauptspeichererweiterung ist er nicht geeignet, da dazu eine byteorientierte Arbeitsweise notwendig ist.

RAM random access memory (Speicherfamilie mit beliebigem Zugriff; ungeschickte Bezeichnung, da auch ROMs einen beliebigen Zugriff ermöglichen. Besser wäre eine Charakterisierung als Speicher, die in beliebiger Reihenfolge beschrieben und gelesen werden können):

- *SRAM* (static RAM)
  statisches RAM, das seine Information behält, solange die Versorgungsspannung anliegt,
- DRAM (dynamic RAM)
  dynamisches RAM, dessen Information je nach DRAM-Größe alle 2, 4, 8 ... ms erneuert werden muss (Refresh),
- PM-DRAM (page mode DRAM) (Erklärung s. 4.3.3.2),
- FPM-DRAM (fast page mode DRAM) (Erklärung s. 4.3.3.2),
- EDO-DRAM (extended data out DRAM) (Erklärung s. 4.3.3.2),
- BEDO-DRAM (burst extended data out DRAM) (Erklärung s. 4.3.3.2),
- SDRAM (synchronous DRAM) (Erklärung s. 4.3.3.2),
- RDRAM (Rambus DRAM) (Erklärung s. 4.3.4),
- VRAM (Video-RAM) (Erklärung s. 4.3.3.2).

Typ	typische Zugriffszeit	typische Kapazität pro Chip	typische Anwendung
(M)ROM	10 - 30 ns	1 Mbit	Speicher für Zeichensatz
PROM	10 - 30 ns	256 Kbit	sequenzielle Schaltwerke
EPROM	150 - 200 ns	16 Mbit	Boot-PROM (Ladeprogramm)
EEPROM	100 - 200 ns	4 Mbit	Speicher für Konfigurationsparameter
Flash-EEPROM	80 – 150 ns	16 Mbit	Ersatz für Festplatten, Memory Sticks für Digitalkameras
SRAM	10 - 30 ns	4 Mbit	Cache
DRAM	50 - 80 ns	64 Mbit	Hauptspeicher

Tabelle 4-4: Typische Zugriffszeiten und Kapazitäten verschiedener Speicherchips

4.3.3.1 Dynamische Halbleiter-Speicherbausteine

Im Jahr 1967 hat IBM das Prinzip einer *DRAM*-Zelle vorgestellt. Während man bei Registern oder auch statischen Speichern (SRAMs) Flipflops als speichernde Elemente benutzt, werden bei DRAMs die Informationen in Kondensatoren gehalten:

- Ist der Kondensator geladen, dann entspricht das dem logischen Wert 1.
- Ist der Kondensator nicht geladen, dann hat er den logischen Wert 0.

Der große Vorteil der dynamischen Speicherzelle liegt in seiner geringen Größe. Die dynamische Ein-Transistor-Zelle benötigt etwa 50 % der Chipfläche einer statischen Vier-Transistor-Zelle. Die Chipfläche beeinflusst den Preis sehr stark.

Nachteilig ist, dass die Ladung auf den Kondensatoren mit der Zeit abnimmt. Deshalb muss die Information ständig aufgefrischt werden: Etwa alle 2 bis 64 ms muss ein Refresh erfolgen.

Um die Kosten der Speicherchips gering zu halten, muss die Anzahl der Anschlüsse und damit auch die Gehäusegröße klein sein. Deshalb wird die Adresse in zwei Hälften übergeben. Zwei Zusatzsignale geben an, welche der beiden Hälften auf den Adressleitungen anliegt.

Da die dynamischen Speicherchips intern eine etwa quadratische Speichermatrix besitzen, adressiert die erste Hälfte die Zeile und die zweite Hälfte die Spalte der Matrix:

- Die *Row-Address (Zeilenadresse)* gibt die Zeile in der Matrix an. Mit dem *RAS*-Signal (Row Address Strobe) wird die Row-Address markiert.
- Die *Column-Address (Spaltenadresse)* gibt das Bit an, das gelesen oder geschrieben werden soll. Das *CAS*-Signal (Column Address Strobe) zeigt an, wann die Column-Address gültig ist.

Beispiel: Ein 16 Mbit-DRAM-Chip braucht eine Adresse von 24 bit, um jedes Bit auswählen zu können. Durch die Aufteilung sind Row- und Column-Address jeweils 12 bit lang.

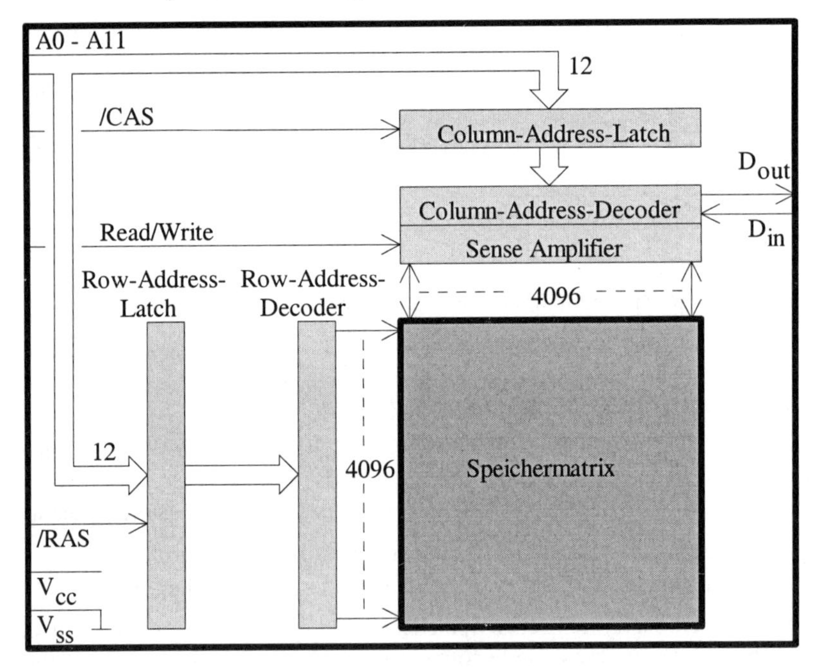

Bild 4-27: Vereinfachtes Blockschaltbild eines 16 Mbit-DRAM-Chips

Die internen Funktionen eines DRAM-Chips sind sehr komplex. Deshalb werden die internen Abläufe nicht umfassend, sondern zum besseren Verständnis vereinfacht dargestellt.

Zuerst selektiert die Row-Address die Zeile in der Speichermatrix. Der Inhalt einer ganzen Zeile wird jetzt - vereinfacht ausgedrückt - ausgelesen. Der Column Address Decoder schaltet dann das oder die gewünschten Bits auf den Ausgang durch.

Da sich beim Auslesen die Ladung des Kondensators ändert, muss die Information zurückgeschrieben werden. Das erfolgt während des Lesevorgangs automatisch für die ganze Zeile.

Die Zeile einer Speichermatrix bezeichnet man auch als *Seite* oder *page*. Im Beispiel von Bild 4-27 sind Zeilen- und Spaltenadresse jeweils 12 bit lang; dadurch ist die Seite 4096 bit lang. Auf den Inhalt einer ganzen Seite kann man je nach DRAM-Mode mehrmals hintereinander zugreifen. Diese Zugriffe sind wesentlich schneller.

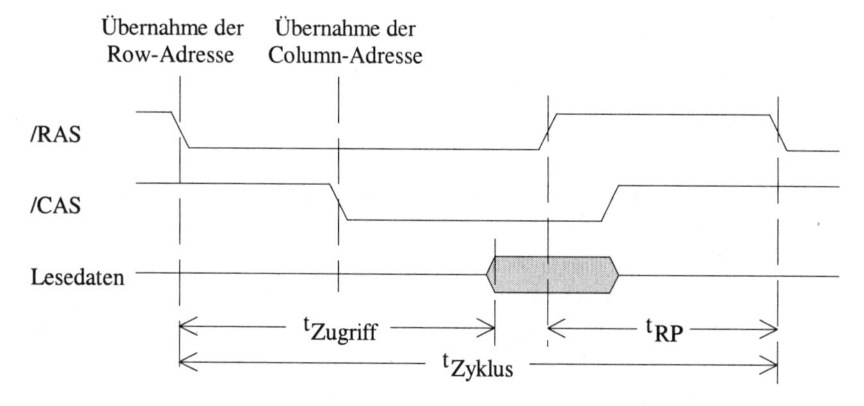

Bild 4-28: Zeitdiagramm für einen dynamischen Speicher

Drei charakteristische Werte bestimmen das Zeitverhalten eines Standard-DRAMs:

- *Zugriffszeit* (t_{RAC}: Access Time from /RAS)
  Zeit, die vom Aktivieren der Row-Adresse (/RAS-Signal wird low) bis zum Auslesen der Lesedaten vergeht.
- *Vorladezeit* (t_{RP}: /RAS *precharge time*)
  Nach dem Lesen müssen die Bitleitungen für den nächsten Zyklus „vorgeladen“ werden.
- *Zykluszeit* (t_{RC}: Random Read or Write Cycle Time)
  Kürzester Abstand zweier aufeinanderfolgender Lese- oder Schreibvorgänge.

Typische Werte: t_{RAC}: 80 ns; t_{RP}: 60 ns; t_{RC}: 150 ns;
Weitere Zugriffe innerhalb einer Seite (Page Mode Cycle Time) t_{PC}: 50 ns .

4.3.3.2 Varianten der DRAMs

Verbesserungen gegenüber den Standard-DRAMs beruhen vorwiegend darauf, dass Befehle und Daten meistens sequenziell hintereinander im Speicher abgelegt werden. Dadurch betreffen viele aufeinanderfolgende Speicherzugriffe dieselbe Seite, was bei den verschiedenen DRAM-Typen ausgenutzt wird.

- *PM-DRAM* (page mode DRAM)
  Das PM-DRAM erlaubt mehrere Zugriffe auf dieselbe Seite. Dadurch entfällt die Zeit für das RAS-Signal beim zweiten und den weiteren Zugriffe.
- *FPM-DRAM* (fast page mode DRAM)
  Im Fast Page Mode wird die Seite zwischengespeichert. Man kann mit der Spaltenadresse die gewünschten Bits aus diesem Puffer holen und spart so die Zeit für das Vorladen, solange man auf dieselbe Seite zugreift. Erst bei einem Seitenwechsel braucht man wieder die Vorladezeit.
- *EDO-DRAM* (extended data out DRAM)
  Mit der abfallenden Flanke des /CAS-Signals wird die aktuelle Spaltenadresse übernommen. Innerhalb der Spaltenzugriffszeit ändert sich nun der Datenausgang. Deshalb darf man in dieser Zeit nicht auf die Daten zugreifen.
  Bei den EDO-RAMs werden die durch CAS selektierten Bits gespeichert. Man kann eine neue Spaltenadresse schon anlegen, bevor man die Lesedaten abholt. Dadurch verringert sich der Mindestabstand der /CAS-Signale.
- *BEDO-DRAM* (burst extended data out DRAM)
  Nach dem ersten /CAS-Signal erhöhen bei den burst EDO-DRAMs die folgenden /CAS-Signale die Spaltenadresse automatisch. Diese interne Spaltenadressierung bringt bei den BEDO-RAMs eine kleine Zeitersparnis.
- *SDRAM* (synchronous DRAM)
  SDRAMs kann man nur in Systemen einsetzen, deren Chipsatz diese Technik auch unterstützt. Sie arbeiten synchron und können in verschiedenen Modi betrieben werden. Besonders bei der blockweisen Übertragung (Burst-Mode) großer Datenmengen, z. B. bei Grafiken, arbeiten sie zeitoptimal. Da sie intern über zwei oder vier Bänke verfügen, kann ein Burst sogar über Seitengrenzen hinweg erfolgen.
  - *SDR-SDRAM* (single data rate SDRAM)
    Zur Unterscheidung bezeichnet man so die bisherigen SDRAMs. Es gibt sie mit 66 MHz (PC66), 100 MHz (PC100) und 133 MHz (PC133). Sie erreichen eine maximale Datentransferrate von 800 Millionen Byte/s (763 MByte/s) beim PC100 und 1067 Millionen Byte/s beim PC133. Eine dreistellige Zahl gibt die drei wichtigsten Zeitparameter in Takteinheiten an:
    1. t_{CL} (CAS Latency): Zeit vom CAS-Signal bis zu den Lesedaten,
    2. t_{RCD} (RAS to CAS Delay): Zeit vom RAS- bis zum CAS-Signal,
    3. t_{RP} (RAS Precharge): Zeit von den Lesedaten bis zum nächsten RAS.

Zwei oder drei Wartezyklen sind jeweils möglich. Diese und weitere Parameter werden im *SPD-EEPROM* (serial presence detect) abgespeichert.

Beispiel: PC100-222

- *DDR-SDRAM* (double data rate SDRAM)
  DDR-SDRAMs reagieren auf beide Taktflanken und erreichen so die doppelte Transferrate (PC200 bzw. PC266), derzeit bis zu maximal 1600 Millionen Byte/s. Dafür musste man aber einen differenziellen Takt einführen, durch den die beiden SDRAM-Versionen inkompatibel zueinander sind.

- *VRAM* (*Video-RAM*)
  VRAMs verfügen über einen zusätzlichen, schnellen, seriellen Ausgang. Jeweils eine ganze Seite wird aus der Speichermatrix in ein Schieberegister geladen, das dann den Inhalt mit dem Pixeltakt herausschiebt. Dadurch erscheint am seriellen Ausgang immer ein neues Bit, wenn der Bildschirm neue Informationen für das nächste Pixel braucht. Durch Parallelschalten von mehreren VRAMs müssen die je nach Einstellung des Bildschirms erforderlichen 4 bis 32 Bits pro Pixel bereit gestellt werden.
  Sobald das letzte Bit am Ausgang des Schieberegisters anliegt, muss die nächste Seite zur Übernahme aus dem Speicher ins Schieberegister bereit stehen. Nur während dieser Ladevorgänge ist die Speichermatrix kurzzeitig blockiert. Ansonsten steht sie für Änderungen über die „normalen" Datenein- und –ausgänge zur Verfügung.

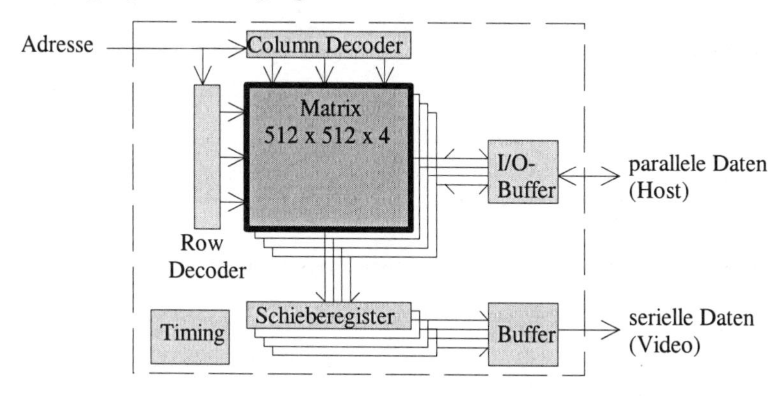

Bild 4-29: Vereinfachtes Prinzip eines 1 Mbit-VRAMs

Um die Verbesserungen der verschiedenen DRAM-Varianten klarer herauszustellen, sind im Bild 4-30 die Zeitdiagramme für das Lesen in etwa maßstäblich dargestellt.

Da die SDRAMs erst bei höheren Taktraten Vorteile bringen, werden sie im Abschnitt 4.3.4 mit dem Rambus verglichen.

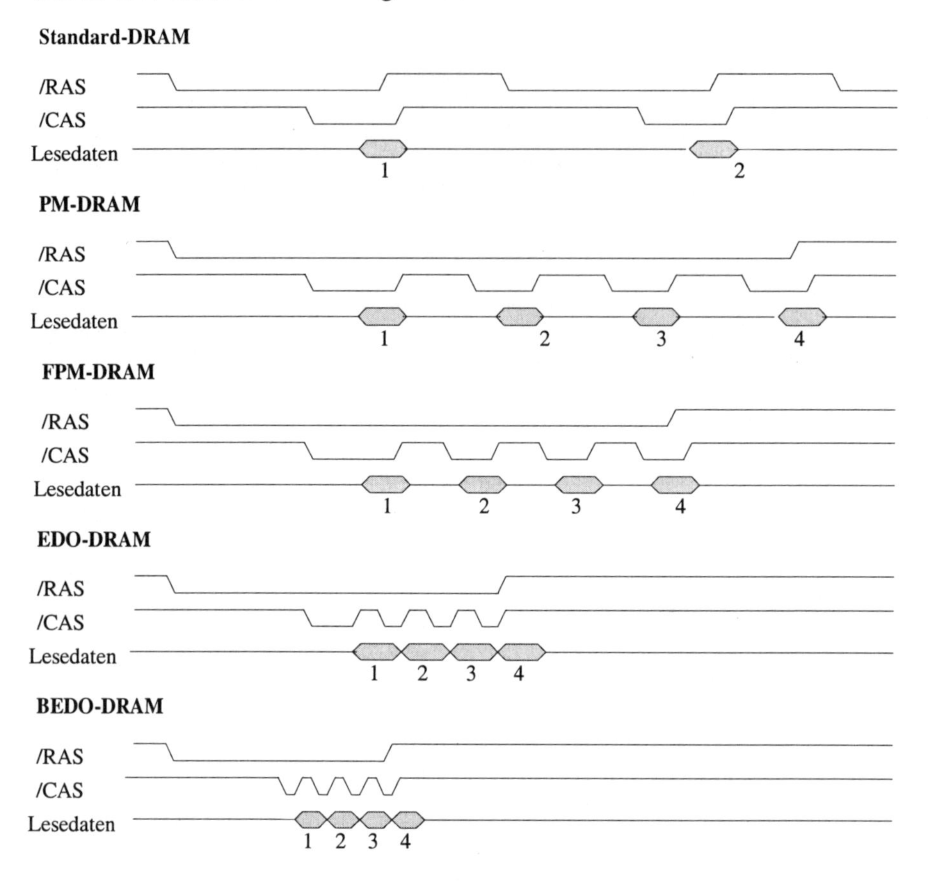

Bild 4-30: Gegenüberstellung der Zeitdiagramme verschiedener DRAM-Typen

4.3.4 Rambus-DRAM (RDRAM)

Zur Rambus-Architektur gehören Bussystem (Rambus channel), Rambus Interface und die entsprechenden Speicherbausteine (RDRAM).

Seit einiger Zeit wird der Name *Rambus* immer wieder genannt, wenn es um innovative Speicherkonzepte geht. Aber erst seit der Rambus von den neueren Chipsätzen unterstützt wird, ist der Einsatz in Standardsystemen möglich. Da die Preise der RDRAMs recht hoch sind (Anfang 2004: dreifacher Preis PC800 zu PC266), ist die

Verbreitung noch sehr gering. Es lässt sich schwer abschätzen, ob das Rambus-Konzept ein Erfolg wird oder nicht. Zumindest lohnt es sich, es kurz vorzustellen.

- Entwickelt von der Firma Rambus in Kalifornien (ca. 1993).
- Lizenzen an Fujitsu, Infineon, LSI-Logic, NEC, Toshiba u. a.
- Seit 1999 unterstützen die Intel Chipsätze 820 und 840 den Rambus.
- Eigenschaften:

Bus:	16 oder 18 bit breit, bidirektional
Wortbreite der RDRAMs:	intern 128 oder 144 bit, extern 16 oder 18 bit
Übertragungsrate:	max. 1600 Millionen Byte/s (400 MHz-Takt), bis 50 cm Buslänge, max. 32 RDRAMs
schnellere Version:	max. 2132 Millionen Byte/s (533 MHz-Takt), bis 10 cm Buslänge, max. 4 RDRAMs

Zur Rambus-Architektur gehört ein Memory-Controller mit speziellem Rambus-Interface, z. B. integriert in einem Chipsatz, sowie der Rambus Channel und die RDRAM-Speicherbausteine mit dem Rambus-Interface.

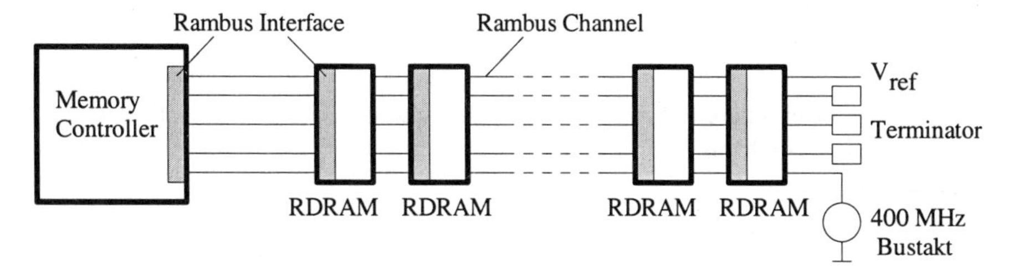

Bild 4-31: Prinzipieller Aufbau eines Rambus-Systems (Quelle: Rambus)

Beim Controller beginnt der Rambus Channel. Die Leitungen werden dann an den *RDRAM*s entlang geführt und hinter dem letzten Speicherbaustein mit einem Terminator elektrisch korrekt abgeschlossen.

Die RDRAMs sind intern wie konventionelle DRAMs aufgebaut und verfügen über ein Rambus-Interface. Bis zu 16 RDRAMs können auf einer Speicherkarte als RIMM (Rambus Inline Memory Module, 184 polig) bestückt sein. Der Rambus Channel wird auch auf der RIMM-Platine von RDRAM zu RDRAM geführt. Ein freier RIMM-Steckplatz muss deshalb mit einem so genannten Continuity-Modul überbrückt werden.

Die Taktsignale werden in einer Schleife geführt. Für Daten von einem RDRAM-Baustein zum Controller sind die beiden „ClkToMaster"-Signale und in der anderen Richtung die beiden „ClkFromMaster"-Signale zuständig. So haben Daten und Takt durch dieselbe Richtung auf der Leitung dieselbe Verzögerung. Bei einer Ausbreitungsgeschwindigkeit der Signale von ca. 15 cm pro ns und einem Abstand der Signale von nur 1,25 ns spielt das eine wichtige Rolle.

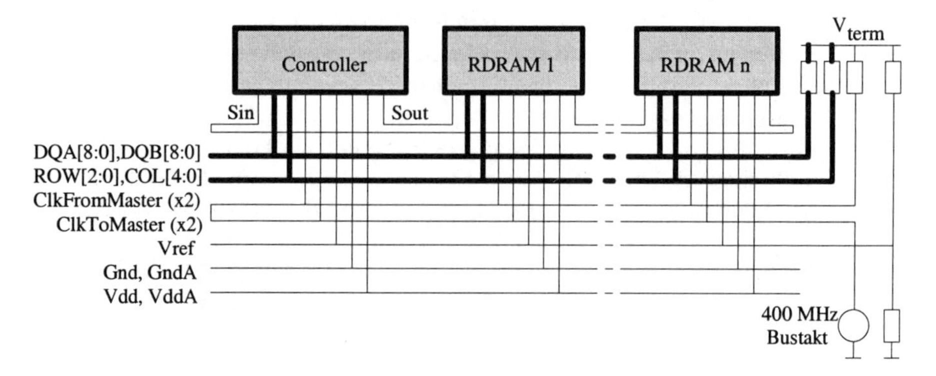

Bild 4-32: RDRAM-Bausteine arbeiten zurzeit mit einem 400 MHz-Bustakt. Die Datentransferrate beträgt 800 Millionen bit/s pro Leitung. (Quelle: Rambus)

Die ringförmig verketteten „S_in" und „S_out" Anschlüsse dienen nur dem Hochfahren des Rambus Channels.

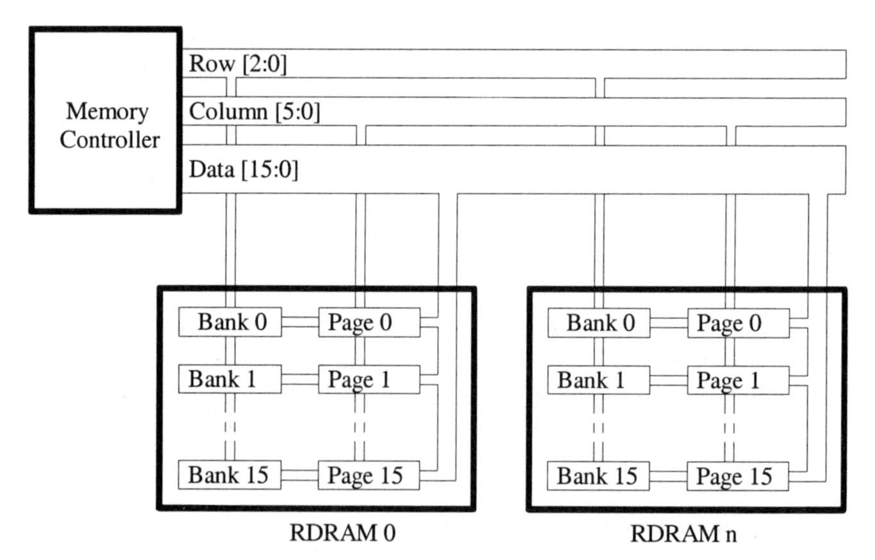

Bild 4-33: Blockdiagramm eines Speichers mit Rambus und RDRAMs (Quelle: Rambus)

Da jede Speicherbank die letzte ausgelesene Zeile speichert, kann man auf diese Daten besonders schnell zugreifen. Durch die große Anzahl von Speicherbänken pro RDRAM (16 Bänke bei den 128 Mbit Chips) ergibt sich zusammen mit der Anzahl von RDRAMs im System eine Art Zeilen-Cache mit einer hohen Trefferrate.

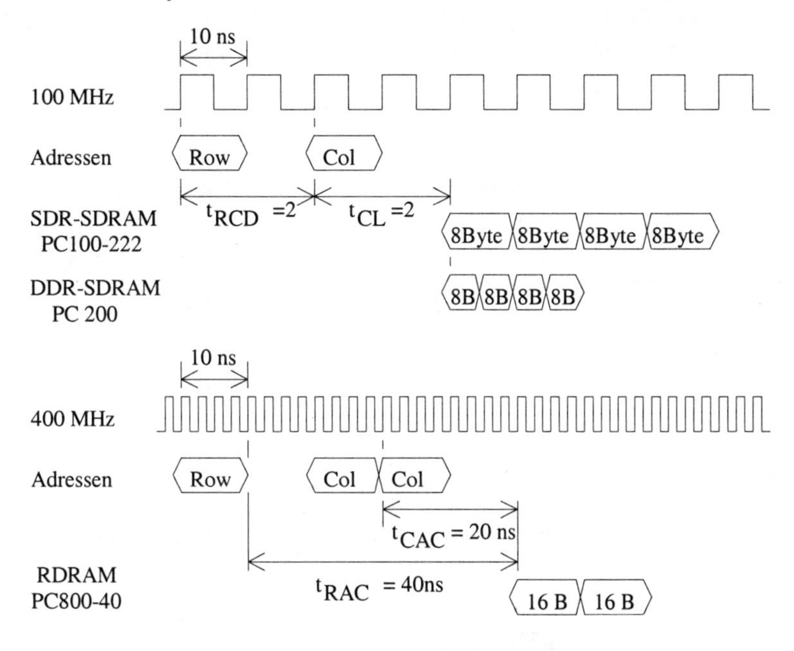

Bild 4-34: Vergleich zwischen SDRAM, DDR-SDRAM und RDRAM: Die Adressierung kann beim Rambus länger dauern als bei den SDRAMs. Dafür ist der Datentransfer schneller. In 10 ns übertragen die SDRAMs auf einem 64 bit-Bus die Daten parallel; der Rambus überträgt nur 2 Byte parallel, aber davon 8 seriell pro 10 ns.

4.3.5 Speichermodule

Früher befanden sich aus Kostengründen die Speicherchips direkt auf einer separaten Speicher-Baugruppe, auf der CPU-Karte oder dem Motherboard. Speicheraufrüstungen konnten daher nur Fachkräfte vornehmen. Mit den PCs setzte sich dann der Trend durch, dem Kunden mehr Flexibilität zu ermöglichen. Ein Beispiel dafür sind die *Speichermodule*. Das sind kleine Leiterplatten mit mehreren Speicherchips, die der Anwender selbst einsetzen und damit den Speicher in bestimmten Grenzen erweitern kann. Es gibt zurzeit vier verschiedene Varianten:

- Früher verwendete man die 30 poligen *SIMMs* (single inline memory module), die eine Breite von einem Byte plus Paritätsbit hatten (→ Bild 4-35).

- Mit Einführung der 32 bit-PCs haben sich die *PS/2-Module* mit 72 Doppelkontakten durchgesetzt, da sie eine Wortbreite von 32 bit direkt unterstützen (→ Bild 4-36).
- Da bei den Pentium-Prozessoren der Datenbus auf 64 bit erweitert wurde, setzt man nun *DIMMs* (dual inline memory module) mit 168 Kontakten ein.
- Bei den DDR-SDRAMs erhöht sich die Anzahl der Kontakte auf 184.

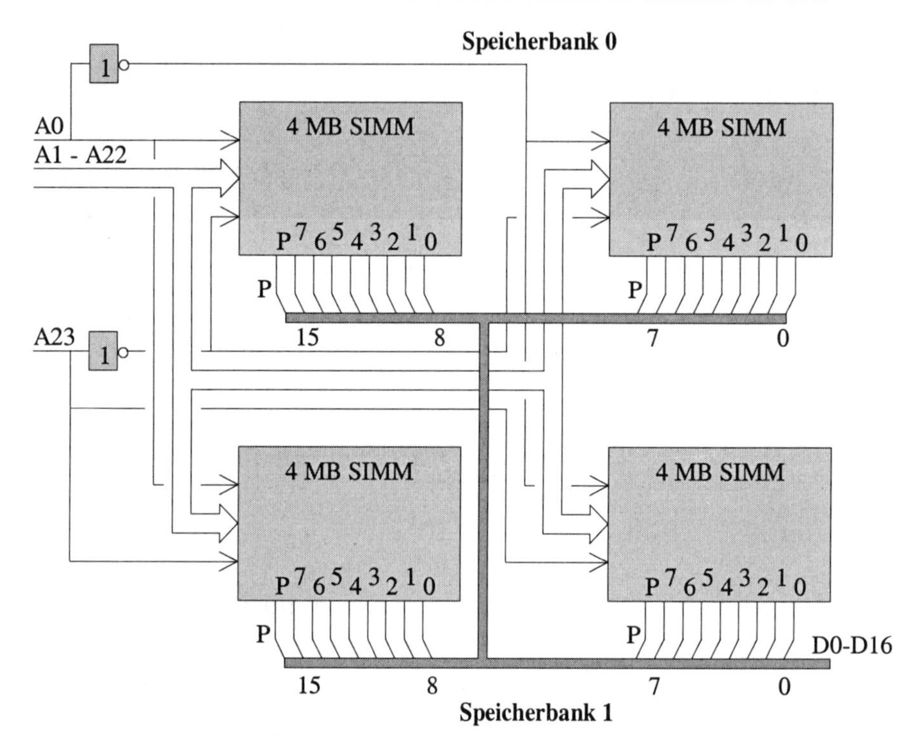

Bild 4-35: Aufbau eines Speichers mit 2 Speicherbänken á 8 MByte, 16 bit Wortlänge und Byte-Parity, bestehend aus 4 x 4 MByte SIMMs. Das Adressbit A0 wählt zwischen geraden und ungeraden Bytes aus, während A23 zwischen Speicherbank 0 oder 1 entscheidet.

Die Abkürzungen sind etwas verwirrend. Deshalb sind sie hier zusammengestellt:

- Bei SIMMs sind die Kontakte nur einseitig. Falls sie beidseitig Kontakte haben, sind diese miteinander verbunden. Das trifft auf die 30- und 72-poligen Speichermodule zu.
- DIMMs haben auf jeder Seite eine getrennte Kontaktreihe, wie z. B. die 168-poligen Speichermodule.

- *S-SIMMs* bzw. *S-DIMMs* haben nur eine RAS-Leitung, d. h., die Speicherchips sind als eine Speicherbank geschaltet.
- *D-DIMMs* haben vier getrennte RAS-Leitungen, d. h., die Speicherchips können intern zu vier Speicherbänken verschaltet sein.

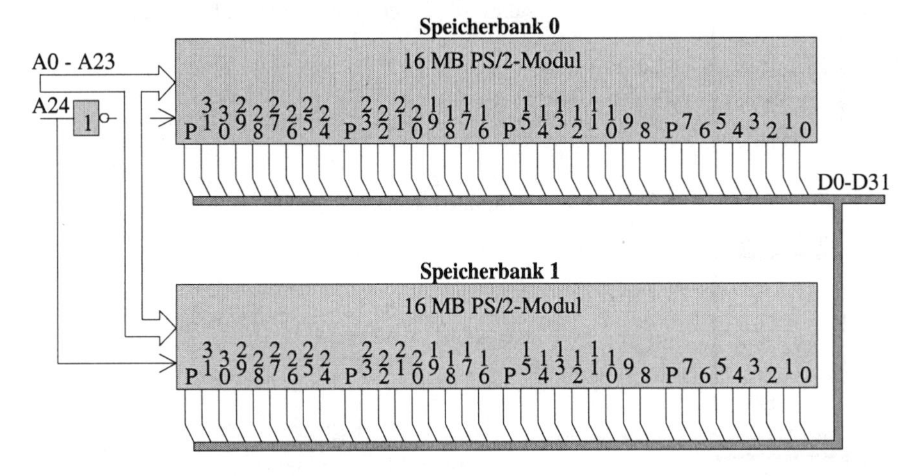

Bild 4-36: Aufbau eines Speichers mit 2 Speicherbänken á 16 MByte, 32 bit Wortlänge und Byte-Parity, bestehend aus 2 x 16 MByte PS/2-Modulen. Hier wählt das Adressbit A24 das Modul aus.

Mit dem so genannten *Interleaving* (*Speicherverschränkung*) kann man den Speicherzugriff beschleunigen. Dazu braucht man mindestens zwei Speicherbänke.

Normalerweise zählt man die Adressen in einer Speicherbank fortlaufend hoch und springt erst nach seiner höchsten Adresse zur nächsten Speicherbank (→ Bild 4-37 oben).

Beim Interleaving wechseln die fortlaufenden Adressen ständig zwischen den beiden (oder auch mehr) Speicherbänken. Dadurch kann man bei einem sequenziellen Programmablauf die Zeit für das Vorladen (precharge time) nach einem Zugriff überbrücken (→ Bild 4-37 unten).

Da die Speicherchips auf immer schnellere Zugriffe optimiert wurden, hatte das Interleaving zunächst an Bedeutung verloren. Durch den Wettstreit um den lukrativen Speichermarkt zwischen den SDRAMs und dem Rambus ist das Interleaving wieder neu belebt worden.

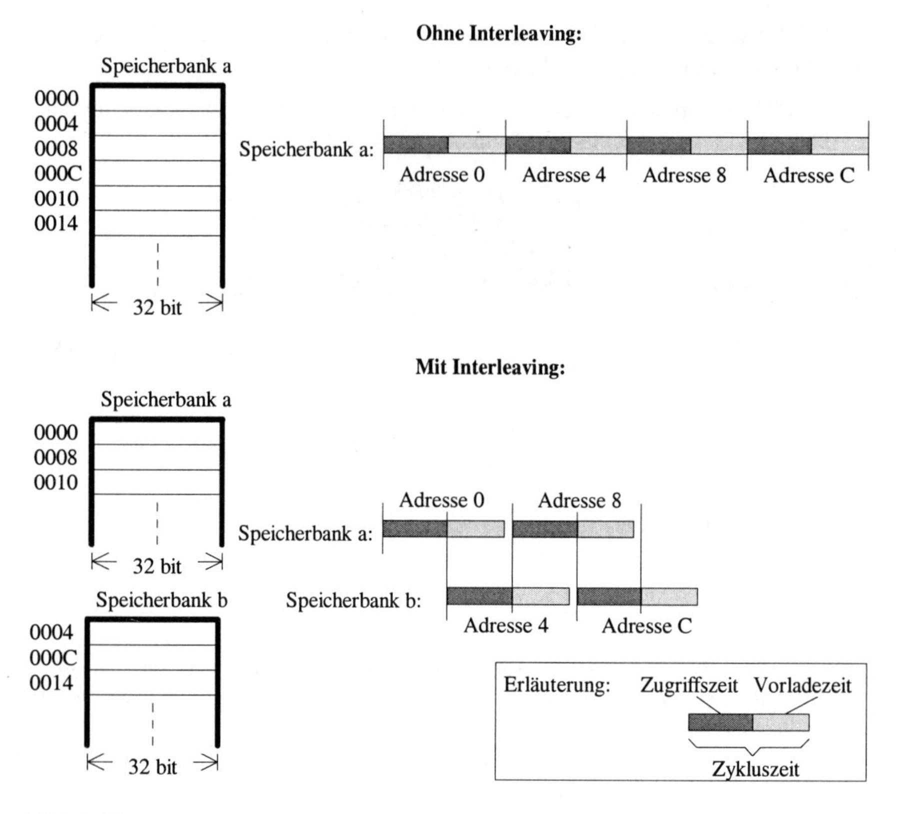

Bild 4-37: Beim Interleaving kann während der Vorladezeit ein Wort aus einer anderen Speicherbank geholt werden (Adressen sind hexadezimal angegeben).

4.3.6 Besonderheiten des dynamischen Speichers

Die dynamischen Halbleiterspeicher haben eine deutliche Verbesserung des Durchsatzes gebracht. Dabei sollte man aber die Nachteile dieser Technologie nicht ganz vergessen:

- **Flüchtiger Speicher**
  Die Information bleibt in den Chips nur solange erhalten, wie die Spannung anliegt. Vor dem Abschalten des Systems muss die Information also in einen nicht flüchtigen Speicher (z. B. Plattenlaufwerk) gebracht werden.
  Um sich auch bei einem plötzlichen Netzausfall vor Datenverlust zu schützen, kann man eine *unterbrechungsfreie Stromversorgung* (kurz: *USV*) oder *uninterruptable power supply* (kurz: *UPS*) vorschalten und das komplette System für einige Minuten puffern.

Während des normalen Betriebes laden sich die USV internen Akkus auf. Bei einem Netzausfall liefern dann diese Akkus die notwendige Energie, so dass das System von dem Netzausfall zunächst nichts bemerkt. Nach einer Verzögerungszeit von wenigen Sekunden, um nicht schon bei kurzen Netzschwankungen aufwendige Aktionen auszulösen, gibt die USV an das System eine Alarmmeldung ab. Nun müssen in der verbleibenden Pufferzeit entweder automatisch oder interaktiv die Speicherinhalte auf einen nicht flüchtigen Datenträger gesichert und das System heruntergefahren werden. Danach schaltet das System die USV ab, um eine Tiefentladung der Akkus zu vermeiden.
Das ist zwar eine aufwendige Lösung, aber z. B. bei zentralen Servern, besonders wenn sie ständig betriebsbereit sein müssen (Hochverfügbarkeit), unbedingt erforderlich.

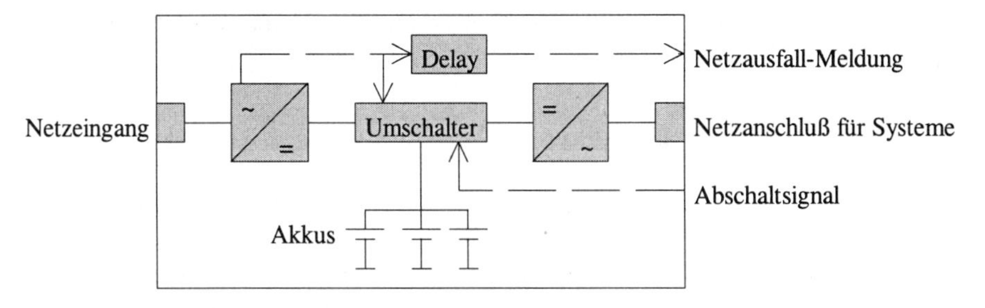

Bild 4-38: Prinzipieller Aufbau einer unterbrechungsfreien Stromversorgung

- **Refresh**
Das eigentliche Speicherelement eines dynamischen Halbleiterchips ist ein Kondensator. Da er sich mit der Zeit langsam entlädt, muss die Information regelmäßig (je nach Chipgeneration alle 2 bis 64 ms) mit einem *Refresh* erneuert werden. Die Hardware macht das automatisch, indem pro Refreshzyklus alle Row-Adressen nacheinander kurz aktiviert werden.

- **Schutz gegen *Speicherfehler***
Obwohl die Speicherbausteine mittlerweile sehr zuverlässig sind, kann es in ganz seltenen Fällen vorkommen, dass eine Bitzelle sporadisch falsch gelesen wird (Soft-Error) oder, was noch viel seltener ist, den falschen Wert annimmt (Hard-Error).
Um diese Fehler erkennen zu können, fügt man beim Abspeichern *Parity-Bits* (meist 1 bit pro Byte) hinzu und überprüft diese beim Lesen. Damit kann ein Fehler erkannt, aber nicht korrigiert werden. Will man 1 bit-Fehler pro Speicherwort korrigieren können, dann braucht man eine Absicherung mit

Prüfzeichen (*ECC*: error correction code). Der Schaltungsaufwand für das ECC-Verfahren ist größer als bei der Paritätsabsicherung. Deshalb findet man das ECC-Verfahren meist nur bei Servern.
Der Bedarf an zusätzlichen Speicherchips hat sich bei beiden Verfahren angeglichen: Während bei einer Wortlänge von 32 bit nur 4 Paritätsbits, aber 7 bit für das ECC notwendig waren, braucht man bei der heute üblichen Wortlänge von 64 bit in beiden Fällen 8 bit.

- **Boot-Programm**
  Da der Speicher flüchtig ist, darf man den Speicherinhalt nach dem System-Einschalten nicht benutzen. Deshalb startet man zunächst ein so genanntes *Boot-Programm*, das in einem nicht flüchtigen Speicher (meist PROM oder EEPROM) abgelegt ist. Dieses Boot-Programm lädt z. B. von einem Plattenlaufwerk das Betriebssystem bzw. eine Minimalversion in den Hauptspeicher. Anschließend schaltet das Boot-Programm auf den Speicher um und startet das Betriebssystem.

4.3.7 Andere Speicher-Techniken

4.3.7.1 Der assoziative Speicher

Konventionelle Speicher sind ortsadressiert. D. h., die einzelnen Speicherzellen werden aufgrund einer vorgegebenen Adresse angesprochen. Die *assoziativen Speicher* arbeiten dagegen vergleichbar wie unser Gehirn, das mit einem Begriff, einem Bild o. a. den dazu passenden Kontext „assoziiert". So findet der assoziative Speicher die gesuchte Speicherstelle aufgrund der darin gespeicherten Information. Deshalb nennt man ihn auch Speicher mit *inhaltsadressierbarem* Zugriff (kurz: *CAM*, content addressable memory).

Beispiel: In einer unsortierten Mitarbeiterliste soll ein Mitarbeiter anhand der Personalnummer gesucht werden:

Suchregister	Personalnr.	Name	Vorname	Geburtsdat.	Firmen-Eintritt
123 456	115 678	Adler	Ulrike	29.02.69	01.07.86
	123 456	Schmid	Karl	27.11.58	01.04.83
	124 963	Müller	Peter	24.12.77	01.05.97
	132 824	Pfleiderer	Inge	17.09.63	15.10.87

- Beim konventionellen Speicher müssen nacheinander alle Datensätze der Mitarbeiterliste gelesen und die dort enthaltene mit der gesuchten Personalnummer verglichen werden. Der Vorgang muss wiederholt werden, bis man eine Gleichheit feststellt. Unter Umständen kann das erst beim letzten Datensatz der Liste der Fall sein.

- Beim assoziativen Speicher erfolgt der Zugriff zu den einzelnen Speicherworten nicht mehr aufgrund ihrer Adressen, sondern aufgrund der in ihnen gespeicherten Informationen. Das Vergleichskriterium wird in einem so genannten Suchregister abgelegt, und ein Maskenregister gibt die Bitstellen an, die innerhalb des Speicherwortes untersucht werden sollen. Die Aufrufaktion wirkt auf sämtliche Speicherzellen *gleichzeitig*, und nur diejenige Worte, deren Inhalt an den vom Maskenregister angegebenen Bitstellen mit dem Suchregister übereinstimmt, zeigen eine positive Reaktion, d. h., sie melden einen Hit. Das Durchsuchen des ganzen Speichers findet innerhalb einer einzigen Zugriffszeit statt, und zwar unabhängig davon, wie groß der Speicher ist.

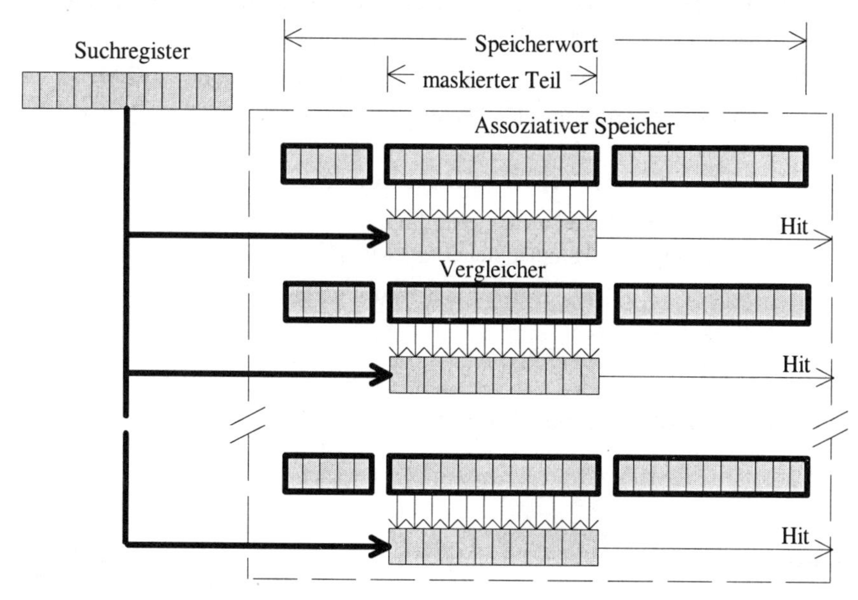

Bild 4-39: Der assoziative Speicher vergleicht in allen Speicherworten gleichzeitig, ob an den vom Maskenregister angegebenen Bitstellen der Inhalt mit dem Suchregister übereinstimmt.

Der Assoziativspeicher ist hardwaremäßig sehr aufwendig, weil zu jedem Speicherwort ein Vergleicher benötigt wird. Besonders die große Anzahl an benötigten Leitungen macht ein Chipdesign sehr schwierig und verhindert zurzeit noch eine hohe Integration. Deshalb ist die realisierbare Speichergröße für viele Anwendungen noch zu klein, und so bleibt der Einsatz des assoziativen Speichers bisher nur auf Sonderfälle beschränkt. Mit neuen Technologien kann sich das aber schnell ändern.

Das Prinzip der assoziativen Speicherung benutzt man in eingeschränkter Form beim Cache-Speicher.

4.3.7.2 Cache-Speicher

Bei der Speicher-Hierarchie wurde der „*Cache*“ schon erwähnt. Unter einem Cache-Speicher (cache, engl.: geheimes Lager, Versteck) versteht man allgemein einen kleinen, sehr schnellen Pufferspeicher, in dem diejenigen Daten abgelegt sind, auf die sehr häufig oder -aller Wahrscheinlichkeit nach- als nächstes zugegriffen wird.

Wir betrachten hier nur den System-Cache, der die Anzahl der Zugriffe auf den Hauptspeicher reduzieren soll. Daneben gibt es auch z. B. bei SCSI-Festplatten Caches, um beim Lesen von der Platte die Daten nachfolgender Sektoren zu speichern, da sie häufig bei weiteren Lesezugriffen benötigt werden. Das Betriebssystem kann im Hauptspeicher auch einen „Plattencache“ anlegen, in dem das Inhaltsverzeichnis der Platte gespeichert ist.

Aus den Anforderungen an einen Cache ergeben sich wichtige Designziele:

1) Anzahl der Zugriffe auf den Hauptspeicher (und damit auch auf den Systembus) verringern.
   → Cache direkt bei der CPU unterbringen!
2) Keine spezielle Adressierung einführen.
   → „Normale“ Hauptspeicheradressierung nutzen!
3) Anzahl der Zugriffe auf den Cache muss wesentlich größer sein als auf den Hauptspeicher.
   → Trefferrate über 90 %!

4.3.7.2.1 Anordnung eines Caches

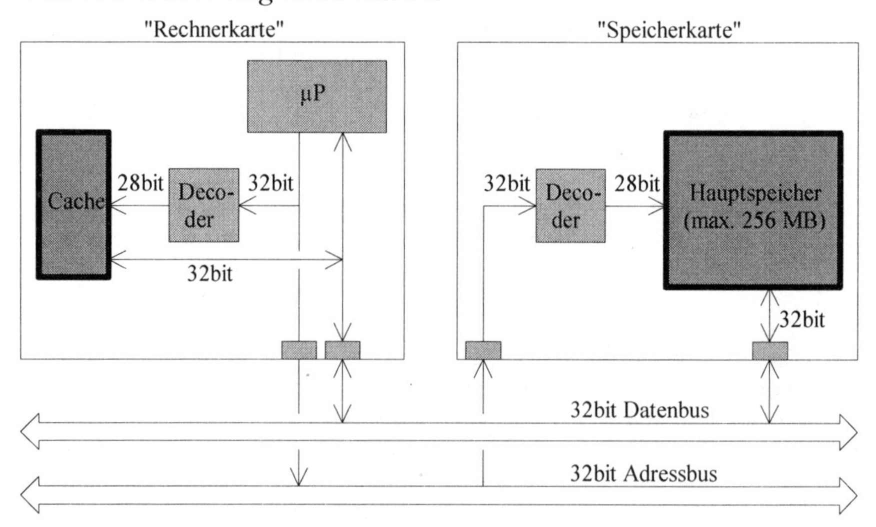

Bild 4-40: Beispiel eines Caches für ein 32 bit System

Aus dem ersten Ziel ergibt sich die im Bild 4-40 dargestellte Anordnung des Caches. Der Cache „hört mit“, welche Adressen die CPU bzw. der Mikroprozessor ausgibt. Wenn z. B. beim Lesen der Cache eine Information unter der gewünschten Adresse gespeichert hat (→ Cache-Hit), dann übergibt er diese an die CPU. Nur wenn der Cache keine Information liefern kann (→ Cache-Miss), dann wird die Adresse an den Bus und Speicher weitergegeben.

4.3.7.2.2 Adressierung

In den Cache sollen aktuelle Daten, die im Hauptspeicher abgelegt sind, für einen schnelleren Zugriff kopiert werden. Wie verwaltet man diese Daten, sodass man sie möglichst ohne zusätzlichen Aufwand wiederfindet?

- Fester Adressbereich:
  Man könnte einen festen Adressbereich, in dem das laufende Programm abgelegt ist, komplett in den Cache kopieren. Alle Zugriffe auf diesen Bereich werden dann automatisch zum Cache umgeleitet. Das ist aber nicht besonders effektiv, da
  - Programme größer als der Cache sein können,
  - Daten und Befehle in verschiedenen Speicherbereichen liegen können
  - und mehrere Programme laufen können.
- Variabler Adressbereich:
  Effektiver ist es, nur die wirklich benötigten Daten und Befehle in den Cache zu kopieren. Dann muss man allerdings die Speicheradresse zusammen mit dem zu speichernden Datenwort ablegen.

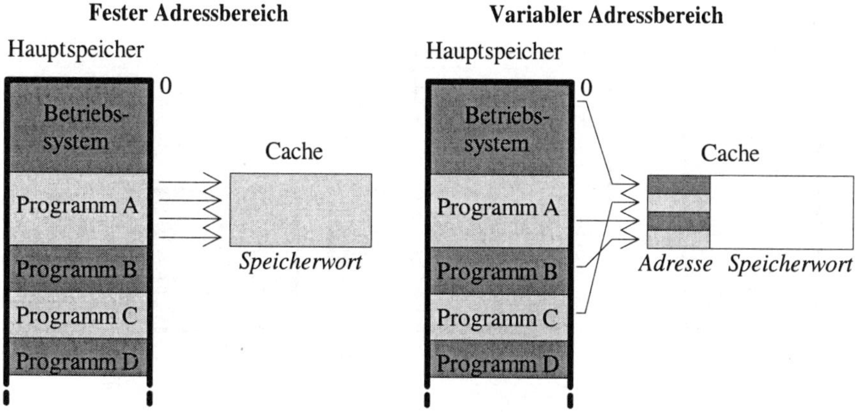

Fester Adressbereich **Variabler Adressbereich**

Hauptspeicher 0 Betriebs-system Programm A Programm B Programm C Programm D Cache *Speicherwort*

Hauptspeicher 0 Betriebs-system Programm A Programm B Programm C Programm D Cache *Adresse* *Speicherwort*

Bild 4-41: Adressbereich bei einem Cache: Mit festem Adressbereich (links) wird ein bestimmter Teil des Speichers in den Cache kopiert. Bei variablem Adressbereich (rechts) können die Daten aus -fast- beliebigen Teilen stammen.

Um eine möglichst hohe Trefferrate zu erreichen, muss man den variablen Adressbereich verwenden. Die Adressen werden also im *Cache Tag RAM* (tag, engl.: Etikett, Kennzeichen) und die dazugehörigen Daten (zukünftig als „Cache-Speicherwort" bezeichnet) im *Cache Data RAM* in derselben Zeile abgelegt:

> Jeder Eintrag im Cache besteht aus zwei zusammengehörenden Teilen: Adressteil (Cache Tag RAM) und Cache-Speicherwort (Cache Data RAM).

Adresse für Wort 0	Cache-Speicherwort 0
Adresse für Wort 1	Cache-Speicherwort 1
Adresse für Wort 2	Cache-Speicherwort 2
:	:
Adresse für Wort n	Cache-Speicherwort n
Cache Tag RAM	*Cache Data RAM*

Um den Adressierungsaufwand (overhead) im Verhältnis zu den Nutzdaten klein zu halten, wählt man lange Cache-Speicherworte (z. B. 16 oder 32 Byte).

Für die CPU verhält sich der Cache-Speicher vollkommen transparent, d. h., die CPU merkt nicht, ob ein Cache vorhanden ist oder nicht. Wenn die CPU ein Datenwort aus dem Speicher lesen will, gibt sie die entsprechende Hauptspeicher-Adresse aus. Der Cache vergleicht die angelegte Adresse mit seinen gespeicherten Adressen:

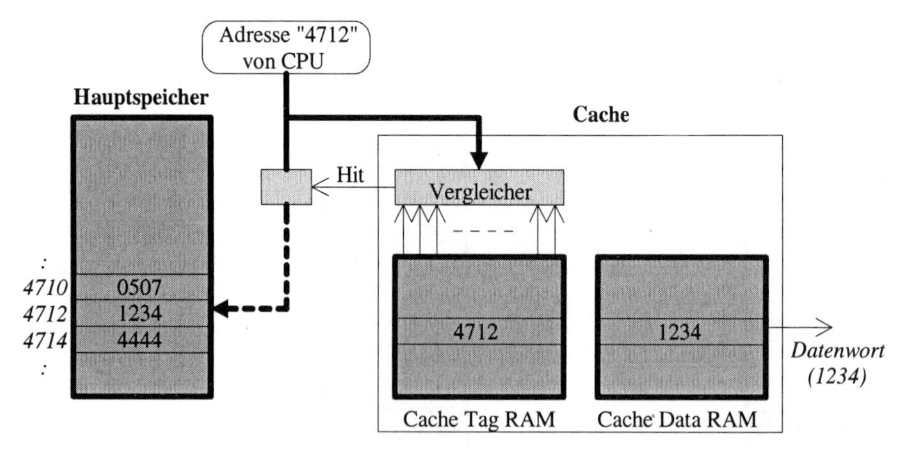

Bild 4-42: Bei einem Cache-Hit wird die Adresse nicht zum Hauptspeicher weitergeleitet.

- Wenn er Übereinstimmung mit einer Cache-Zeile feststellt, liegt ein *Cache-Hit* vor: In dieser Zeile steht das gesuchte Datenwort und ist gültig. Der Hauptspeicher wird in diesem Fall überhaupt nicht angesprochen.
- Wenn aber die Adresse nicht im Cache eingetragen oder das Datenwort ungültig ist *(Cache-Miss)*, muss man, wie sonst ohne Cache, auf den Hauptspeicher zugreifen.

Bei einem Hit ist durch den Cache die Zugriffszeit deutlich kürzer, dagegen ist sie bei einem Miss etwas länger gegenüber einem normalen Hauptspeicher-Zugriff.

Wenn die CPU Daten in den Speicher schreiben will, werden die Daten normalerweise in den Cache und gleichzeitig bzw. verzögert in den Hauptspeicher geladen (→ Abschnitt 4.3.7.2.3).

Da zur Adressierung des Hauptspeichers nicht alle Adressbits benötigt werden, bleiben die höchsten Bitstellen der Adresse unverändert. Man bezeichnet diesen Teil der Adresse als *Speicher-Enable* bzw. *Cache Enable.* Er wird nicht im Cache gespeichert. Seine Bitkombination gibt nur an, ob entweder der Hauptspeicher bzw. der Cache oder aber irgendein anderes Gerät ausgewählt werden soll. Ein Decoder erzeugt dieses Enable-Signal (→ Bild 4-40).

Beispiel: Diese höchsten Bitstellen können z. B. folgendermaßen codiert sein:
0 Boot-PROM
1 Hauptspeicher
2 Testfunktion für den Hauptspeicher
3 IO-Adresse für die Festplatte
usw.

4.3.7.2.3 Kohärenz

Daten, die im Cache gespeichert werden, stehen in der Regel auch im Hauptspeicher. Es ist sehr wichtig, dass diese Daten an beiden Orten gleich (kohärent) sind.

Wenn die CPU Daten in den Speicher schreiben will, dann werden diese

- entweder gleichzeitig im Cache und Hauptspeicher *(write through)*
- oder zuerst im Cache und danach im Hauptspeicher *(copy back)* abgelegt.

Das Write Through-Verfahren ist schaltungstechnisch einfacher als Copy Back zu realisieren, dafür muss aber die CPU warten, bis der langsame Hauptspeicher die Daten übernommen hat.

Wenn zum Beispiel Daten von der Platte per „DMA“ (→ Abschnitt 4.4.4) direkt in den Hauptspeicher geladen werden, dann erfolgt deren Adressierung nicht von der CPU. Um die Kohärenz trotzdem zu gewährleisten, muss der Cache am Bus „mithören“ *(bus snooping).* Wenn Daten in den Hauptspeicher geschrieben werden, muss er vergleichen, ob er eine Kopie hat, und diese dann ändern oder den entsprechenden Cache-Eintrag auf „ungültig“ setzen (→ nächster Abschnitt).

4.3.7.2.4 Gültigkeit der Cache-Daten

Beim Einschalten des Systems stehen im Cache zufällige Werte. Erst mit dem Starten von Programmen werden korrekte Daten im Cache abgelegt. Man braucht also eine Markierung, ob und welche Daten im Cache gültig sind. Diese Aufgabe übernehmen die *Valid-Bits*:

- Ein Valid-Bit kann einem Byte oder einem Datenwort zugeordnet sein. Ist das Valid-Bit 1, dann ist das zugeordnete Datum gültig, und bei 0 ist es ungültig.
- Beim Systemstart werden alle Valid-Bits auf 0 gesetzt.
- Sobald im Hauptspeicher das entsprechende Datenwort verändert wird, muss das Valid-Bit auf 0 gesetzt werden.

Ein Cache-Hit liegt nur dann vor, wenn die gewünschte Adresse im Cache vorhanden ist und die Valid-Bits „gültig" anzeigen.

4.3.7.2.5 Level x Cache

Je nach der Lage des Caches unterscheidet man verschiedene so genannte Levels. Dabei enthält ein Level 1 Cache eine Untermenge der Daten, die in dem Level 2 Cache gespeichert sind.

- Level 1 Cache
  Der *Level 1 Cache* ist im Mikroprozessor bzw. in der CPU integriert und beschleunigt den Zugriff auf Daten und Befehle innerhalb der CPU gegenüber einem Zugriff auf die Außenwelt. Die typische Größe beträgt zwischen 8 KByte (80486) und 32 KByte (Pentium 4).

- Level 2 Cache
  Der *Level 2 Cache* ist in direkter Nähe des Mikroprozessors bzw. der CPU angeordnet und vermeidet die langsameren Zugriffe über den Systembus auf den Hauptspeicher. Seine typische Größe reicht von 256 bzw. 512 KByte bei den Intel 80x86 Prozessoren bis zu mehreren MByte.

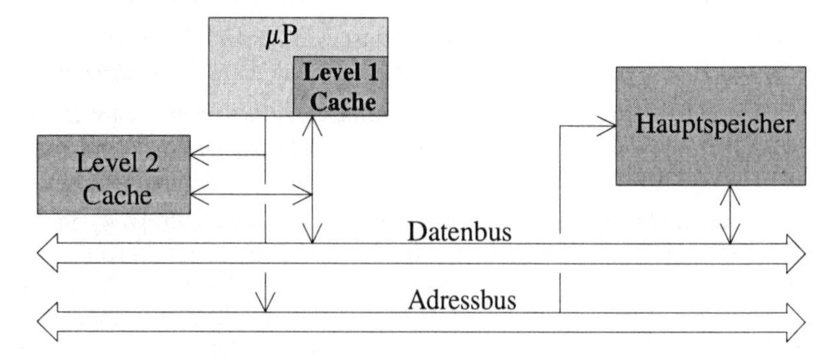

Bild 4-43: Anordnung eines Level 1 und Level 2 Caches

- Level 3 Cache
  Ein *Level 3 Cache* wird bei Multiprozessorsystemen eingesetzt, die einen gemeinsamen Adressraum über mehrere physisch verteilte Speicher besitzen. Dadurch kann ein Prozessor schneller auf den gemeinsamen Cache als auf den Hauptspeicher eines anderen Prozessors zugreifen.

4.3.7.2.6 Assoziativität

Wenn man im Cache Tag RAM stets die komplette Adresse speichert, dann kann man jedes beliebige Speicherwort aus dem Hauptspeicher im Cache ablegen. Da die Einträge im Cache nicht geordnet sind, braucht man einen vollassoziativen Speicher, der zu jedem Eintrag einen Hardware-Vergleicher besitzt. Nur so kann man in einer vertretbaren Zeit die richtige Adresse finden bzw. ihr Fehlen feststellen.

Um den Aufwand an Hardware-Vergleichern zu reduzieren, kann man eine geordnete Ablage einführen: Ein Teil der Adresse, Tag Select genannt, wird als Adresse des Cache-Eintrags benutzt. Beim „*direct mapped*“ Cache weist jeder Wert von Tag Select auf einen anderen Eintrag hin. Oder:

- Beim direct mapped Cache kann eine Adresse n nur in einer fest vorgegebenen Zeile eingetragen werden. Man braucht deshalb nur einen Vergleicher.
- Beim „*2 fach assoziativen*“ Cache kann eine Adresse n in zwei bestimmten Zeilen eingetragen werden. Man braucht dadurch zwei Vergleicher.
- Beim „*4 fach assoziativen*“ Cache kann eine Adresse n in vier definierten Zeilen eingetragen werden. Man braucht vier Vergleicher.
- Beim „*vollassoziativen*“ Cache schließlich kann eine Adresse n in einer beliebigen Zeile eingetragen werden. Man braucht dann so viele Vergleicher, wie der Cache Zeilen hat.

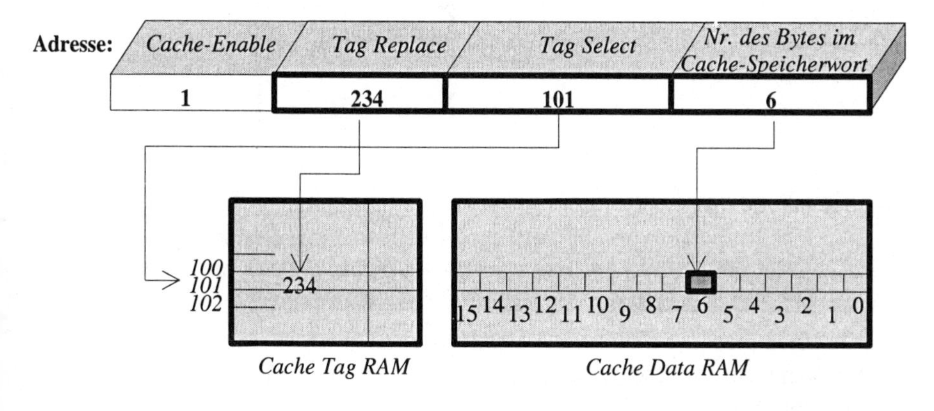

Bild 4-44: Der Cache teilt die Hauptspeicheradresse (also ohne Cache-Enable) in drei Gruppen auf: Byte Select, Tag Select und Tag Replace.

Ein direct mapped Cache bedeutet also hardwaremäßig den kleinsten Aufwand. Welche Nachteile diese Struktur hat, wollen wir nun betrachten.

Der Wert im *Tag Select* bestimmt, in welcher Zeile des Caches der Eintrag steht. Bei einem direct mapped Cache variiert Tag Select zwischen Null und einem Maximum. Im Hauptspeicher kann man so einen Bereich adressieren, den man auch als Block bezeichnet. Da bei einem direct mapped Cache ein Block dieselbe Kapazität wie der Cache hat, entspricht der Tag Select der Offsetadresse innerhalb des Blockes.

Jeder Tag Select-Wert (und damit jede Offsetadresse) kann bei einem direct mapped Cache nur ein einziges Mal vorkommen. Im Bild 4-44 ist das Speicherwort aus dem Block 234 mit der Offsetadresse 101 im Cache abgelegt ist. Deshalb ist es nicht möglich, gleichzeitig ein Speicherwort aus einem anderen Block mit derselben Offsetadresse 101 zu speichern.

Die Länge von *Tag Replace* ist maßgebend dafür, in wieviele Blöcke der Hauptspeicher unterteilt wird. Tag Replace gibt also die Blocknummer im Hauptspeicher an.

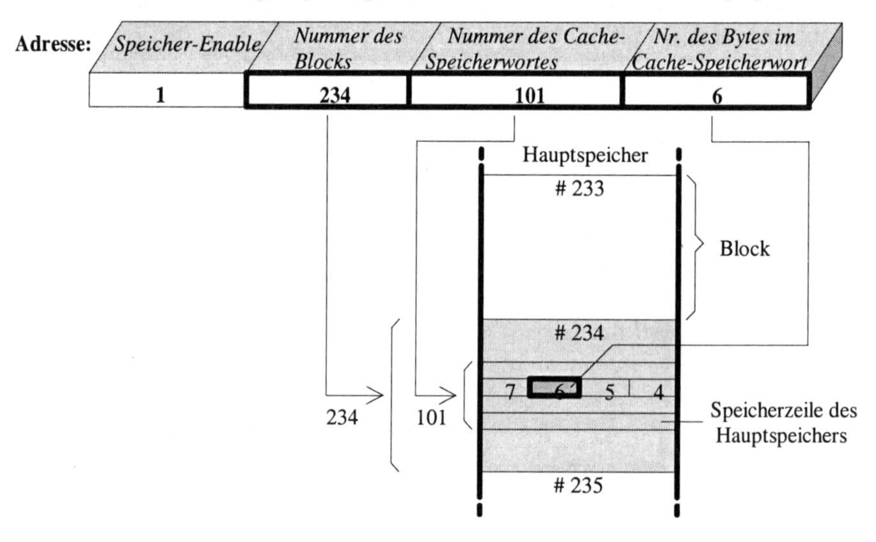

Bild 4-45: Für den Hauptspeicher bedeutet die Adresse aus Bild 4-44 folgendes: Tag Replace gibt die Blocknummer an, Tag Select die Offsetadresse der Vierergruppe (da ein Cache-Speicherwort hier vier Hauptspeicherzeilen entspricht) innerhalb des Blockes und Byte Select das Byte innerhalb der Vierergruppe.

Dagegen kann ein zweifach assoziativer Cache dieselbe Offsetadresse aus zwei Blöcken speichern.

Beim vierfach assoziativen Cache sind dann vier Einträge mit gleicher Offsetadresse möglich usw.

Der geringere Hardware-Aufwand beim direct mapped Cache hat zur Folge, dass die Auswahl der zu speichernden Daten beschränkt ist. Die meisten Caches sind als Kompromiss zwischen Aufwand und Flexibilität vier- oder achtfach assoziativ.

Die Blocknummer wird als Tag Replace im Cache Tag RAM eingetragen. Nur wenn der als Tag Replace bezeichnete Teil der Speicheradresse mit dem im Cache Tag RAM gespeicherten Wert übereinstimmt, kann ein Cache-Hit vorliegen.

Im Bild 4-46 sind an einem Beispiel die Unterschiede zwischen den verschiedenen Assoziativitäten dargestellt:

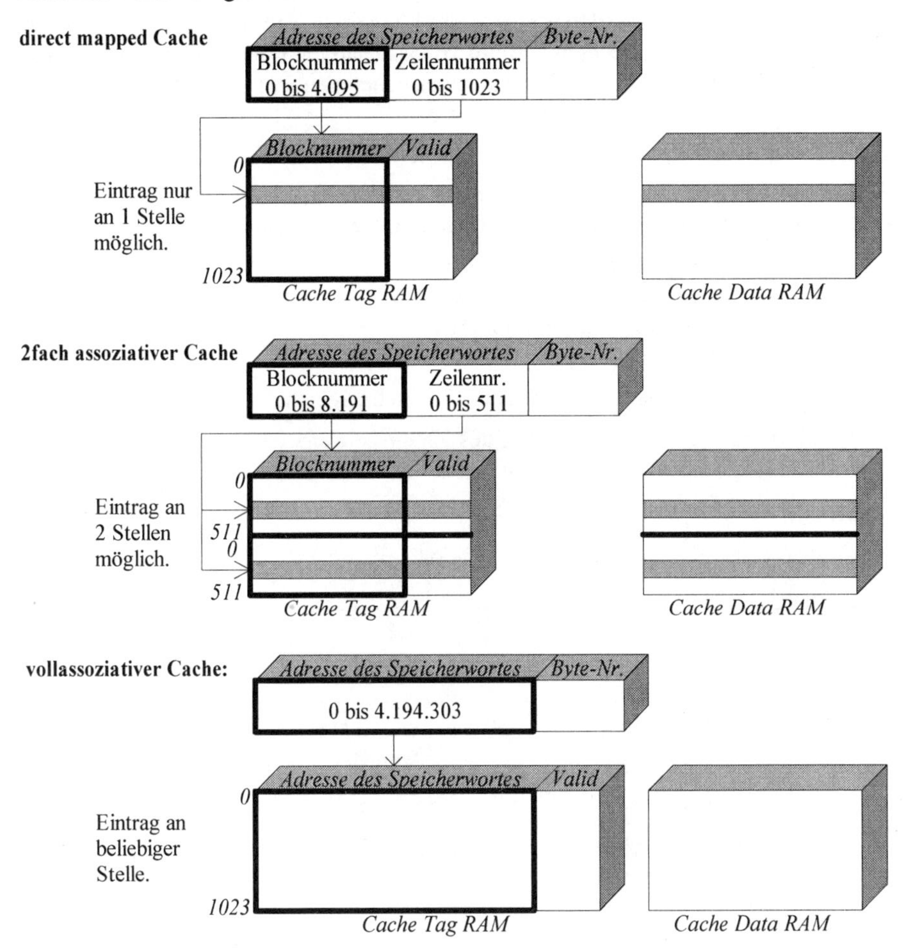

Bild 4-46: Beispiel, wie sich die Assoziativität auf die Adressinterpretation auswirkt

Erklärung zum Bild 4-46:

- Beim direct mapped Cache sind die Einträge von 0 bis 1023 fortlaufend nummeriert. Die Blocknummern können in diesem Beispiel zwischen 0 und 4095 betragen.
- Beim zweifach assoziativen Cache gibt es zwei „Hälften", die jeweils von 0 bis 511 durchnummeriert sind. Tag Select ist dadurch um eine Bitstelle kürzer und Tag Replace dafür um eine Bitstelle länger, da nun die Blocknummern zwischen 0 und 8191 variieren können.
- Mit höherer Assoziativität nimmt die Länge von Tag Select ab, während die von Tag Replace zunimmt. Beim vollassoziativen Cache gibt es keinen Tag Select mehr: Der Eintrag kann an einer beliebigen Stelle im Cache stehen.

4.3.7.2.7 Entwurf eines direct mapped Caches

Betrachten wir nun einmal, wie man einen direct mapped Cache entwerfen kann. Dazu sollen folgende charakteristischen Bedingungen vorgegeben sein:

1) 32 bit Adresslänge und Datenwortlänge
2) Hauptspeicher mit maximal 16 MByte
3) Cache-Speicherwortlänge 4 x 4 Byte
4) Kapazität des direct mapped Caches: 32 KByte

zu 1) Die Hauptspeicheradresse ist einschließlich „Speicher Enable" 32 bit lang.

zu 2) Man braucht zur Adressierung des Hauptspeichers 24 bit, da seine Kapazität 2^{24} Byte beträgt. Die restlichen 8 bit bilden den Speicher Enable.

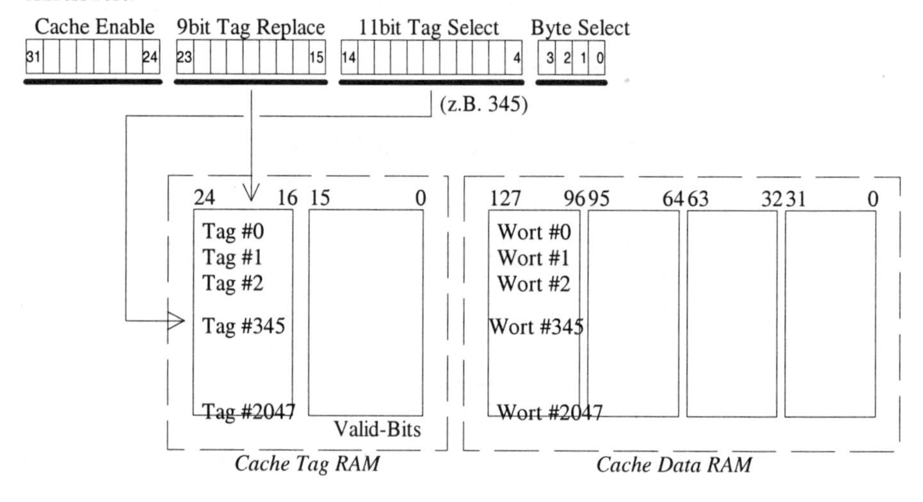

Bild 4-47: Beispiel für den Aufbau eines 32 KByte großen, direct mapped Caches

zu 3) Jedes Speicherwort im Cache Data RAM hat 16 Byte = 2^4 Byte, d. h., man braucht 4 bit, um jedes Byte im Cache-Speicherwort adressieren zu können.

zu 4) Kapazitätsangaben beim Cache beziehen sich immer nur auf das Cache Data RAM.
Die Anzahl der Cache-Speicherworte beträgt:
32 KByte : 16 Byte = 2 K (dimensionslos!)
$\rightarrow$ 2 K = 2^{11}, d. h. 11 bit für Tag Select
Für Tag Replace bleiben noch 9 bit, da die Hauptspeicheradresse 24 bit lang ist.

4.3.8 Virtuelle Adressierung

Ziel der *virtuellen Speicherverwaltung* ist es, einen möglichst großen -logischen-Adressraum auf einen kleineren, physisch existierenden Speicher abzubilden. Das kann erforderlich sein, wenn

- bei einem einzelnen Programm aufgrund seiner Größe oder
- bei Multiprogramming-Betrieb durch die Anzahl der benötigten Programme

der freie Platz im Hauptspeicher nicht ausreicht. Dabei sind zwei Probleme zu lösen:

1) Wie kann man große Programme so verwalten, dass sie auch in einem kleinen Hauptspeicher bearbeitet werden können?
2) Wie können die Adressen eines Programms in die physisch vorhandenen Adressen umgesetzt werden?

Betrachten wir zunächst das sonst übliche Laden von Programmen in den Hauptspeicher. Früher musste entweder der Programmierer per ORG-Anweisung angeben, wo die verschiedenen Programme im Hauptspeicher abgelegt werden sollen, oder das Betriebssystem hat die Adressbereiche zugewiesen (Code-Segment). Die Adressen wurden beim „Binden“ der Programme vom Betriebssystem auf die physischen Adressen umgerechnet. Jedes Programm hatte einen anderen Adressbereich.

Bei der virtuellen Speicherverwaltung beginnt jedes Programm bei der Adresse 0. Zur Unterscheidung nennt man sie *logische oder virtuelle Adressen.* Über ein noch zu erklärendes Verfahren werden sie in die *physischen Adressen* des vorhandenen Hauptspeichers umgesetzt (*address translation*).

Die logischen Adressräume werden nun in *Seiten (pages* oder Kacheln*)* fester Länge unterteilt. Der Hauptspeicher wird entsprechend in so genannte *Seitenrahmen (page frames)* derselben Länge eingeteilt. Die virtuelle Speicheradressierung basiert darauf, dass in die Frames die benötigten Seiten geladen werden.

Typische Größen einer Page oder eines Frames sind 1 KByte bis 64 KByte.

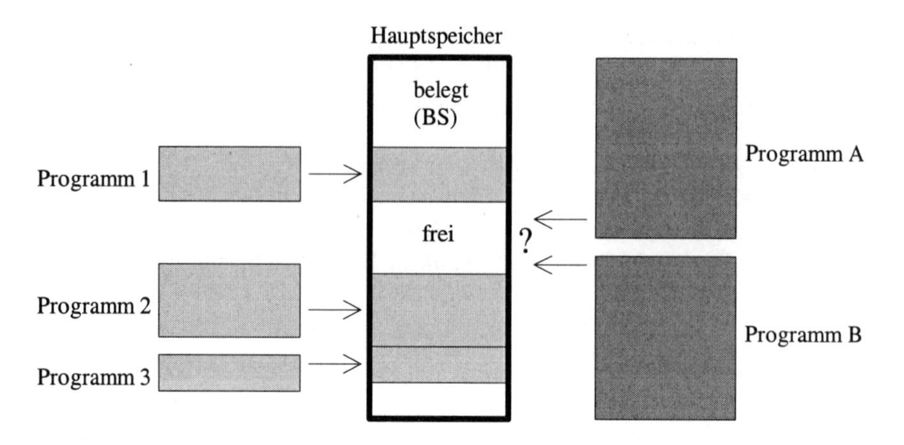

Bild 4-48: Problem mit großen Programmen: Wie kann man die Programme A und B betreiben, wenn sie größer als der noch freie Hauptspeicherbereich sind?

Das wesentliche Merkmal ist nun, dass bei der Ausführung der Programme immer nur die jeweils benötigten Seiten in den Hauptspeicher geholt werden. Reicht der Platz im Speicher nicht mehr aus, dann müssen nicht mehr benötigte Pages gelöscht werden, um neue Pages laden zu können.

Dazu müssen die Programme in einem Hintergrundspeicher (z. B. Harddisk) abgelegt und dadurch „im Zugriff" sein.

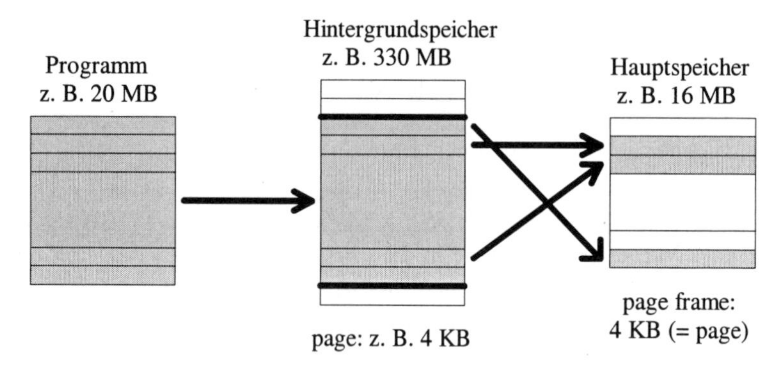

Bild 4-49: Prinzip der virtuellen Speicherverwaltung

Das Betriebssystem legt eine so genannte *Seitentabelle* zur Verwaltung der Pages und Frames an. Für das Beispiel einer Seitentabelle nehmen wir folgendes an:

- Seitengröße: 4 KByte,

- 32 bit System,
- Adressen werden hexadezimal angegeben und führende Nullen weggelassen.

Nummer der Seite	Anfangsadresse der Seite im Programm	Anfangsadresse der Seite im Hintergrundspeicher	Nummer des Frames	Anfangsadresse des Frames im Hauptspeicher
0	0000	AA.0000	-	-
1	1000	AA.1000	5	B000
2	2000	AA.2000	-	-
3	3000	AA.3000	6	C000
4	4000	AA.4000	3	9000
:	:	:	:	:

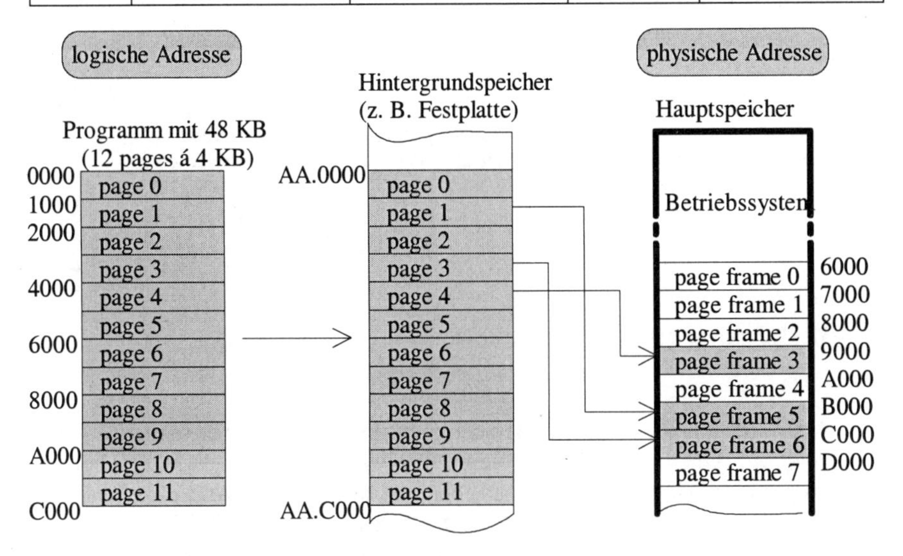

Bild 4-50: Beispiel einer Adressumsetzung mittels einer Seitentabelle

Eine virtuelle Adresse setzt sich aus einer *Seitennummer p* und einem *Offset o*, also einer relativen Adresse innerhalb der betreffenden Seite, zusammen.

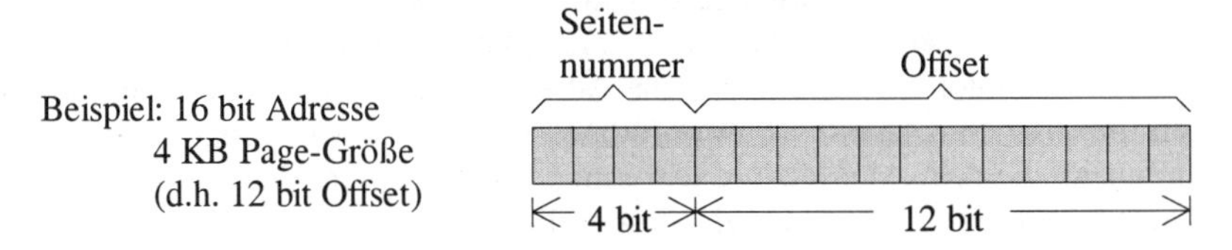

Bild 4-51: Aufteilung einer Adresse in Seitennummer und Offset

Eine virtuelle Adresse der Form (*p*, *o*) wird folgendermaßen verarbeitet:

Die Seitennummer *p* bezeichnet den Eintrag, der in der Seitentabelle gelesen wird.

- Falls zu der betreffenden Seite ein Frame genannt ist, befindet sich diese Seite bereits im Hauptspeicher. So kann die Seitennummer durch die Anfangsadresse des entsprechenden Frames ersetzt werden. Eine Addition des Offsets *o* gibt dann die gewünschte Speicherzelle an.

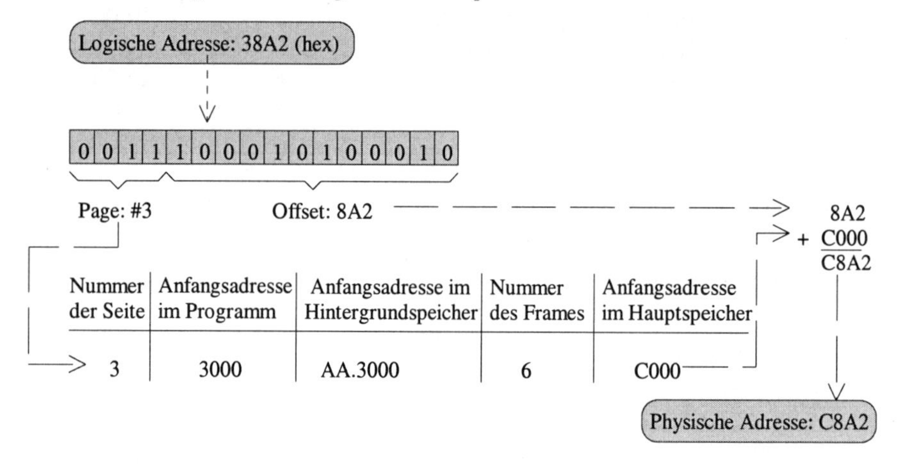

Bild 4-52: Umrechnung der logischen in die physische Adresse

- Falls sich die betreffende Seite noch nicht im Hauptspeicher befindet, spricht man von einem *Page-Fault.* Diese Seite wird nun nachgeladen, wobei ihre Adresse im Hintergrundspeicher ebenfalls in der Seitentabelle steht. Dieses Verfahren nennt man *Demand Paging* (Seitennachladen bei Bedarf). Ist im Hauptspeicher kein freier Rahmen mehr verfügbar, so muss eine vorhandene Seite überschrieben werden.

Es gibt einen speziellen Hardware-Baustein für die virtuelle Adressverwaltung, die so genannte *Memory Management Unit* (*MMU*). Bei den heute üblichen Mikroprozessoren (ab 80386 und 68030) sind diese Funktionen auf dem Chip integriert.

Für eine im Hauptspeicher vorhandene Seite wird in der MMU in einem Speicher, dem *Translation Lookaside Buffer* (kurz: *TLB*), ein so genannter *Descriptor* angelegt. Jeder Descriptor enthält die logische Adresse (Page-Nummer) mit der dazugehörigen physischen Adresse (Frame-Anfangsadresse) sowie einige Attributbits. Dadurch kann die Adressumsetzung sehr schnell erfolgen. Um Platz zu sparen, speichert man bei der Frame-Anfangsadresse nur die vorderen Stellen, also ohne Offset, da die Offsetstellen für die erste Adresse im Frame immer Null sind. So braucht man die physische Adresse nur zusammenzusetzen, wie im Bild 4-53 gezeigt wird.

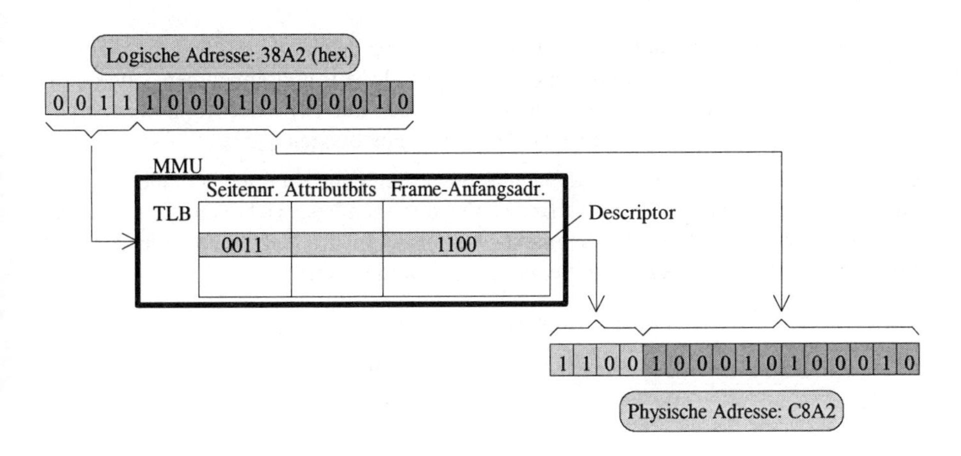

Bild 4-53: Prinzipieller Aufbau einer MMU

Falls eine logische Adresse benutzt wird, die in keinem Descriptor gespeichert ist, dann ist die dazugehörige Seite nicht im Hauptspeicher. Die MMU meldet dann „Page Fault“ und das Betriebssystem lädt die Seite in ein freies Frame und trägt logische und physische Adresse in einem Descriptor ein.

Die *Attributbits* ermöglichen es, Zugriffsberechtigungen oder Schutzvorkehrungen vorzusehen, wie z. B. nur Lesen / auch Schreiben, nur Kernel-Zugriff / auch User-Zugriff. Dadurch können die Benutzer nur auf für sie zugelassene Datenbereiche zugreifen. Nur mit privilegierten Befehlen, die also ein „normaler“ Anwender nicht verwenden kann, können die Attributbits verändert werden.

Wie viele Einträge hat eine MMU?
Nehmen wir als Beispiel den Motorola-Mikroprozessor 68060. Für Daten und Befehle hat er jeweils 64 Descriptoren. Für alle weiteren Seiten im Hauptspeicher muss die Adressumsetzung anhand der Seitentabelle durchgeführt werden. Die Größe einer Seite kann 4 KByte oder 8 KByte betragen.

Eine erweiterte Form der Speicherverwaltung bildet die *Segmentierung*. Dabei wird der logische Adressbereich eines Programms in Segmente mit normalerweise unterschiedlicher Länge zerlegt und die Segmente wiederum in Seiten. Segmente können damit seitenweise in den Hauptspeicher gebracht werden.

Beispiel nach {TaGo99}: Welchen Vorteil bietet eine Segmentierung?

> Ein Compiler verfügt über viele Tabellen, zum Beispiel für Symbole, Konstanten, Quelltext, Zerteilungsbaum (parsing tree) und Aufrufstapel. Bei einem eindimensionalen Adressraum kann eine Tabelle in den Bereich einer anderen hineinwachsen. Deshalb ist die Segmentierung hier sinnvoll:

- Jede Tabelle beginnt bei der logischen Adresse Null.
- Die Tabellen können unabhängig voneinander zu- und abnehmen, ohne dass sich die Anfangsadressen verändern. Werden nur Teile neu compiliert, ergeben sich für die restlichen Teile keine Verschiebungen.

Eine virtuelle Adresse besteht dann aus einer Segment-Nummer *s*, einer Seiten-Nummer *p* und einem (Seiten-)Offset *o*. Vor der oben beschriebenen Adressumsetzung muss zuerst mittels der Segment-Nummer *s* in der Segmenttabelle die Anfangsadresse der entsprechenden Seitentabelle ermittelt werden.

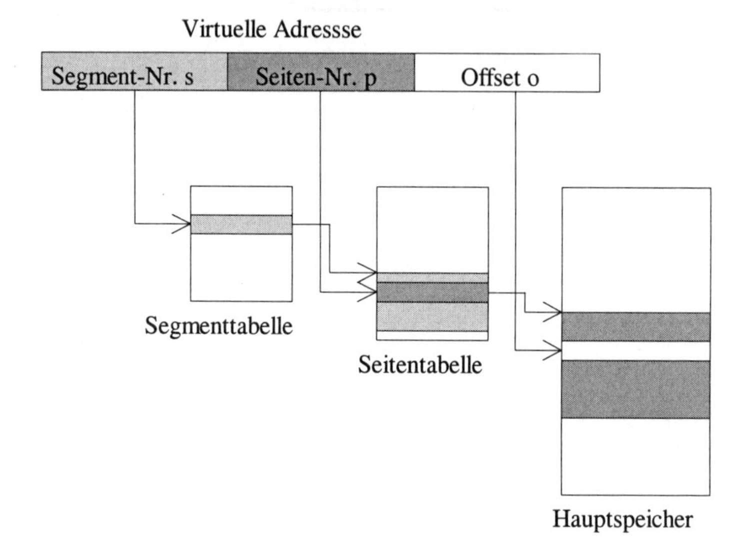

Bild 4-54: Adressumsetzung bei einer Segmentierung

Für die MMU im 68060 bedeutet es keinen Unterschied, ob man mit oder ohne Segmentierung arbeitet: Der obere Teil der virtuellen Adresse wird in die entsprechende physische Adresse in einem Schritt umgesetzt. Dabei kann dieser Teil nur eine Seitennummer sein oder aus Segment- und Seitennummer bestehen.

4.4 Interne Datenwege

Innerhalb eines von Neumann-Rechners entstehen Daten in verschiedenen Hardware-Komponenten und werden dann in anderen Komponenten benötigt. Der Transport dieser Daten erfolgt auf den so genannten „*internen Datenwegen*". Bei „der Struktur einer Recheneinheit" (Bild 4-16) haben wir schon Adress- und Datenbus kennen gelernt. Nun wollen wir diese Datenwege genauer betrachten.

4.4.1 Überblick

Die internen Datenwege haben einen entscheidenden Einfluss auf die Leistungsfähigkeit des Rechnersystems. Diesbezüglich gibt es zwei entgegengesetzte Entwicklungsstrategien:

- **Optimierte, spezielle Datenwege**
  Einerseits will man möglichst kompakte Systeme bauen. Deshalb versucht man, alle benötigten Funktionen auf einer Baugruppe (Leiterplatte) unterzubringen, wie zum Beispiel bei den Terminals oder Druckern. Die Datenwege sind optimiert und bieten keine Anschlussmöglichkeit für Erweiterungen.
- **Erweiterbarer Standard-Systembus**
  Andererseits möchte man die Systeme aber erweitern können, also mit Zusatzkarten möglichst flexibel auf die jeweiligen Anforderungen reagieren können, wie z. B. bei den PCs. Dann muss man aber für die Systembusse einen Standard definieren.

Die „Einplatinen-Geräte" haben nur bei kleinen Systemen mit genau festgelegtem Leistungsumfang ihre Berechtigung. Sobald Erweiterungswünsche (mit Ausnahme des Speichers) erfüllt werden sollen, braucht man ein modulares Konzept. Dazu verteilt man die verschiedenen Funktionen auf spezielle Baugruppen und verbindet diese dann über genau definierte Schnittstellen mit dem Systembus.

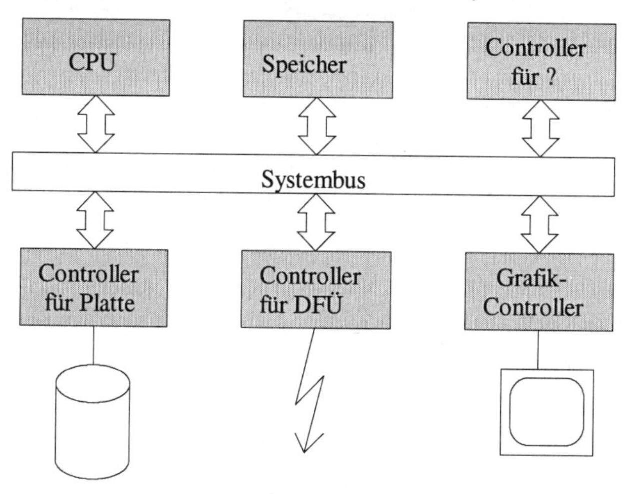

Bild 4-55: Aufbau eines modularen Systems

Die explosionsartige Verbreitung der PCs ist unter anderem auf die Standardisierung des Systembusses zurückzuführen:

- Der Anwender kann gewünschte Funktionen in Form von Zusatzkarten, z. B. Sound, Netzwerkanschluss usw., von einem beliebigen Hersteller kaufen und selbst installieren.
- Hersteller können ihre Zusatzkarten für einen riesigen Markt anbieten und zwar zu so niedrigen Preisen, die für kleinere Systeme unerreichbar sind.
- Wegen der geringen Kosten ist ein Anwender auch viel schneller bereit, neue Komponenten zu kaufen. So steigen die Stückzahlen und sinken die Preise.

Definition: Ein *Bussystem* ist ausgezeichnet durch:

- Mehrere Funktionseinheiten haben Zugang zum Bus.
- Über den Bus können Datentransporte zwischen verschiedenen Partnern abgewickelt werden, und zwar
  - *Punkt zu Punkt* (d. h. ein Sender und ein ausgewählter Empfänger) oder
  - *Multicast* (d. h. ein Sender und mehrere Empfänger).
- Es darf zu einem Zeitpunkt immer nur ein Sender aktiv sein.

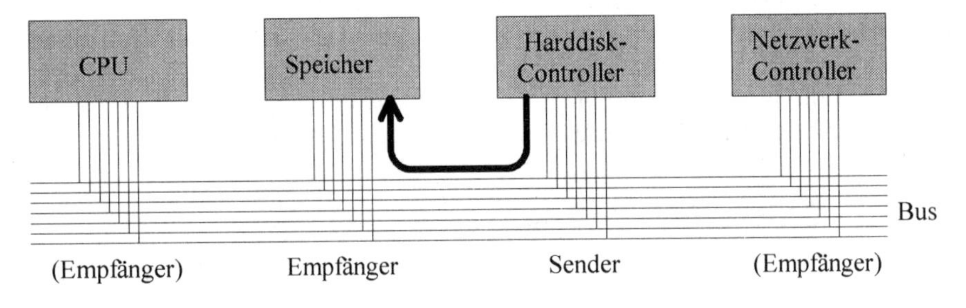

Bild 4-56: Ein Bussystem darf zu einem Zeitpunkt nur einen aktiven Sender (hier: Harddisk-Controller) haben. Alle anderen Teilnehmer können mithören.

Die Funktionseinheit (z. B. CPU), die einen Datentransfer über den Bus initiiert, heißt *Master*. Den bzw. die Kommunikationspartner nennt man dann *Slave(s)*.

Folgende Busse für den Datentransport haben sich durchgesetzt:

- *Systembus* (innerhalb eines Rechners):
  ISA / EISA (industry standard architecture / extended ISA), PCI (peripheral component interconnect) (→ Abschnitt 4.4.5), VME-Bus (Motorola),
- *Interface-Bus* (zwischen Rechner und Peripherie):
  V.24, Centronics, SCSI (small computer system interface) (→ Kapitel 6),
- *Rechnernetze* (zwischen Rechnersystemen):
  Ethernet, Token Ring, FDDI (fibre distributed data interface) usw.

In diesem Abschnitt interessiert uns nur der Systembus, also die Datenwege innerhalb eines Rechners. Der Standardanschluss von Erweiterungskarten erfolgt heute meist über die langsame, aber preiswerte ISA-Schnittstelle oder über die leistungfähige PCI-Schnittstelle (→ Abschnitt 4.4.5). Der Systembus ist auf einer Leiterplatte (motherboard oder mainboard) realisiert, die eine entsprechende Anzahl von Steckern für die verschiedenen Schnittstellentypen hat, z. B. 4 für PCI und 3 für ISA. Da die Stecker gleichen Typs parallel verdrahtet sind, kann man die Zusatzkarten auf beliebige Plätze des entsprechenden Typs stecken.

Zunächst wollen wir einige allgemeine Aspekte des Systembusses betrachten:

1) **Zeitverhalten des Systembusses**

- *synchron*
  Der Bus hat einen bestimmten Takt (auch Systemtakt genannt). Alle Baugruppen müssen sich auf diesen Takt synchronisieren, sobald sie Daten über den Bus übertragen wollen. Der Systemtakt bestimmt also, wann der nächste Bustransfer, z. B. von Master 2, starten kann. (Der Strobe markiert den Zeitbereich, in dem die Daten auf dem entsprechenden Bus gültig sind.)

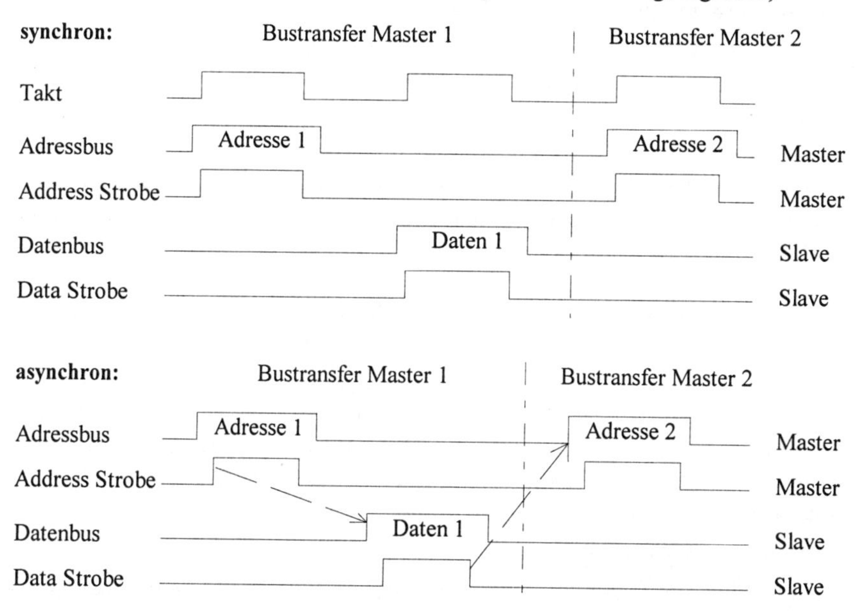

Bild 4-57: Synchroner und asynchroner Systembus (Read-Operation)

- *asynchron*
  Der Systembus hat kein festes Zeitraster. Die Zeit zwischen der Übergabe von der Adresse und den Daten und zwischen zwei Bustransfers ist variabel

und hängt nur von den Komponenten selbst ab. (Das asynchrone Verfahren wird heute nur noch selten verwendet.)

2) Der **Ablauf einer Übertragung** über den Systembus findet in folgenden Schritten statt:
   - Ein Master meldet seinen Wunsch eines Bustransfers an mit dem Signal *„bus request"*.
   - Sobald der laufende Bustransfer abgeschlossen ist, gibt die CPU den Bus frei *(bus grant)*.
   - Wenn mehrere Requests anliegen, muss entschieden werden, welcher als Master den Bus belegen darf (*bus arbitration*).
   - Der Gewinner belegt den Bus mit dem Signal *„bus grant acknowledge"*.
   - Anlegen der Zieladresse und Übertragen der Daten.
   - Der Master gibt den Bus frei, indem er das Signal „bus grant acknowledge" wegnimmt.

3) **Zugriffsberechtigung zum Systembus**

   Das Steuerwerk der CPU bestimmt aufgrund des auszuführenden Programms das Geschehen auf dem Systembus. Davon gibt es normalerweise nur zwei Ausnahmen:

   - Interrupt
     Ein Controller will die CPU über eine dringende Zustandsänderung informieren, damit die CPU entsprechende Reaktionen auslösen kann (→ Abschnitt 4.4.3).
   - DMA
     Ein Controller will Daten direkt mit dem Speicher austauschen, ohne dass die CPU in ihrem Funktionsablauf gestört wird (→ Abschnitt 4.4.4).

   Nur in diesen beiden Fällen initiiert eine andere Baugruppe als die CPU den Zugriff auf den Systembus. Allerdings übernimmt die CPU beim Interrupt sofort wieder die Aktivitäten. Beim DMA muss die aktive Baugruppe die Bussteuerung selbst durchführen. Dazu gehört u. a. die Überprüfung der Zugangsberechtigung aufgrund der Prioritätssignale.

4) **Ansteuerung der Busleitungen**

   Wie im Bild 4-56 dargestellt, können die Busleitungen von verschiedenen Quellen getrieben werden. Deshalb muss man normalerweise Bustreiber mit speziellen Ausgängen benutzen, damit die aktive Baugruppe die Leitung auf den gewünschten Pegel bringen kann, während die inaktiven Karten die Leitung nicht beeinflussen. Diese Anforderungen erfüllen Tri-State- oder Open-Collector-Ausgänge.

4.4.2 Bedeutung der Signalleitungen

Die Signalleitungen des Systembusses sind in drei Gruppen zusammengefasst:

- Datenbus
- Adressbus
- Steuerleitungen.

1) *Datenbus*
   Ein Datenwort wird normalerweise parallel übertragen, d. h. bei einem 16 bit-System besteht der Datenbus aus 16 Datenleitungen, bei einem 32 bit-System aus 32 Datenleitungen.

2) *Adressbus*
   Der Adressbus besteht aus den Adressleitungen, deren Anzahl vom Adressbereich der CPU abhängt. Typischer Wert sind heute 32 Leitungen, um mit 32 bit bis 4 GByte adressieren zu können.
   Allerdings haben manche Systeme keinen separaten oder vollständigen Adressbus (z. B. intel 8086). Dann werden Teile der Adressen ebenfalls über den Datenbus übertragen (Multiplexverfahren). Ein Zusatzsignal gibt an, ob auf dem Datenbus zurzeit Adressen oder Daten übertragen werden.

   Die Adressen können zwei verschiedene Bedeutungen haben:
   - Adressierung des Hauptspeichers, d. h. Lesen oder Schreiben eines Wortes unter der angegebenen Adresse, oder
   - Adressierung einer anderen Hardware-Funktionseinheit, z. B. Ausgabe-Einheit für den Drucker. In diesem Fall spricht man von „I/O-Adressen" (Input/Output-Adressen). Bei den Motorola-Mikroprozessoren liegen die I/O-Adressen innerhalb des Adressraumes in einem reservierten Bereich, der über die höchstwertigen Bits selektiert wird (→ „Speicher Enable" im Abschnitt 4.3.7.2.2). Dagegen markieren die Intel-Mikroprozessoren die I/O-Adressen mit einem Zusatzsignal.

3) Steuerleitungen
   Es gibt eine Vielzahl von möglichen Steuerleitungen. Je nach System können sie sich unterscheiden und anders bezeichnet sein. Die wichtigsten Funktionen sind:

   - Bustakt
     Normalerweise arbeiten die Rechnersysteme intern synchron zu diesem Systemtakt. Beim ISA-Bus: BCLK.

   - Busy
     Sobald ein Master die Datenwege zum Transport von Daten benutzt, wird das Busy-Signal gesetzt, bis die Datenwege wieder frei sind. Solange sind also die Datenwege belegt und für andere Master gesperrt. Beim ISA-Bus übernehmen BALE und MASTER zusammen diese Aufgabe.

- Delay
  Falls der Speicher oder ein Peripheriegerät die gewünschten Daten nicht innerhalb des Standardzyklus bereitstellen kann, muss der Zyklus mit einem Delay-Signal gedehnt werden. Beim ISA-Bus dient das Signal IOCHRDY zum Dehnen des Zyklus. Der Prozessor muss „Wait States“ einfügen.

- Read/Write
  Diese Leitung gibt an, ob bei der angegebenen Adresse gelesen oder geschrieben werden soll. Beim ISA-Bus gibt es stattdessen die Leitungspaare MEMR und MEMW bzw. IOR und IOW zum Lesen und Schreiben im Speicher bzw. von I/O-Adressen.

- Reset
  Solange beim Einschalten die Versorgungsspannungen nicht die vorgeschriebenen Werte erreicht haben, könnte die Hardware unkontrollierte Aktivitäten starten (z. B. die Platte überschreiben). Deshalb wird die Hardware während dieser Zeit mit dem Reset-Signal „festgehalten“ und startet dann von einem normierten Zustand aus. Das Gleiche gilt für das Ausschalten.
  Ferner kann man jederzeit über einen Taster oder per Software einen Reset erzeugen und damit die Hardware wieder in den definierten Zustand setzen und neu starten. Beim PC: RESDRV.

- Interrupt
  Die Interrupt-Leitungen dienen zur Meldung von den Hardware-Funktionseinheiten über wichtige Ereignisse an das laufende Programm (→ Abschnitt 4.4.3). Beim PC gibt es 11 IRQx-Leitungen (Interrupt-Request).

- DMA (direct memory access)
  Mittels DMA können bestimmte Hardware-Funktionseinheiten Daten direkt in den Speicher schreiben bzw. aus dem Speicher lesen, ohne das laufende Programm zu unterbrechen (→ Abschnitt 4.4.4). Der ISA-Bus hat 7 DRQx- und 7 DACKx-Leitungen (DMA-Request bzw. Acknowledge).

- Prioritätsleitungen
  Wenn mehrere Funktionseinheiten gleichzeitig die internen Datenwege benutzen wollen, dann erhält die Einheit mit der höchsten Priorität den Vorrang. Die Auswahl erfolgt über die Prioritätsleitungen. Jeder Leitung ist eine Priorität zugeordnet. Eine Einheit, die den Bus benötigt, setzt ein Signal auf der ihr zugeteilten Prioritätsleitung. Gleichzeitig prüft sie die anderen Leitungen ab. Wenn keine höhere Priorität angemeldet ist, dann darf diese Einheit den Bus belegen. Ansonsten muss sie warten. Beim PC ist die Priorität mit der DMA-Request-Leitung gekoppelt: DRQ0 die höchste und DRQ7 die niedrigste Priorität.

Gruppe	Signalbezeichnung	Typ	Beschreibung
Datenbus	SD 0 – SD 15	I/O	Datenleitungen
Adressbus	SA 0 – SA 19	I/O	Adressleitungen
	LA 17 –LA 23	I/O	Zusatzadressleitungen, um bis 16MByte adressieren zu können
Steuerbus	-0WS	I	0-Wait-States-Signal, d. h. aktive Einheit braucht keinen Wait State
	AEN	O	Bussteuerung vom DMA-Controller
	BALE	O	Adressstrobe zu SA0 –SA19
	BCLK	O	Bustakt (max. 8,33 MHz)
	DACK0 – DACK3, DACK5 – DACK7	O	DMA-Acknowledge
	DRQ0 – DRQ3, DRQ5 – DRQ7	I	DMA-Anforderungen
	-IOCHCK	I	Paritätsfehler im Speicher oder I/O-Einheit
	-IOCHRDY	I	Signal z. Dehnen v. Speicher- o. I/O-Zyklen
	-IOR	I/O	I/O-Einheit soll Daten vom Datenbus lesen
	-IOW	I/O	I/O-Einheit soll Daten auf Datenbus schreiben
	IRQ3 –IRQ7, IRQ9, IRQ10 – IRQ15	I	Interrupt-Meldeleitung (Prioritäten hoch → niedrig: IRQ9 - IRQ15, IRQ3 - IRQ7)
	-MASTER	I	Busmaster meldet, dass er den Bus steuert
	-MEMCS16	I	I/O-Einheit will einen 16 bit Datentransfer mit Speicher
	-MEMR	O	Lesesignal für gesamten Speicher
	-MEMW	O	Schreibsignal für gesamten Speicher
	OSC	O	Frequenz 14,3 MHz (CGA für NTSC)
	-REF	I/O	Hauptspeicher führt Refresh durch
	RESDRV	O	Reset-Signal zum Initialisieren
	-SBHE	I/O	Oberes Byte (SD8 -SD15) ist gültig
	-SMEMR	O	Lesesignal für Speicher < 1 MB
	-SMEMW	O	Schreibsignal für Speicher <1 MB
	TC	O	DMA-Controller hat alle Bytes übertragen

Tabelle 4-5: Beispiel für einen Systembus: Signale des ISA-Busses
Erklärung: I Input-Signale (zur CPU)
O Output-Signale (von der CPU)
-xy Das Signal xy ist low aktiv.

4.4.3 Interrupt

Normalerweise steuert das Programm alle Funktionen, die die Hardware ausführen soll. Über den *Interrupt* (engl.: Unterbrechung) hat die Hardware ihrerseits die Möglichkeit, bei bestimmten Ereignissen das laufende Programm zu unterbrechen und entsprechende Reaktionen von der Software anzufordern.

Beispiele:

- Während des Druckens geht das Papier zu Ende. Die Ausgabeeinheit für den Drucker meldet der CPU einen Interrupt, damit das Programm einen entsprechenden Hinweis an den Bediener ausgeben kann.
- Ein Kommunikationscontroller meldet, dass ein Empfänger einen Datenblock fehlerhaft erhalten hat. Durch den Interrupt soll das Programm veranlasst werden, eine erneute Übertragung des Datenblocks anzufordern.

Neben den Ein/Ausgabe-Geräten kann auch die System-Hardware oder die Software Interrupts auslösen:

- Ausnahmesituationen (engl.: exceptions) der System-Hardware, z. B. Netzausfall, Speicherfehler,
- Software-Interrupts durch Interrupt-Befehle, z. B. Supervisor-Calls.

Da in einem System viele Quellen Interrupts auslösen können, verteilt man diese auf unterschiedliche „Interrupt-Ebenen“ (bei Intel 80x86: 15; bei Motorola 680x0: 7). So muss der Interrupt „Netzausfall“ die höchste Dringlichkeitsstufe (Priorität) haben, während „Paper out“ sicherlich auf eine der unteren Ebenen gehört. Der Interrupt der höheren Ebene wird stets zuerst bearbeitet.

Jede Ebene kann wiederum verschiedene Quellen zusammenfassen.

codierter Interrupt	Bemerkung	Ebene	Priorität
1 1 1	Interrupt	7	höchste
:	:	:	
0 1 0	Interrupt	2	
0 0 1	Interrupt	1	niedrigste
0 0 0	kein Interrupt		

Tabelle 4-6: Codierung der Interrupts bei den Motorola-Mikroprozessoren

Beispiel für die Bearbeitung eines Interrupts bei den Motorola-Prozessoren 680x0:

Hardware-Aktivitäten

- Unabhängig von der laufenden Busoperation meldet eine Komponente über eine Interruptleitung ihren Unterbrechungswunsch an.
- Der *Prioritätsencoder* leitet immer nur den Interrupt mit der jeweils höchsten Priorität zur CPU weiter.

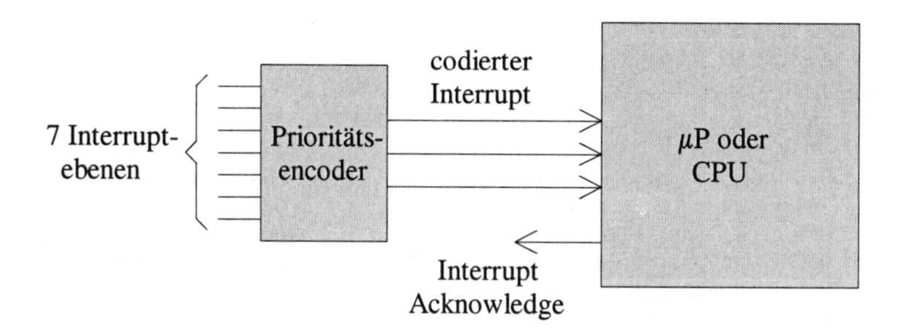

Bild 4-58: Prinzip einer Interrupt-Schaltung (Motorola)

- Die CPU beendet normal den aktuellen Befehl und rettet sowohl ihr Status-Register wie auch den Befehlszählerstand in einen bestimmten Speicherbereich (Stack).
- Mit *Interrupt-Acknowledge* (FC0 - FC1 = 1; $\overline{AS}$ = 0) bestätigt sie, dass sie den Interrupt erkannt hat. Gleichzeitig gibt sie die Interrupt-Ebene auf drei Adressleitungen (A1-A3) an.
- Zu jedem Interrupt soll nun das entsprechende Unterprogramm, die so genannte *Interrupt Service Routine*, aufgerufen werden. Wo das jeweilige Unterprogramm beginnt, ist in der Exception-Tabelle (fester Bereich im Hauptspeicher) abgelegt.

Die Startadresse der Interrupt Service Routine kann man auf zwei Wegen erhalten:

- Wenn die Hardware keine nähere Information liefert, dann übernimmt der Prozessor den in der Tabelle für diese Interrupt-Ebene eingetragenen *Autovektor*.
- Eine „intelligentere" Interruptquelle liefert über die Datenleitungen eine *Vektornummer* (non-autovector). In der Tabelle steht unter dieser Nummer der entsprechende *Interruptvektor*.

Für jede Mikroprozessorfamilie gibt es einen einheitlich definierten Speicherbereich, in dem die Autovektoren und Interruptvektoren festgelegt sind. So ist in der Motorola 680x0-Familie dem Autovektor der Ebene 1 immer die Speicheradresse $064|_{16}$ zugeordnet und dem Interruptvektor 0 die Speicheradresse $100|_{16}$.

Beim Installieren eines Gerätetreibers wird die dazu passende Interrupt Service Routine im Speicher in einem freien Bereich abgelegt. Anschließend wird unter der festen Adresse des Autovektors ein Sprungbefehl zu der Adresse eingetragen, bei der die Interrupt Service Routine beginnt.

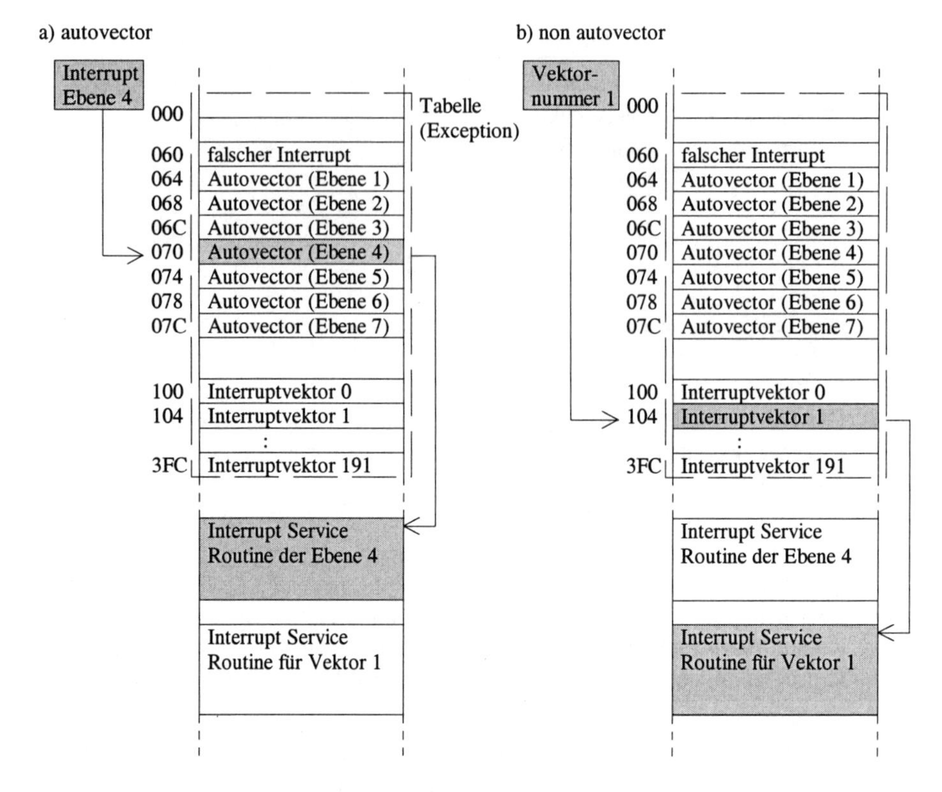

Bild 4-59: Bestimmung der Startadresse für die Interrupt Service Routine mittels Autovektor oder Vektornummer für die 680x0-Familie

Die CPU springt dann aufgrund des Interruptvektors in die entsprechende Interrupt Service Routine.

Software-Aktivitäten

- Die Interrupt Service Routine stellt ein Unterprogramm dar. Also müssen zunächst -wie bei jedem Unterprogramm- alle Register, die im Unterprogramm zum Einsatz kommen, in den Stack gerettet werden.
- In der Interrupt Service Routine wird der Interrupt bearbeitet.
- Vor dem Rücksprung zum unterbrochenen Programm lädt die CPU aus dem Stack die geretteten Register, das Status-Register und den Befehlszähler.

Im Bild 4-60 ist dieser Ablauf noch einmal grafisch dargestellt.

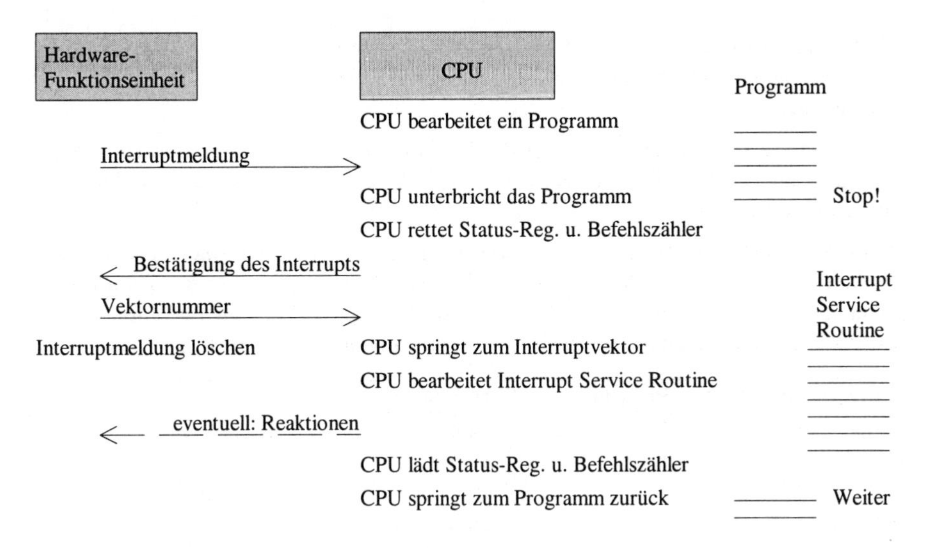

Bild 4-60: Prinzipieller Ablauf bei einem Hardware-Interrupt

Ein Interrupt kann einen anderen Interrupt mit niedrigerer Priorität unterbrechen. Deshalb vergleicht die CPU zuerst mittels der *Interrupt-Maske* in ihrem Status-Register, ob der neu gemeldete Interrupt eine höhere Ebene hat als ein eventuell gerade zu bearbeitender Interrupt. Der Programmierer kann die Interrupt-Maske setzen und damit Interrupts zeitweise maskieren, d. h., solche unter einer bestimmten Ebene sperren. Interrupts mit niedrigerer Ebene müssen warten, bis sie wieder freigegeben werden.

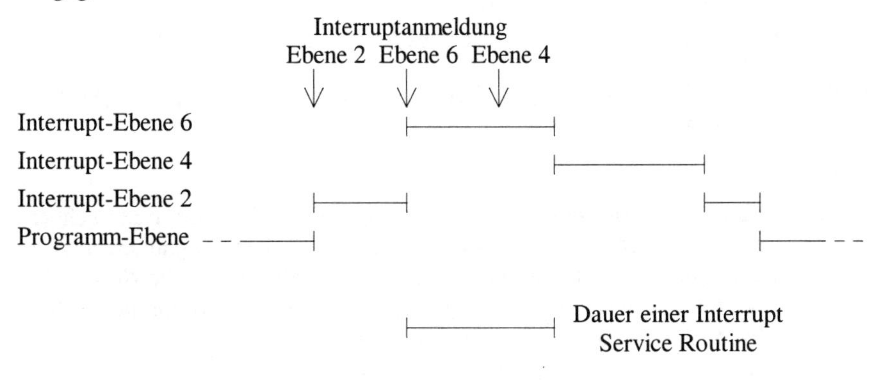

Bild 4-61: Ein Interrupt kann den Interrupt einer niedrigeren Ebene (Priorität) unterbrechen, aber nicht umgekehrt.

Die Ebene 7 kann nicht maskiert werden (*NMI = non-maskable interrupt*), da sie für so wichtig gehalten wird, dass man sie jederzeit beachten muss, zum Beispiel wegen des Netzausfallsignals.

Eine wichtige (Hardware-)Größe ist die Reaktionszeit zwischen dem Auslösen des Interrupts und dem Beginn des entsprechenden Unterprogramms, nämlich der Interrupt Service Routine.

Beim PC unterscheidet der Mikroprozessor selbst zwar nur zwei Interrupts (INTR = maskierbarer Interrupt, NMI = nicht maskierbarer Interrupt). Aber der Prioritätsencoder kann bis zu 15 Interrupt-Ebenen verwalten und liefert den Interrupt mit der jeweils höchsten Priorität als maskierbaren Interrupt an den Prozessor.

Adresse	Interrupt	Priorität	Interrupt-Quelle
020	IRQ 0	15 (höchste)	Timer
024	IRQ 1	14	Tastatur
028	IRQ 2	-	(Interrupt vom Interrupt-Controller 2)
02C	IRQ 3	5	serielle Schnittstelle 2
030	IRQ 4	4	serielle Schnittstelle 1
034	IRQ 5	3	parallele Schnittstelle 2 (früher: Harddisk)
038	IRQ 6	2	Floppy Disk
03C	IRQ 7	1 (niedrigste)	parallele Schnittstelle 1
1C0	IRQ 8	13	Echtzeituhr
1C4	IRQ 9	12	I/O-Kanal
1C8	IRQ 10	11	I/O-Kanal
1CC	IRQ 11	10	I/O-Kanal
1D0	IRQ 12	9	I/O-Kanal
1D4	IRQ 13	8	Co-Prozessor
1D8	IRQ 14	7	Harddisk
1DC	IRQ 15	6	I/O-Kanal

Tabelle 4-7: Beispielhafte Belegung der Hardware-Interrupts beim PC (Quelle: {WER95} und 80286-Handbuch)

Ein Interrupt stellt eine *Ausnahmebehandlung* (engl.: *exception*) dar. Dazu gehören auch die per Software erzeugten Software-Interrupts. Da der Programmablauf zu einem Zeitpunkt nur *einen* Interrupt erzeugen kann, entfällt hierbei die Notwendigkeit einer Priorisierung. Insgesamt ist die Exception-Tabelle bei Motorola und Intel für 256 Hardware- und Software-Interrupts ausgelegt.

4.4.4 DMA

Es kommt häufig vor, dass größere Datenmengen zwischen einem Peripheriegerät und dem Speicher transportiert werden müssen. Sollen zum Beispiel Daten aus dem Hauptspeicher auf die Harddisk ausgelagert werden, dann müsste das folgendermaßen ablaufen:

- Schritt 1: Die CPU liest aus dem Speicher das erste Datenwort.
- Schritt 2: Anschließend übergibt die CPU dieses Datenwort an den Harddisk-Controller (Schreibzyklus).
- Für jedes Datenwort wiederholen sich die beiden Schritte.

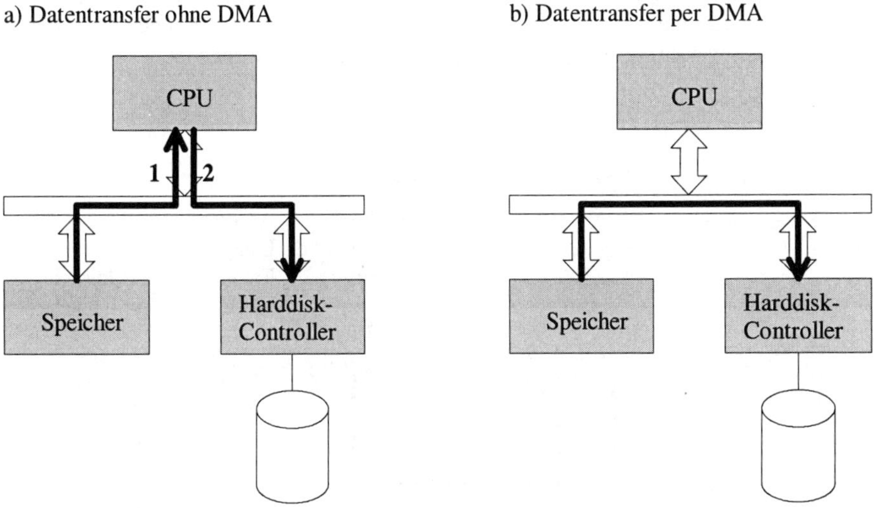

a) Datentransfer ohne DMA

b) Datentransfer per DMA

Bild 4-62: Ein Datentransfer vom Speicher zum Harddisk-Controller benötigt ohne DMA zwei Buszyklen und mit DMA nur einen Buszyklus.

Zur Vereinfachung hat man den *direct memory access* (kurz: *DMA*) eingeführt. Wie im Bild 4-62 schematisch angedeutet ist, wird beim DMA jedes Datenwort in einem Schritt von dem Speicher in den Harddisk-Controller gebracht. Dadurch hat man zwei gravierende Vorteile:

- Die CPU ist am Transfer nicht beteiligt und kann andere Aufgaben in dieser Zeit bearbeiten.
- Pro Datentransfer wird der Bus nur einmal (und nicht zweimal) belegt.

Heute sind die für den DMA-Betrieb notwendigen Funktionen in einem Hardware-Baustein integriert. Dieser *DMA-Controller* wird vom Programm mit folgenden Parametern geladen:

- Anfangsadresse der Zieldatei,
- Länge der zu transportierenden Datei,
- Richtung der Übertragung (Lesen/Schreiben),
- Single Transfer Mode oder Block Transfer Mode.

Der DMA-Controller sorgt dann selbstständig dafür, dass die Datei von dem Quellbereich (Master) in den gewünschten Zielbereich (Slave) kopiert wird.

Im *Single Transfer Mode* wird für jedes zu übertragende Wort der Zugriff zum Bus einzeln angemeldet. Im *Block Transfer Mode* dagegen wird einmal der Zugriff zum Bus angemeldet. Sobald der Bus frei ist, belegt der DMA diesen und gibt ihn erst nach der Übertragung des gesamten Blockes wieder ab. Dadurch erfolgt der Transfer zwar zeitlich optimal, aber andere Systemkomponenten, die den Bus ebenfalls benötigen, müssen warten, bis die gesamte Übertragung abgeschlossen ist.

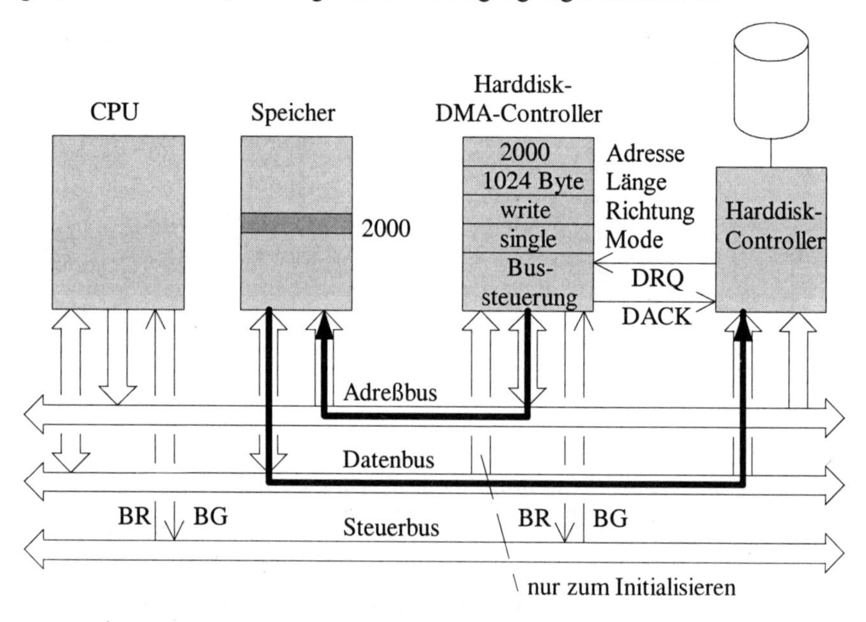

Bild 4-63: Beispiel einer Datenübertragung mittels DMA-Controller (BG: bus grant; BR: bus request; DRQ: DMA request; DACK: DMA acknowledge)

Im Bild 4-63 soll ein Plattensektor per DMA-Transfer in den Hauptspeicher geladen werden. Hardwaremäßig laufen dabei folgende Schritte nacheinander ab:

1. Die internen Register des DMA-Controllers werden vom Software-Treiber mit den entsprechenden Parametern initialisiert.

2. Der Harddisk-Controller zeigt mit dem Signal DRQ an, dass er ein Datenwort übernehmen kann.
3. Der DMA-Controller fordert über die Signale BR und BG den Systembus an und erhält ihn von der CPU als Master.
4. Der DMA-Controller meldet dem Harddisk-Controller mit dem Signal DACK, dass jetzt ein DMA-Zyklus beginnt.
5. Er legt die Adresse des ersten Datenwortes auf den Adressbus.
6. Der Speicher gibt das entsprechende Datenwort auf den Datenbus aus.
7. Der Harddisk-Controller übernimmt dieses Datenwort und legt es intern ab.
8. Der DMA-Controller inkrementiert die Adresse und dekrementiert die Blocklänge.
9. Für jede Übertragung werden die Schritte 2 bis 8 wiederholt, bis der DMA-Controller die Blocklänge auf 0 heruntergezählt hat.

Nach der Übertragung meldet der DMA-Controller per Interrupt dem Programm, dass das Kopieren abgeschlossen ist.

Der DMA-Controller ist nur für die Verwaltung der Adressen und die Steuerung des Busverkehrs zuständig. Die eigentlichen Daten laufen vom Speicher am DMA-Controller vorbei zum Harddisk-Controller.

Beim PC stehen zwei DMA-Controller mit zusammen 7 Kanälen allgemein zur Verfügung. Ein weiterer Kanal (Nr. 4) dient nur zur Kaskadierung der beiden DMA-Controller. Jeder der 7 Kanäle kann von einer Einsteckkarte zur Datenübertragung benutzt werden. Deshalb beinhaltet der ISA-Bus die Signale DRQx und DACKx (mit x = 0 bis 3 und 5 bis 7). Dabei hat DRQ0 die höchste und DRQ7 die niedrigste Priorität.

Einsteckkarten mit einer hohen Übertragungsrate, z. B. Netzwerkkarten, haben meist einen eigenen DMA-Controller. Solche Karten bezeichnet man als „*Master fähig*".

4.4.5 Gegenüberstellung der verschiedenen Bussysteme im PC-Bereich

Im Folgenden werden die verschiedenen PC-Bussysteme mit ihren wesentlichen Merkmalen kurz vorgestellt:

1) *XT-Bus*:
   - Im Jahr 1982 von IBM mit dem XT-PC auf den Markt gebracht.
   - 8 bit-Datenbus.
   - Maximal 1 MByte adressierbar (20 bit Adresse).

2) *AT-Bus*:
   - Erweiterung des XT-Busses auf 16 bit.
   - 1985 mit dem AT-PC erschienen.
   - Maximal 16 MByte adressierbar (24 bit Adresse; Problem ab μP 80386, der 32 bit Adressen verwendet).

- Seit 1990 als *ISA-Bus* (industry standard architecture) vom IEEE (institue of electrical and electronic engineers) in der Empfehlung P996 (P bedeutet preliminary, vorläufig) festgelegt.

3) *MCA-Bus*:
   - MCA (*microchannel architecture*) wurde von IBM 1987 als eigener 32 bit-Bus auf den Markt gebracht.
   - Nachteile: nicht kompatibel zum ISA-Bus, recht aufwendig und durch Patente geschützt.
   - Der MCA-Bus hat sich auf dem breiten PC-Markt nicht durchgesetzt und ist mittlerweile abgekündigt.

4) *EISA-Bus*:
   - Erste EISA-Produkte (extended industry standard architecture) ab 1990.
   - Kompatibel zu XT- und AT-Bus.
   - Nachteil: maximal 8,33 MHz als Bustakt.

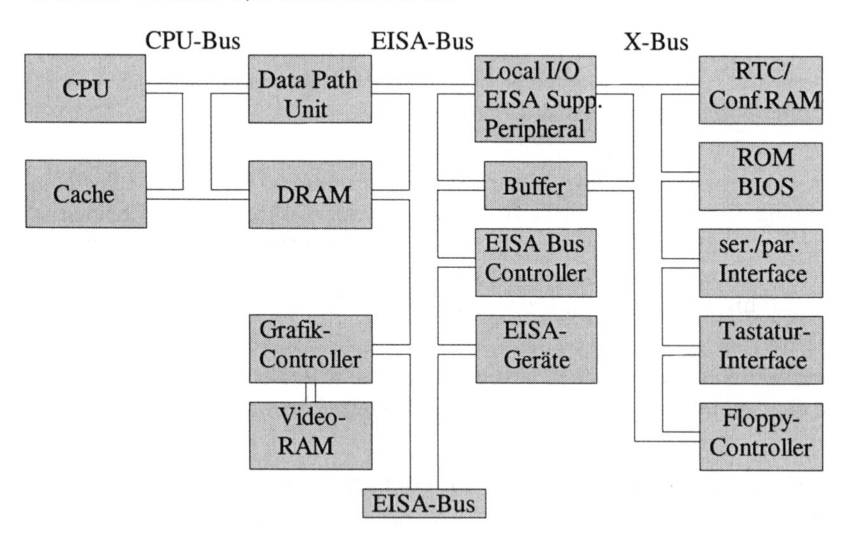

Bild 4-64: Der EISA-Bus ist ein auf 32 bit erweiterter ISA-Bus.

5) *VESA-Local-Bus* (*VL-Bus*):
   - Von der VESA (video electronics standard association) festgelegter Bus.
   - Entspricht einem leicht modifizierten 486er Prozessor-Bus.
   - Ziel: schnell und billig.
   - Bustakt entspricht dem externen Prozessor-Takt.
   - Problem: Anzahl der Slots (wegen der kapazitiven Belastung).
   - Nachteil 1: Durch unvollständige Spezifikationen gibt es Kompatibilitätsprobleme bei höheren Taktraten.

- Nachteil 2: Da der Prozessor-Bus auch zum Anschluss von internen und externen Karten dient, kann eine defekte Karte das gesamte System im Fehlerfall blockieren.

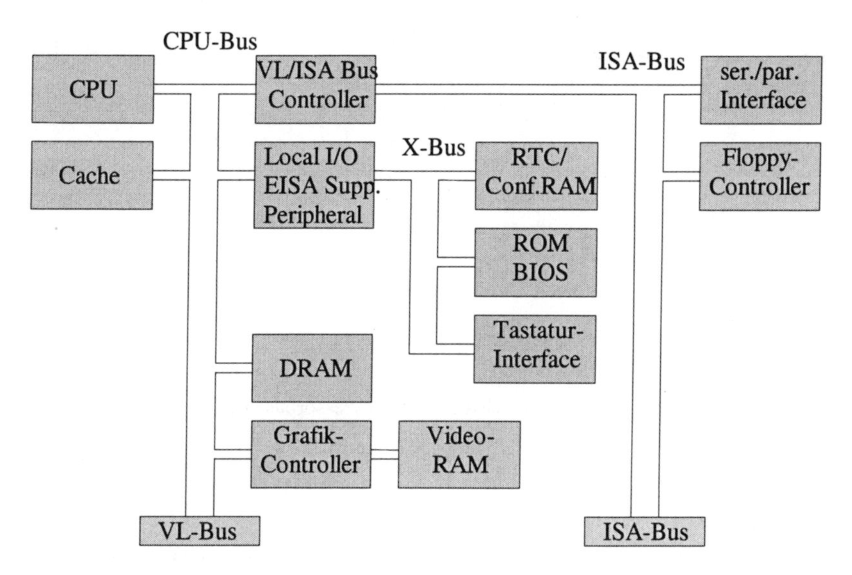

Bild 4-65: Beim Vesa-Local-Bus wird der Prozessorbus auch als externer Bus verwendet.

6) *PCI-Bus*:
- Der Standard-PCI-Bus (peripheral component interconnect) wurde im Jahr 1992 eingeführt.
- Er ist über eine CPU-Bridge mit dem CPU-Bus verbunden; dadurch ist er vom Prozessorbus entkoppelt.
- 32 bit oder 64 bit breiter Bus.
- Synchron zum Prozessortakt; 25 bis 33 MHz (d. h. bis zu 264 Millionen Byte/s Übertragungsrate bei einem 64 bit breiten Datenbus).
- Varianten für 5 V- und 3,3 V-Systeme (durch Codierstege im Stecker gegen Vertauschung geschützt).
- Vorteil 1: sehr präzise spezifiziert; dadurch treten die Kompatibilitätsprobleme des VESA-Local-Busses nicht auf.
- Vorteil 2: Durch eine PCI zu PCI-Brücke kann man einen zweiten PCI-Bus installieren.

- ***PCI-X-Bus***, im zweiten Halbjahr 1998 vorgestellt:
- 32 bit oder 64 bit breiter Bus,
- Bis zu 133 MHz, d. h. bis zu 1064 Millionen Byte/s Übertragungsrate (theoretischer Wert).

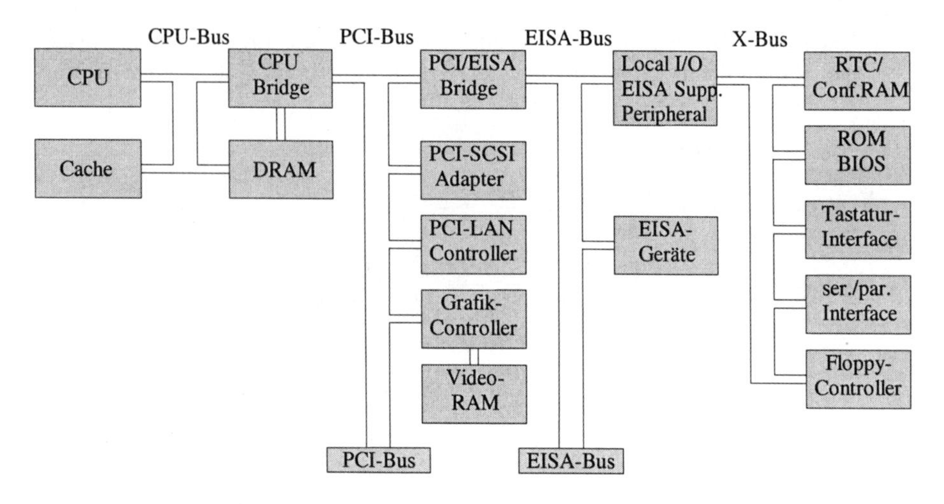

Bild 4-66: Der PCI-Bus ist durch eine Bridge vom Prozessorbus entkoppelt.

4.4.6 Chipsatz

Der Aufwand an Logik, um in einem PC den Prozessor mit dem Hauptspeicher, der Festplatte, den Bussystemen usw. zu verbinden, ist sehr hoch. Deshalb hat man diese Funktionen in so genannten *Chipsätzen* zusammengefasst. Diese hochintegrierten Bausteine bieten folgende Vorteile:

- Man gewinnt Platz auf der Leiterplatte.
- Da sie in hohen Stückzahlen produziert werden, sind sie kostengünstiger.
- Durch die Integration erreicht man noch kürzere Verzögerungszeiten.

Diese Chipsätze bestimmen neben dem Prozessor maßgebend die Leistungsfähigkeit eines Systems. Deshalb ist es sinnvoll, den bisherigen Standard-Chipsatz im unteren PC-Bereich, den Intel 440BX AGPset, als Beispiel einmal genauer zu betrachten.

Dieser Chipsatz besteht aus 2 Chips (→ Bild 4-67):

1) Intel 82443BX Host Bridge stellt die Verbindungen her:
   - zu dem Prozessor bzw. den beiden Prozessoren,
   - zum Hauptspeicher und zur AGP-Grafikkarte und
   - zum PCI-Bus.
2) Intel 82371EB PCI-to-ISA Bridge erzeugt die Signale für
   - den ISA-Bus,
   - je zwei USB- und IDE-Ports,
   - zur plug-and-play Unterstützung von DIMMs und
   - zur Unterstützung des zweiten Prozessors.

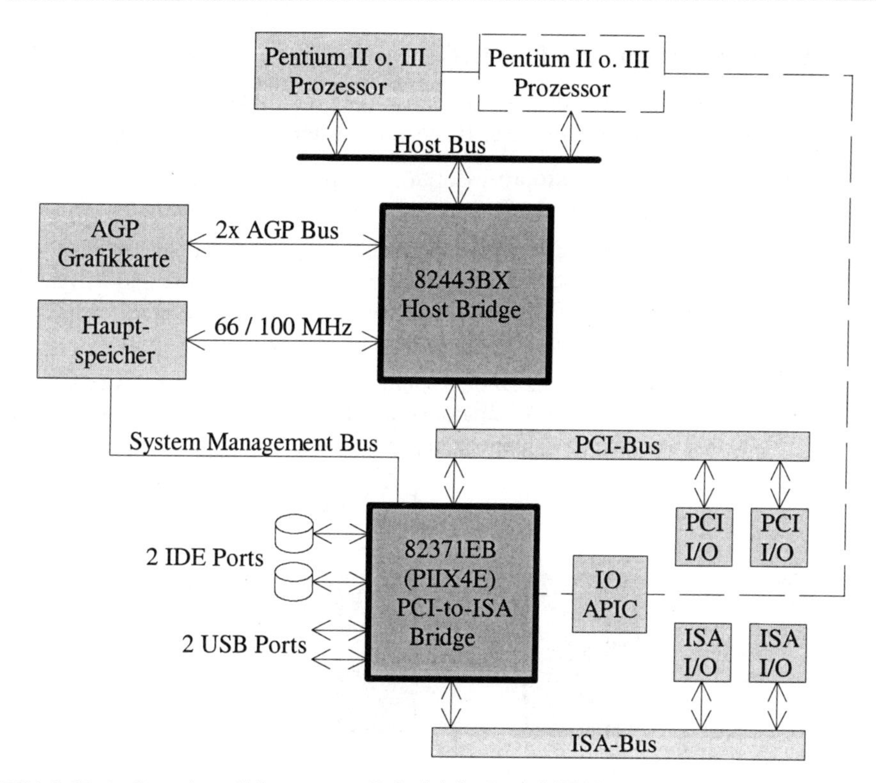

Bild 4-67: Aufbau eines Chipsatzes am Beispiel des Intel 440BX

	Intel 440BX AGPset	**Intel 845E Chipset**	**Intel 850 Chipset**	**Intel 875P Chipset**
Prozessortyp	Pent. III o. II	Pentium 4	Pentium 4	Pentium 4
Prozessoren	1 bis 2	1	1	1
Speichermod.	DIMMs	2 DDR-DIMM	4 RIMMs	4 DIMMs
Speichertyp	PC100 SDRAM	DDR 266 / 200 SDRAM	PC800 RDRAM	DDR 400 / 333 / 266 SDRAM
max.Kapazität	1 GByte	2 GByte	2 GByte	4 GByte
AGP	AGP 2x	AGP 4x	AGP 4x	AGP 8x
PCI	PCI 2.1	PCI 2.2	PCI 2.2	PCI 2.3
IDE	ATA/33	ATA/100	ATA/100	Ultra ATA/100
USB	2 Ports USB 1.1	6 Ports USB 2.0	4 Ports USB 1.1	8 Ports USB 2.0

Tabelle 4-8: Die wichtigsten Daten verschiedener Chipsätze

4.4.7 Accelerated Graphics Port (AGP)

AGP spezifiziert eine Schnittstelle für Grafikkarten, die logisch auf dem PCI-Bus (Revision 2.1 mit 66 MHz) basiert.

Die Geschwindigkeit der Mikroprozessoren verdoppelt sich regelmäßig, die der Busse aber nicht. Dadurch wird der Bus immer mehr zum Flaschenhals.

Problem: Die heutigen Chipsätze auf den Systembords sind darauf ausgerichtet, den Level 2-Cache schnell zu füllen (Transferleistung 150 bis 250 MByte/s). Zugriffe von den PCI-Busmastern werden nur zweitrangig behandelt (Transferleistung laut AGP-Forum ca. 40 MByte/s).

Beispiel: Die Beschreibung eines Dreieckspunktes im Raum benötigt etwa 50 Byte. Also können bei 3D-Anwendungen mit 40 MByte/s die Daten von ca. 800.000 Punkten bzw. Dreiecken pro Sekunde übertragen werden.

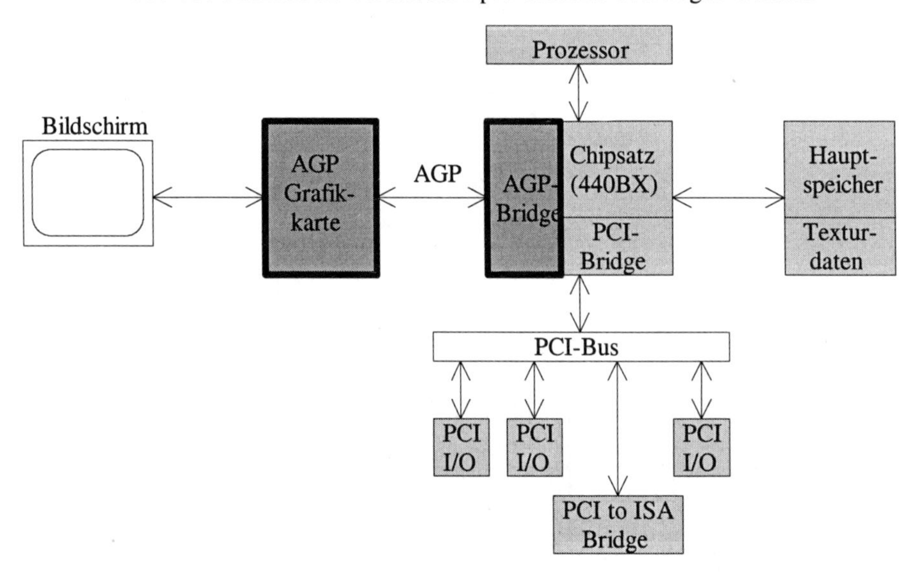

Bild 4-68: Der Chipsatz enthält die Brücken zum AGP und zum PCI-Bus.

Initiator: Firma Intel.

Aufbau: Elektrisch und mechanisch ist die Schnittstelle nicht kompatibel zu PCI.

SBA-Bus: Der PCI-Bus ist um den *SBA-Bus* (sideband port), einem 8 bit breiten Bus für Kommandos und Adressen, erweitert. Die Kommandos werden auf dem SBA-Bus unabhängig von den Transfers auf dem PCI-Bus übertragen. Dadurch entlastet der SBA-Bus den PCI-Bus.

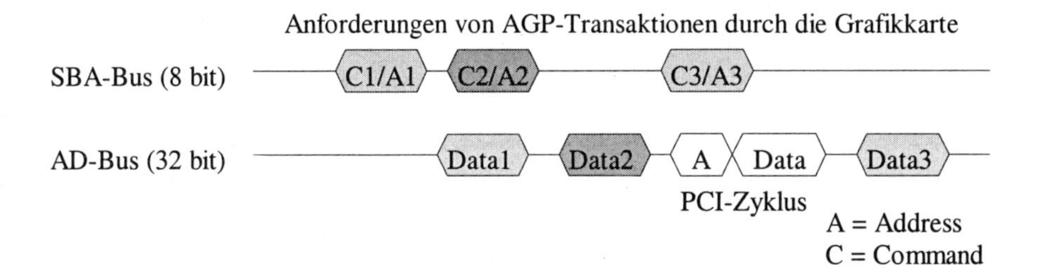

Bild 4-69: Die Kommandos auf dem SBA-Bus behindern den PCI-Transfer nicht.

Daten: 32 bit Daten, Bustakt von 66 MHz, d. h. 266 Millionen Byte/s (= 254 MByte/s).
Im „2x Modus" werden beide Taktflanken benutzt, d. h. 507 MByte/s.
Mittlerweile gibt es schon den „8x Modus".

Funktion: AGP ist immer Busmaster, Chipsatz ist AGP-Target.
AGP-Transfer erfolgt in 8 bis 256 Byte-Blöcken.
Die AGP-Bridge im Chipsatz enthält einen Zwischenspeicher.

Protokoll: Initialisierung und Kommunikation erfolgen über das PCI-Protokoll.

Kohärenz: Da AGP vorwiegend lesend auf den Hauptspeicher zugreift, wird auf die Cache-Kohärenz verzichtet.

Texturen: Zuerst hat man (die sehr speicherintensiven) Texturen im Hauptspeicher abgelegt, um sie nicht in dem teureren Speicher auf der Grafikkarte (4 oder 8 MByte) speichern zu müssen. Die Textur konnte dann bei Bedarf in einem Blocktransfer mit hoher Transferrate geladen werden. Heutige Grafikkarten haben mit 64 oder 128 MByte genügend lokalen Speicher, um auch die Texturen aufnehmen zu können.

4.4.8 Interne Datenwege bei Großrechnern

Bei Großrechnern weicht die Struktur der internen Datenwege von denen der kleineren Systeme ab. Hier unterscheidet man zwischen Speicherbus und I/O-Bus, einem Bus für die Kommunikation mit den Input/Output-Prozessoren. Die I/O-Prozessoren erhalten ladbare Programme (Kanalprogramme) zur Steuerung von Peripheriegeräten.

Wenn die CPU eine I/O-Operation benötigt, gibt sie über den I/O-Bus an den entsprechenden I/O-Prozessor entsprechende Kommandos, z. B. Lesen des Blockes xy von der Platte #n. Während der I/O-Prozessor diesen Befehl ausführt und die Daten per DMA über den Speicher-Bus überträgt, kann die CPU schon andere Aufgaben ausführen. Über einen Interrupt meldet der I/O-Prozessor, sobald die I/O-Operation beendet ist.

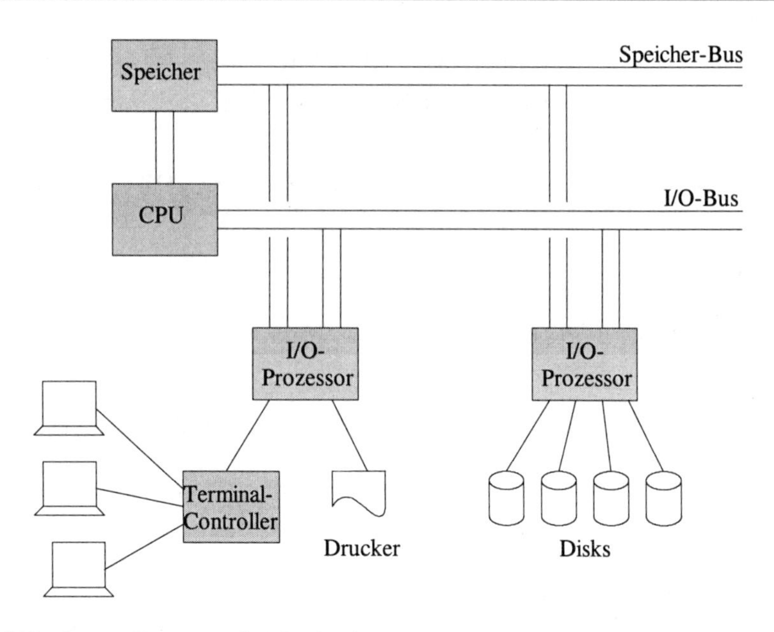

Bild 4-70: Interne Datenwege bei Großrechnern

4.5 Ein- und Ausgabe-Einheiten

Eine Ein- oder Ausgabe-Einheit überträgt Daten zwischen einem Peripheriegerät und dem Speicher des Rechners. Dabei gibt es verschiedene Verfahren:

- Die Ein- bzw. Ausgabe-Einheit wird komplett von der CPU gesteuert:
  Nehmen wir als Beispiel die Steuerung eines einfachen Druckers. Die CPU kann über eine Adresse im I/O-Bereich das Statusregister der Druckersteuerung ansprechen und auslesen. Beim richtigen Status kann dann die CPU das Ausgaberegister adressieren und die zu druckenden Zeichen übergeben.

  Diese direkte Adressierung der Register in Ein- oder Ausgabe-Einheiten bezeichnet man als *„Registered-I/O"*. Der Hardware-Aufwand ist dabei minimal. Da die CPU mit den Aktivitäten stark belastet wird, ist dieses Verfahren nur bei Peripheriegeräten vertretbar, die relativ selten angesprochen werden.

- I/O-Controller übernehmen die Steuerung der Peripheriegeräte:
  Der I/O-Controller wird von der CPU mit den notwendigen Parametern initialisiert. Er steuert dann das Peripheriegerät und veranlasst den Datentransport per DMA. Die CPU wird erst wieder durch einen Interrupt angesprochen, wenn die Daten an die gewünschte Stelle transportiert sind und die Aufgabe abgeschlossen ist.

Das ist ein heute übliches Verfahren. Hochintegrierte Controllerchips für die verschiedenen Funktionen, wie z. B. bei Grafikkarten, Netzwerkkarten, Harddisk-Controllern usw., entlasten die CPU von den „Routinearbeiten".

- Intelligente I/O-Subsysteme übernehmen Funktionen des Betriebssystems: Diese Subsysteme stellen in sich wieder selbstständige Rechnersysteme dar. So können sie vom Betriebssystem spezielle Treiberprogramme laden und ablaufen lassen. So gibt es zum Beispiel Entwicklungen, wesentliche Teile des Filesystems auf ein Subsystem auszulagern.

4.6 Verbesserungen an der von Neumann Architektur

In diesem Abschnitt beschäftigen wir uns damit, welche Nachteile die von Neumann Rechnerarchitektur hat und welche Verbesserungen entstanden sind. Trotz aller Kritik an seiner Architektur ist zu berücksichtigen, dass von Neumann vor über fünfzig Jahren sein Konzept vorgestellt hat und dass trotz der stürmischen Entwicklung im Bereich der EDV sich kein alternatives Konzept auch nur ansatzweise durchgesetzt hat.

Nachteile der von Neumann Architektur

1) Befehle und Daten im gleichen Speicher

Problem: Der Bus wird zum (von Neumannschen-)Flaschenhals. Die CPU muss jeden Befehl über den Bus aus dem Speicher holen. Benötigt sie zwischendurch auch Daten, dann werden zusätzliche Buszugriffe notwendig. Bei den hohen Taktraten der heutigen Prozessoren kann der Bus so die Verarbeitungsgeschwindigkeit reduzieren.

Lösung: - Cache-Speicher
- Trennung von Daten - und Programmspeicher (Harvard-Architektur)

2) Trennung von Prozessor und Speicher

Problem: Früher waren die Technologien für CPU (Röhren) und Speicher (magnetische Schichten, Magnetkerne) unterschiedlich. Heute verwendet man für beides Silizium, sodass vom Material her keine Trennung mehr erforderlich ist. Durch diese Trennung ist beim von Neumann Rechner stets nur ein Teil der Hardware aktiv, während andere Teile auf neue Aufgaben warten.

Lösung: - Parallelrechnerarchitektur (mehrere, unabhängige Prozessoren),
- Transputer und neuronale Netze (Daten sind „vor Ort").

3) Unnötige Genauigkeit

Problem: Beim von Neumann Rechner ist durch die Architektur die Genauigkeit definiert. Dadurch verbraucht er für triviale Rechnungen zu viel Zeit.

Lösung: Es gibt noch keine Lösung, die man allgemein einsetzen kann.

4) Vergessen

Problem: Das menschliche Gehirn schafft es, Informationen mit dem Attribut „Wichtigkeit" zu koppeln. Abhängig von dessen Grad vergessen wir schneller oder langsamer. Dagegen legen unsere Rechnersysteme umfangreiche Datenfriedhöfe an.

Lösung: Das ist bisher ein ungelöstes Problem.

Verbesserungen

1) DMA (direct memory access)

Funktion: Mit Hilfe des DMAs können Daten zum oder vom Speicher transportiert werden. Dabei übernimmt ein DMA-Controller die Bussteuerung, die sonst der Steuerprozessor ausführt.

Wirkung: - Die CPU wird entlastet.
- Die Datenübertragung per DMA ist schneller.

2) Dual Port Memory

Funktion: Mit einem *Dual Port Memory* kann man den Speicher über zwei unabhängige Wege auslesen oder beschreiben.

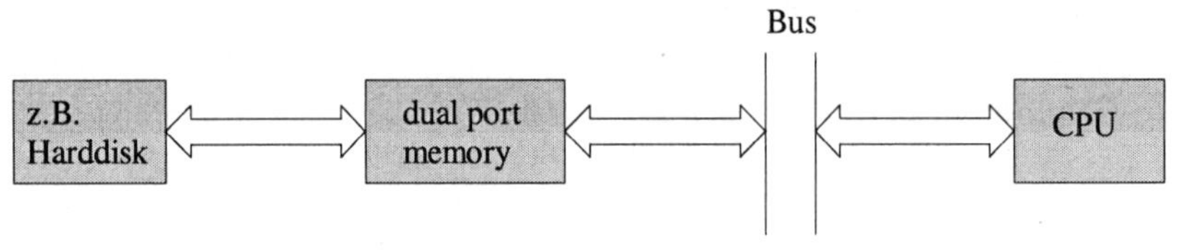

Wirkung: Bus und CPU werden vom Datentransfer zwischen Speicher und einem Peripheriegerät, z. B. Harddisk, entlastet.

3) Harvard-Architektur

Funktion: Bei der *Harvard-Architektur* sind Daten- und Programmspeicher getrennt und kommunizieren über getrennte Busse mit der CPU.

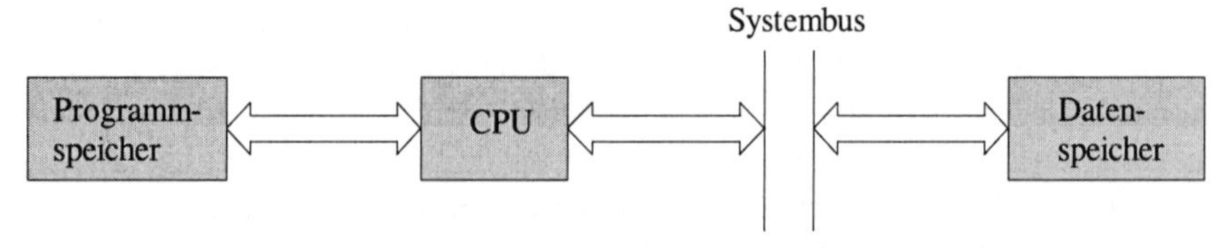

Wirkung: - Zugriffe auf den Programmspeicher belasten den Systembus nicht.
- Die CPU wird beim Befehlsfetch nicht gebremst.

Weitere Verbesserungen, wie die RISC-Architektur und der Transputer, werden im nächsten Kapitel vorgestellt.

5 System- und Prozessorstrukturen

In diesem Kapitel wollen wir uns zunächst ansehen, wie ein heute übliches Mikroprozessorsystem aufgebaut ist. Anschließend betrachten wir verschiedene Prozessorstrukturen und lernen ein Klassifizierungsschema von Rechensystemen kennen.

5.1 Mikroprozessor-Systeme

Das Bild 5-1 zeigt am Beispiel eines PCs die wichtigsten Funktionseinheiten eines *Mikroprozessorsystems*. Dabei kann der Anschluss der Speicher-Peripheriegeräte über den Bus-Adapter erfolgen oder über eine spezielle Schaltung innerhalb der Funktionseinheit Ein/Ausgabe realisiert werden.

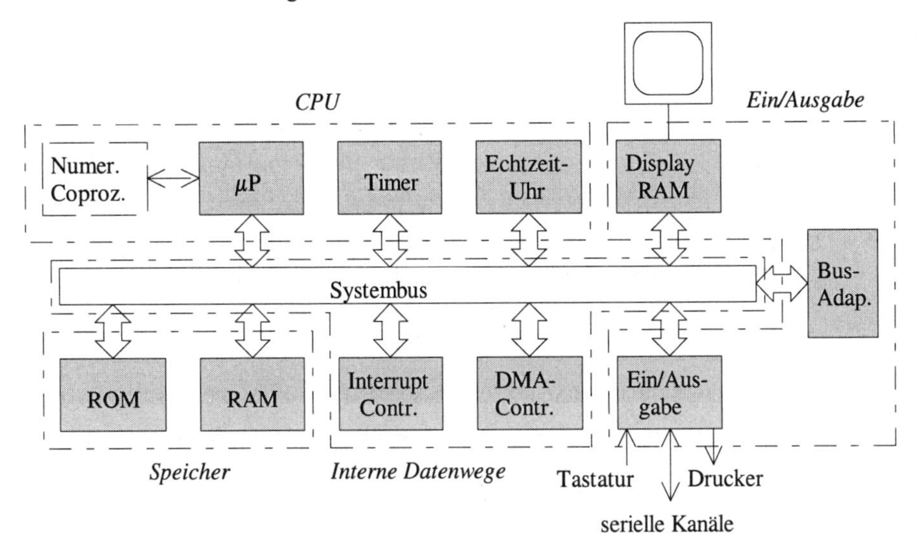

Bild 5-1: Aufbau eines typisches Mikroprozessorsystem

Durch die strichpunktierten Einrahmungen mit den kursiven Beschriftungen sind die Funktionsgruppen, die wir von der von Neumann Architektur her kennen, zusammengefasst, nämlich CPU, Speicher und Ein/Ausgabe-Einheit. Der Systembus entspricht den internen Datenwegen.

Sehen wir uns die verschiedenen Funktionseinheiten einmal genauer an:

- *Mikroprozessor (µP)*
  Die Funktionen des Rechen- und Steuerprozessors, die wir im Kapitel 4 kennen gelernt haben (→ z. B. Bild 4-16), sind bei einem Mikroprozessor auf einem Chip integriert. Durch die Realisierung in einem Hardware-Baustein müssen vorher einige wichtige Festlegungen getroffen werden, besonders:
  - Befehlssatz mit Befehlsformat und Adressierungsarten,
  - Verarbeitungsbreite, z. B. 8, 16, 32 oder 64 bit, und
  - zu unterstützende Datenformate, z. B. Gleitkommaformat nach IEEE 754.
- *Nummerischer Coprozessor*
  Früher gab es für Gleitkomma- und trigonometrische Operationen einen nachrüstbaren Baustein, um diese Arithmetik hardwaremäßig durchführen zu können. Bei den aktuellen Mikroprozessoren ist mindestens eine so genannte Floating Point Unit (kurz: FPU) integriert.
- *RAM*
  Der Haupt- oder Arbeitsspeicher wird heute nur noch mit Speichermodulen bestückt.
- *ROM*
  In einem nicht flüchtigen Speicher ist das Boot-Programm zum Laden des Betriebssystems nach dem Einschalten des Systems abgelegt.
- *Display-RAM*
  Um den Hauptspeicher und den Systembus zu entlasten, wird das Display-Bild meist in einem speziellen Display-RAM gespeichert.
- *Timer*
  Dieser programmierbare „Kurzzeitwecker“ hat verschiedene Aufgaben:
  - Er liefert in regelmäßigen, vorher festgelegten Abständen (ca. 1 – 10 ms) einen Interrupt, damit das Betriebssystem langsame Peripheriegeräte wegen Ein- oder Ausgabeoperationen ansprechen kann.
  - Er kann von Treiberprogrammen gesetzt werden, um längere Intervalle als Warte- oder Sicherungszeit einzustellen. Nach der programmierten Zeit meldet sich der Timer mit einem Interrupt.
- *Echtzeit-Uhr (Real time clock,* RTC)
  Die Echtzeit-Uhr ist heute ein Standard-Baustein nicht nur in PC-Systemen:
  - Sie liefert die aktuelle Uhrzeit und das Datum.
  - Sie kann als Wecker für wichtige Ereignisse oder zum Ein- bzw. Ausschalten des Systems programmiert werden.
  - Da sie über ein batteriegepuffertes RAM mit ca. 50 Byte verfügt, kann man darin auch Systemparameter (z. B. Typ der HD, Tastatur) speichern.

- *Interrupt-Controller*
  Er sorgt dafür, dass immer nur der jeweils wichtigste Interrupt an den Prozessor gemeldet wird.

- *DMA-Controller*
  Als allgemeiner Systembaustein kann er DMA-Transfers für verschiedene Quellen durchführen.

Die meisten dieser Funktionen werden auch zur Steuerung intelligenter Geräte, wie z. B. Drucker, Scanner und Modems, benötigt. Deshalb hat man in den so genannten *Mikrocontrollern* (μC) alle Funktionseinheiten des Bildes 5-1, außer Coprozessor, Echtzeit-Uhr, Display-RAM und Bus-Adapter, zusammengefasst. Allerdings sind die Funktionen der verschiedenen Einheiten zum Teil stark reduziert, um alles auf einem Chip unterbringen zu können. Je nach Anwendungsschwerpunkt können auch manche Funktionen erweitert sein, z. B. Anzahl und Art der externen Kanäle bei Mikrocontrollern für Kommunikationsanwendungen.

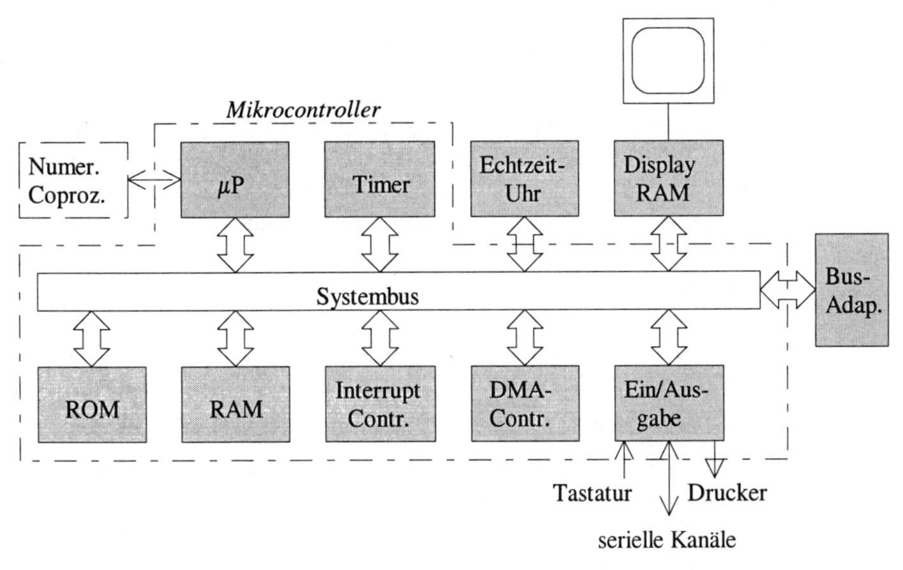

Bild 5-2: Aufbau eines typischen Mikrocontrollers

5.2 RISC-Architektur

RISC steht für *R*educed *I*nstruction *S*et *C*omputer

im Gegensatz zu *CISC* *C*omplex *I*nstruction *S*et *C*omputer.

Für „RISC" gibt es keine allgemein anerkannte Definition. Deshalb muss man RISC durch seine typischen Merkmale beschreiben.

Wir wollen zuerst die Strukturen eines leistungsfähigen RISC-Prozessors schrittweise erarbeiten und dann zum Schluss die typischen Merkmale zusammenstellen.

5.2.1 Ziel: hohe Prozessorleistung

Der Trend bei den CISC-Prozessoren geht dahin, die „Effektivität der Programmierung" durch komplexe, anwendungsbezogene Befehle zu erhöhen. Dadurch erhält man ein kompaktes Programm, das relativ wenig Speicherplatz beansprucht. Andererseits verlängert sich aber die Zeit zur Abarbeitung eines Befehles. So benötigt z. B. ein Motorola 68020 im Durchschnitt 6,3 Zyklen pro Befehl!

Beispiel: MOVEM.L D5-D8,-(A4)

Dieser Assembler-Befehl (Motorola 680x0-Familie) legt die Inhalte der Register D5 bis D8 unterhalb der Speicheradresse ab, die im Register A4 angegeben wird. Dazu muss viermal jeweils ein Register gelesen und der Inhalt dann in den Speicher gebracht werden. Man kann ihn durch folgende Befehlsfolge ersetzen:

```
MOVE.L    D5,-(A4)
MOVE.L    D6,-(A4)
MOVE.L    D7,-(A4)
MOVE.L    D8,-(A4)
```

Für das Retten von Registern in den Stack ist der Befehl sehr geeignet.

Die Motivation zur Entwicklung einer neuen Prozessorstruktur war, eine deutliche Leistungssteigerung zu erreichen. Deshalb untersuchte Anfang der 80er Jahre David A. *Patterson, der* RISC-Pionier an der Universität von Berkeley, zunächst die CISC-Prozessoren nach möglichen Schwachstellen. Dabei stellte er fest, dass bei einem normalen Programm

bis zu 90 % aller ausgeführten Befehle einfache Load/Store- oder ALU-Befehle

sind. Deshalb meinte er, dass es nicht sinnvoll sein kann, wegen 10 % komplexer Maschinenbefehle die anderen 90 % zu verlangsamen. Aus dieser Erkenntnis entwickelte er die RISC-Architektur.

5.2.1.1 CPU-Register

Eine einfache und wirkungsvolle Möglichkeit zur Leistungssteigerung besteht darin, die Anzahl der relativ langsamen Hauptspeicherzugriffe zu reduzieren. Das kann man z. B. durch viele CPU-Register erreichen, um häufig benutzte Daten im Prozessor zu speichern. Zugriffe auf Register sind mindestens 10 mal schneller als auf den Hauptspeicher.

Um diese CPU-Register auch optimal ausnutzen zu können, muss der Compiler in entsprechenden Routinen die richtige Belegung der Register festlegen.

Anmerkung: Ein vernünftiger Wert liegt bei 100 bis 200 Registern. Patterson hat 138 Register vorgeschlagen.

5.2.1.2 Pipeline-Struktur

Im Abschnitt 4.2.2.3 wurde bereits erwähnt, dass man einen Befehl in folgende Schritte untergliedern kann:

1. Befehl holen (BH),
2. Befehl decodieren (BD),
3. Operanden holen (OH),
4. Befehl ausführen (BA),
5. Ergebnis speichern (ES).

Einfache Befehle durchlaufen diese Sequenz genau einmal und wiederholen dabei keinen Schritt. Dagegen muss der komplexe Befehl „MOVEM.L D5-D8,-(A4)" zum Beispiel die Schritte 3 bis 5 viermal durchlaufen.

Wir wollen jetzt nur die einfachen Befehle betrachten, da sie laut Patterson etwa 90% aller Befehle eines normalen Programms ausmachen. Welche Kommunikationswege und Einheiten des Rechenwerkes werden zu welchen Zeitpunkten in diesen 5 Schritten benötigt? Betrachten wir dazu den zeitlichen Ablauf von Register-Befehlen anhand des Bildes 5-3:

zu 1) Im Speicheradressregister steht die Adresse des nächsten Befehls. Sie wird über den Adressbus zum Speicher geleitet. Der entsprechende Befehl wird im Speicher ausgelesen und über den Datenbus zum Befehlsregister gebracht. Gleichzeitig berechnet der Befehlszähler die Adresse des nächsten Befehls.

zu 2) Der Befehlsdecoder analysiert den Befehl im Befehlsregister und erzeugt die entsprechenden Hardware-Signale.

zu 3) Zuerst schaltet der Befehlsdecoder die Operanden-Register auf die beiden Eingänge der ALU durch.

zu 4) Der Befehlsdecoder liefert der ALU die Signale, die für die gewünschte arithmetische oder logische Operation erforderlich sind.

zu 5) Sobald das Ergebnis berechnet ist, gibt der Befehlsdecoder das Signal zum Speichern des Ergebnisses im Ziel-Register und der Flagbits.

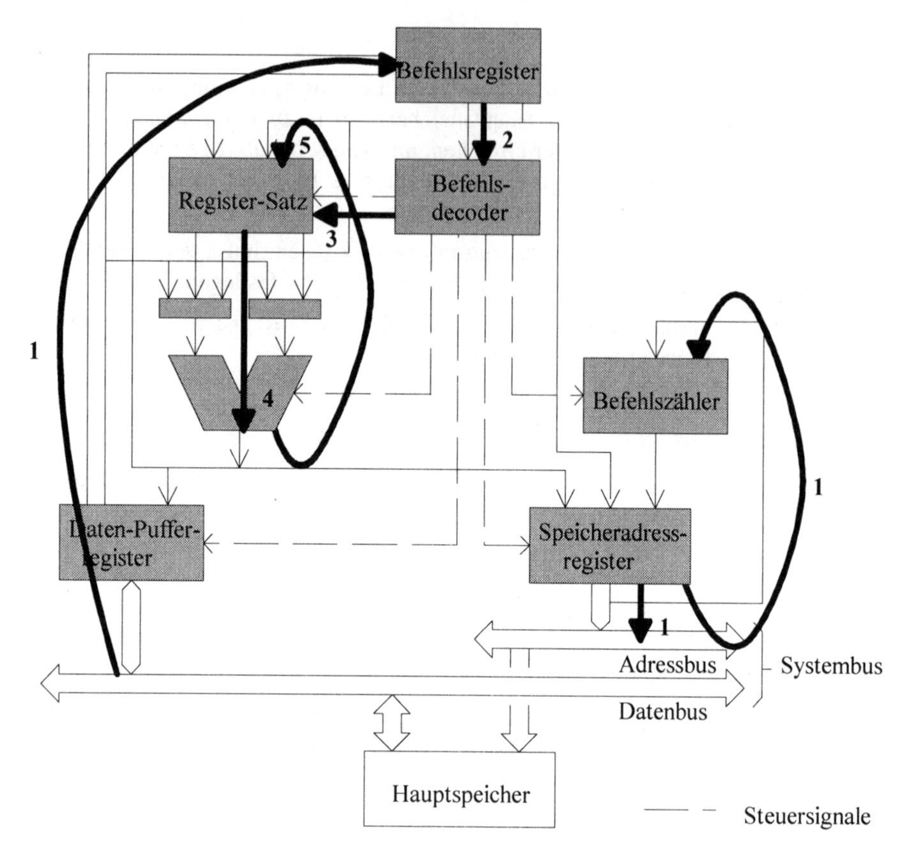

Bild 5-3: Bearbeitung von Register-Befehlen: Das Beispiel zeigt, dass die Kommunikationswege nacheinander benutzt werden.

Man sieht also, dass während einer Befehlsbearbeitung die verschiedenen Wege und Einheiten zu unterschiedlichen Zeitpunkten benutzt werden. Deshalb kann man eine Einheit schon für den nächsten Befehl einsetzen, sobald der aktuelle Befehl dort bearbeitet wurde. Nur muss man dafür sorgen, dass manche Signale zwischen den Sequenzen gespeichert werden.

Daraus ergibt sich für den CPU-Zyklus t:

> Während das Ergebnis des *Befehls n* gespeichert wird,
> kann der *Befehl n+1* bereits ausgeführt werden,
> können die Operanden für den *Befehl n+2* geholt werden,
> kann der *Befehl n+3* decodiert und
> der *Befehl n+4* geladen werden.

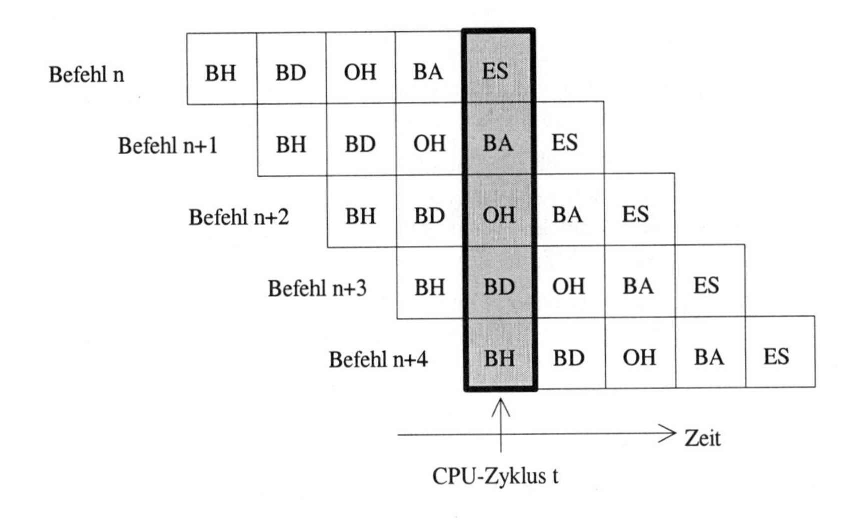

Bild 5-4: Pipeline-Struktur

Diese Struktur bezeichnet man als *Pipeline* oder Pipelining. Sie hat in unserem Beispiel 5 Stufen.

Anmerkung: Diese Anzahl der Pipeline-Stufen gilt für die Prozessoren der Firmen MIPS (R2000, R3000) und Motorola (M88000). Andere RISC-Prozessoren haben:

2 Stufen	hyperstone,
3 Stufen	Intel i860,
4 Stufen	AMD Am29000, SUN Sparc.

Wie im Abschnitt 5.2.1.4 erklärt wird, hat eine große Anzahl von Pipeline-Stufen auch Nachteile.

In jeder Stufe wird wie bei einem Fließband ein Teil des Befehls bearbeitet. Eine Pipeline funktioniert dann optimal, wenn jeder einzelne Arbeitsschritt gleich lang ist. Wenn die Ausführung in jeder Pipeline-Stufe die gleiche Zeit beansprucht, entstehen keine Wartezeiten.

Durch die Pipeline-Struktur dauert die Bearbeitung *eines* Befehls fünf Zyklen und ist damit nicht schneller geworden. Aber durch die parallele Bearbeitung wird in jedem Zyklus die Ausführung eines Befehls abgeschlossen. Man bezeichnet das mit

„1 Befehl pro Zyklus“.

Entscheidend für die Leistung des Prozessors ist, wie viele Befehle pro Zeiteinheit fertig werden. Wie lange die Bearbeitung eines Befehls dauert, ist also zweitrangig.

5.2.1.3 Einfache Befehle

Um einen hohen Durchsatz zu erreichen, versucht man, die Ausführungszeit für jede Pipeline-Stufe möglichst klein zu halten. Das führt zu folgenden Konsequenzen:

- Kein Befehl darf mehr als die festgelegten Pipeline-Stufen benötigen.
- Es gibt nur den direkten Adressierungsmode (gilt heute nicht mehr).
- Es darf nur wenige Befehlsformate geben, um schnell decodieren zu können.
- Es gibt intern keinen Mikrocode.

Bei der Festlegung des Befehlssatzes müssen diese Einschränkungen berücksichtigt werden. Dadurch sind komplexe Befehle nicht möglich: Es ergibt sich ein „reduzierter Befehlssatz".

5.2.1.4 Optimierende Compiler

Die Pipeline-Struktur hat aber auch Nachteile. Bei drei verschiedenen Situationen wird der normale Pipeline-Ablauf gestört:

1*) Steuerfluss-Konflikt*

Bei einem *absoluten Sprungbefehl* wird der nächste Befehl bereits aus dem Speicher geholt, bevor der Befehlsdecoder feststellen kann, dass es sich um einen Sprung handelt. Der Befehl nach einem absoluten Sprungbefehl wird also automatisch geladen und dadurch immer ausgeführt.

Da man das nicht verhindern kann, muss man dafür sorgen, dass dadurch kein Fehler entsteht. Die einfachste Lösung ist, dort einen NOP-Befehl (no operation) einzufügen, also einen Befehl, der nichts verändert. Noch besser ist es, den Sprungbefehl, falls möglich, um einen Befehl vorzuziehen (→ Tabelle 5-1).

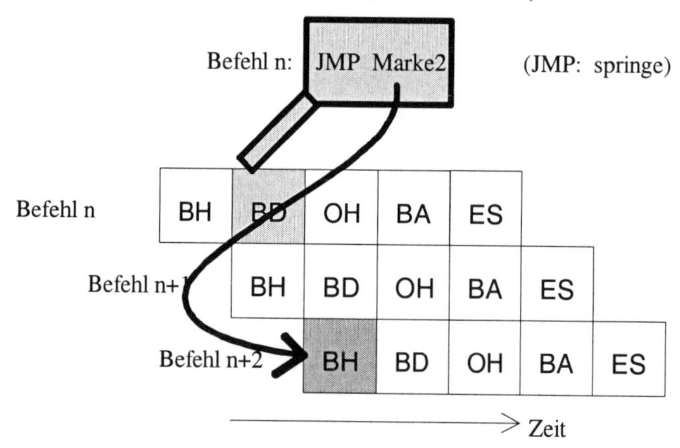

Bild 5-5: Bei einem absoluten Sprungbefehl muss man auf den „Zwischenbefehl" achten.

Beispiel: Aufgabe: Berechne x = < 1000 > + < AX > + < BX >
und speichere das Ergebnis unter der Adresse 1000.

normaler Sprung	verzögerter Sprung	optimierter Sprung

ADD AX,$1000
ADD AX,BX
JMP Z
ADD AX,CX
:
Z MOV $1000,AX
	ADD AX,$1000
	ADD AX,BX
	JMP Z
	NOP
	ADD AX,CX
	:
	Z MOV $1000,AX
		ADD AX,$1000
		JMP Z
		ADD AX,BX
		ADD AX,CX
		:
		Z MOV $1000,AX

Ergebnis: <1000> + <AX > + <BX > + <CX >	Ergebnis: <1000> + <AX > + <BX >	Ergebnis: <1000> + <AX > + <BX >

Tabelle 5-1: Nach einem absoluten Sprungbefehl wird immer der nächste Befehl ausgeführt. Ohne eine Reaktion (linke Spalte) entsteht ein fehlerhaftes Ergebnis. Mit einem NOP-Befehl (mittlere Spalte) vermeidet man einen Fehler, hat aber gegenüber dem Vorziehen des Sprungbefehls (rechte Spalte) ein längeres Programm.

Bei einem *bedingten Sprungbefehl* steht die richtige Zieladresse erst nach der Ausführung des Befehls zur Verfügung. Ob das Programm bei dem Sprungziel oder mit dem nächsten Befehl fortgesetzt wird, kann dann erst entschieden werden. Dadurch ergibt sich im normalen Ablauf eine Verzögerung um sogar drei Befehle.

Da bedingte Sprünge in Programmen relativ häufig vorkommen, müsste das Pipelining viel zu oft gestoppt und wieder neu aufgesetzt werden. Deshalb sind ganz verschiedene Verfahren entwickelt worden, um eine hohe Effizienz der Pipeline zu erreichen. Beispielhaft sollen hier nur zwei Varianten erwähnt werden.

- Die Hardware führt die Befehlsfolge ohne Sprung weiter aus, aber verändert den Maschinenzustand nicht, sondern speichert z. B. die Daten in zusätzlichen „Schattenregistern" ab. Sobald die Sprungentscheidung gefallen ist, werden die Zwischenergebnisse endgültig gespeichert oder verworfen.
- Der Compiler untersucht, ob die Sprungbedingung in den meisten Fällen erfüllt oder nicht erfüllt wird. Wenn z. B. eine Schleife hundertmal durchlaufen werden soll, gehört das Springen zum normalen Fall. Wenn aber aufgrund der Abfrage, ob z. B. eine Variable außerhalb eines zulässigen Wertebereichs liegt, verzweigt werden soll, ist das Springen unwahrscheinlicher. Der Compiler erzeugt einen Code, der den häufigeren Fall unterstützt. Zur Umsetzung ist eine Zusatzhardware nötig.

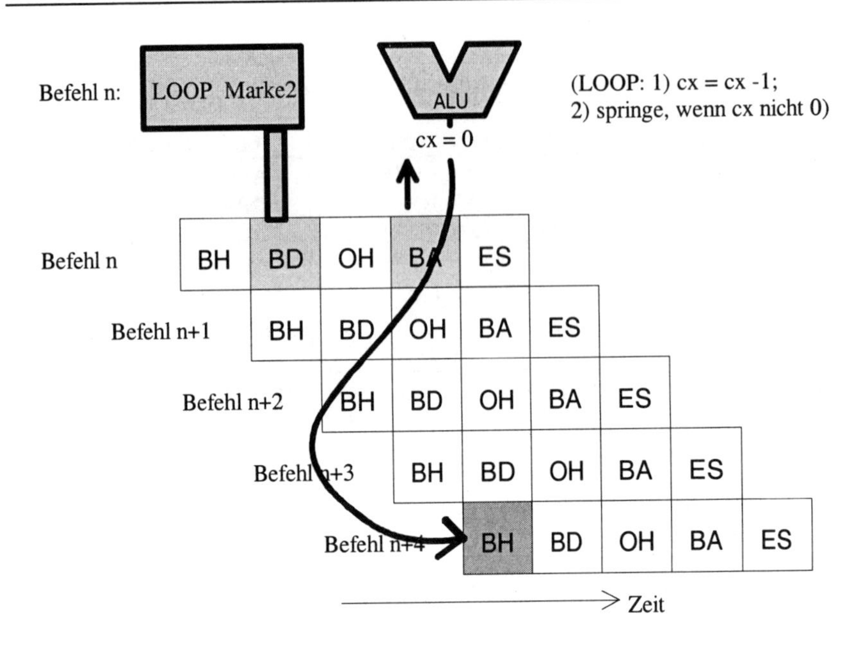

Bild 5-6: Bei einem bedingten Sprung kann erst nach 3 Zwischenbefehle entschieden werden, wo das Programm fortzusetzen ist.

2) *Datenfluss-Konflikt*

Wenn bei einer Rechnung das Ergebnis in dem nächsten Befehl weiterverwendet werden soll, dann muss man normalerweise warten, bis das Ergebnis abgespeichert ist. Also wären zwei Zwischenbefehle nötig (→ Bild 5-7).

Allerdings besitzen fast alle Prozessoren eine Zusatzschaltung, um die Zwischenergebnisse direkt weiterverarbeiten zu können. Die jeweils letzten beiden Ergebnisse werden in zwei Registern zwischengespeichert und können bei Bedarf über einen Bypass-Pfad und einen Multiplexer auf den entsprechenden Eingang der ALU geschaltet werden. Dazu muss eine Logik den Multiplexer auf den richtigen Bypass-Pfad umschalten, wenn als Operand ein Ergebnis des letzten oder vorletzten Befehls benötigt wird.

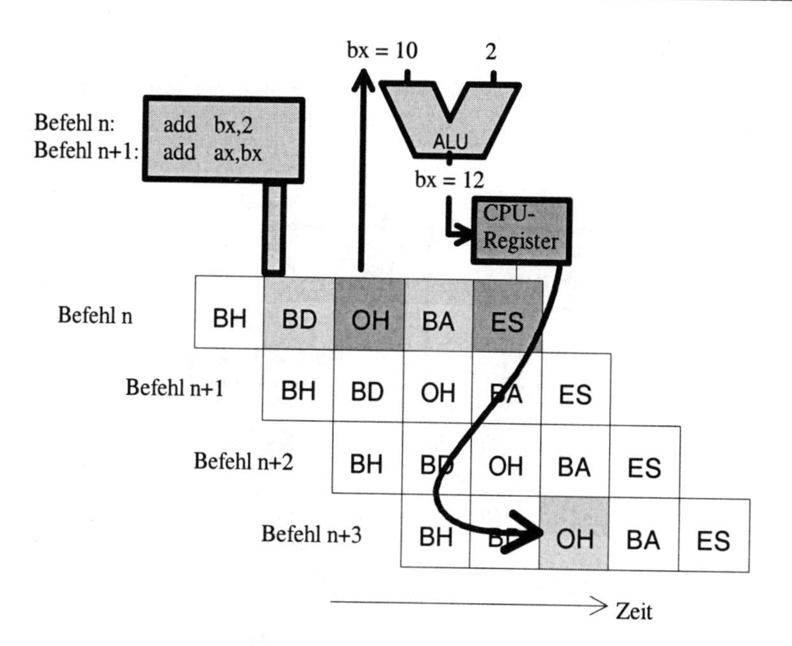

Bild 5-7: Bei Kettenrechnungen muss bei einem normalen Ablauf das Zwischenergebnis erst abgespeichert werden, bevor man es für die nächste Rechnung holen kann.

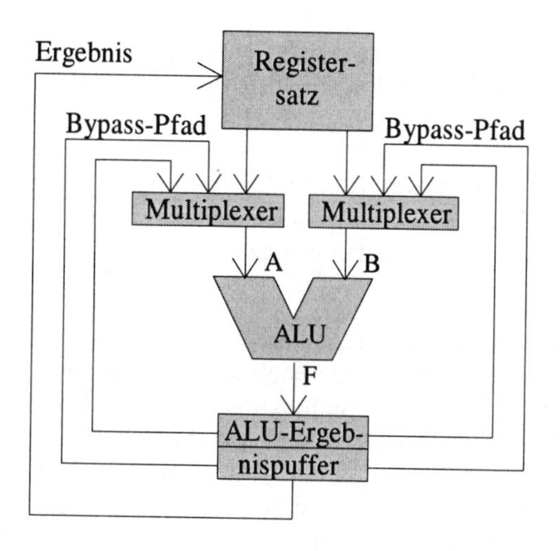

Bild 5-8: Durch die Bypass-Pfade kann das Ergebnis schon im nächsten Befehl als Eingabewert benutzt werden.

3) *Lade-Konflikt*

Wenn Daten mit einem STORE-Befehl im Speicher abgelegt werden, dann können diese Daten frühestens nach zwei Zwischenbefehlen mit einem LOAD wieder aus dem Speicher geholt werden.

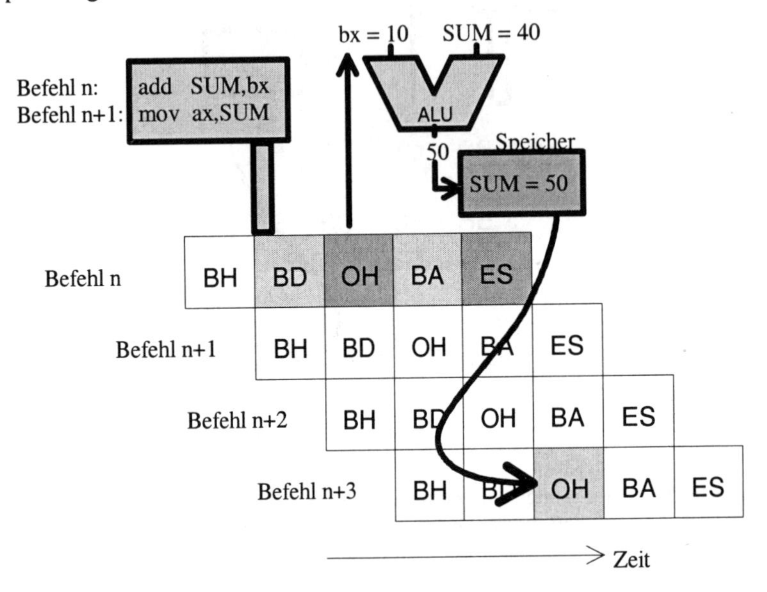

Bild 5-9: Ergebnisse, die im Speicher abgelegt werden, stehen im normalen Ablauf erst nach zwei Zwischenbefehlen für weitere Operationen zur Verfügung.

Ein guter Compiler wird diesen Konfliktfall verhindern. Aus Geschwindigkeitsgründen muss man Zugriffe auf den Hauptspeicher vermeiden. Der Compiler wird also ein Register als Zwischenspeicher benutzen.

Von diesen drei Fällen kann die Hardware den Datenfluss-Konflikt selbstständig lösen. Beim Lade-Konflikt braucht sie noch die Unterstützung des Compilers, der den Lade- zum Datenfluss-Konflikt umfunktioniert. Dagegen kann nur der Compiler den Steuerfluss-Konflikt beseitigen. Durch geschicktes Umsortieren der Befehle kann er dabei die Laufzeit des Programms reduzieren. Dabei ist das Optimieren um so wichtiger, je mehr Stufen die Pipeline hat. Das bedeutet also eine Aufwandsverlagerung von der Hardware in den Compiler oder von der Laufzeit in die Compilezeit!

5.2.2 Zusammenfassung

Typische Merkmale der RISC-Architektur sind:

1) Load/Store Architektur; d. h., alle anderen Operationen werden nur zwischen Registern ausgeführt.
2) Intelligentes Pipelining, um Wartezyklen bei Sprungbefehlen zu vermeiden.
3) Möglichst nur ein Befehlsformat zulassen.
4) Möglichst nur den direkten Adressierungsmode verwenden.
5) Kleiner Befehlssatz, der effektiv ausgeführt werden kann.

Die Bezeichnung RISC ist ungeschickt. Denn das Hauptziel ist,

> eine hohe Prozessorleistung mittels optimaler Ausnutzung von CPU-Registern und des Hauptspeichers zu erreichen,

und der Weg zu diesem Ziel verlangt

> einen geschickt gewählten, kompakten Befehlssatz.

G. G. Henry, Entwicklungsleiter des IBM RT-PCs, charakterisiert deshalb RISC passender als OISC (*O*ptimized *I*nstruction *S*et *C*omputer).

Folgende Maßnahmen zur Leistungssteigerung haben wir gefunden:

- Ein großer Register-Bereich reduziert die Anzahl der langsamen Zugriffe auf den Hauptspeicher.
- Die stufenweise Befehlsausführung in einer Pipeline erhöht den Durchsatz ohne nennenswerten Hardware-Mehraufwand.
- Einfache Befehle können schneller ausgeführt werden. Außerdem benötigen sie weniger Hardware-Aufwand. Dadurch kann man mehr Register auf dem Chip integrieren.
- Optimierende Compiler können die Programm-Laufzeit verkürzen.

Diese Leistungssteigerung wird allerdings mit folgenden Nachteilen erkauft:

1) RISC braucht mehr Programm-Speicher, da die Befehle zum Teil weniger leisten.
2) Die schnelle Befehlsfolge erfordert meist einen Cache.
3) Multiplikation und Division erfordern bereits einen Coprozessor.

RISC-Realisierungen

Da es keinen eindeutigen Industriestandard gibt, existieren verschiedene RISC-Architekturen nebeneinander:

- SPARC-Architektur von SUN,
- R3000/R4000/R6000 der Fa. MIPS (Lizenz: Siemens, NEC, LSI usw.),
- Precision Architecture (kurz: PA) von Hewlett Packard,
- R/6000 Systeme von IBM.

Andere Anbieter, z. B. AMD mit 29k, Motorola mit 88000, Intel, Hyperstone, sind in dem „embedded Controller“-Bereich tätig oder haben keine Marktbedeutung.

Die RISC-Prozessoren werden fast ausschließlich unter dem Betriebssystem UNIX eingesetzt. Im PC-Bereich gibt es zwei RISC-Prozessorfamilien, die aber auch einige CISC-Elemente enthalten:

- *PowerPC*-Chip 601, 603, 604 usw.
  IBM hat basierend auf den RISC-System/6000-Chips zusammen mit Motorola und Apple den PowerPC entwickelt.
- *Alpha* 21064, 21066 usw.
  Die Fa. DEC hat für 32 bit Betriebssysteme, z. B. Windows NT, diese Familie auf den Markt gebracht.

5.3 Transputer

Ein anderer Weg, um den Durchsatz zu erhöhen, hat zu den Parallelrechnersystemen geführt. Dort wurde eine Zeit lang der *Transputer* wegen seiner für Multiprozessorsysteme ausgelegten Kommunikationskanäle, seiner einfachen Struktur und leichten Programmierbarkeit häufig eingesetzt. Deshalb ist es sinnvoll, die wichtigsten Eigenschaften des Transputers zu betrachten, auch wenn er heute keine Marktbedeutung mehr hat.

Transputer ist ein Kunstwort aus Transistor und Computer. Entwickelt wurde er von Inmos. Die Firma wurde 1978 in England gegründet, produzierte zuerst statische Speicherchips. Offiziell stellte sie den Transputer 1983 vor. 1989 übernahm SGS-Thomson die Firma Inmos. 1990 erreichten die Transputer als Höhepunkt mit 240.000 Stück weltweit den Platz 4 bei den 32 bit-Prozessoren.

Es gibt vorwiegend fünf verschiedene Typengruppen:

- T225: 16 bit Prozessor, 4 KByte internes RAM, bis 30 MHz,
- T400: 32 bit Prozessor, 2 KByte internes RAM, bis 30 MHz,
- T425: 32 bit Prozessor, 4 KByte internes RAM, bis 30 MHz,
- T805: 32 bit Prozessor mit FPU, 4 KByte internes RAM, 30 MHz,
- T9000: 32 bit Prozessor mit 64 bit FPU, 16 KByte Cache, 40/50 MHz.

5.3.1 Hardware-Struktur

Transputer sind vollständige Mikrorechner, die nach der von Neumann Rechnerarchitektur aufgebaut sind und in einem Gehäuse enthalten:

- einen RISC ähnlichen Prozessor, der aber mikrocodiert ist,
- einen statischen Speicher,
- ein Interface für externe Speicher und Peripherie und
- 4 serielle, bidirektionale Kommunikationskanäle, so genannte Links, mit 5, 10 oder 20 Mbit/sec Übertragungsrate. (T400 hat nur zwei Links.)

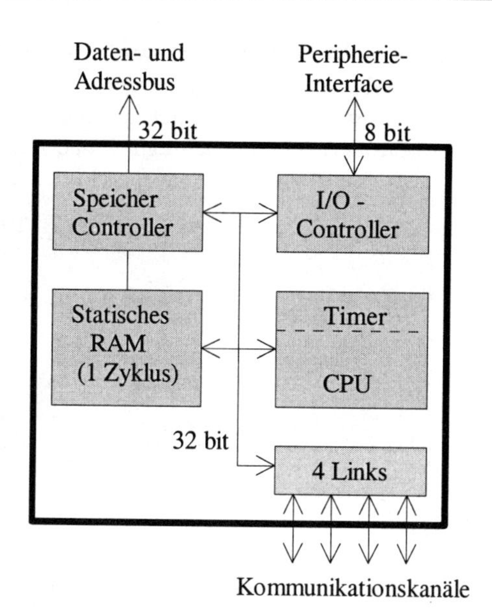

Bild 5-10: Blockschaltbild eines Transputers

5.3.2 Prozessverwaltung

Bei den Parallelrechnersystemen spielt die Verwaltung der Prozesse und deren schnelle Umschaltung eine wichtige Rolle. Beim Transputer können mehrere Prozesse im Zeitscheibenverfahren parallel bearbeitet werden. Dabei nehmen die parallelen Prozesse den Status ein:

aktiv:	- Prozess wird bearbeitet
	- Prozess wartet in Prozessliste auf Bearbeitung seiner Zeitscheibe
inaktiv:	- Prozess wartet auf Ausgabe
	- Prozess wartet auf Eingabe
	- Prozess wartet auf Timerablauf

Alle aktiven Prozesse werden in einer verketteten Liste verwaltet.

Jeder Prozess hat seinen eigenen Bereich für lokale Variable. Bei einem Prozesswechsel braucht man dann nur den Pointer auf diesen Bereich mit Hilfe einer Basisadresse zu ändern. Dadurch kann man schnell zwischen den Prozessen umschalten.

5.3.3 Kommunikation

Zur Kommunikation zwischen den Transputern stehen vier identische Links (beim T400 nur zwei) zur Verfügung. Die Links werden über 2 Leitungen (T9000: 4 Leitungen) verbunden, sodass bidirektional gesendet werden kann. Die Übertragungsrate kann auf 5, 10 und 20 Mbit/sec eingestellt werden. Als maximale Entfernung sind 30 cm zugelassen. Jedes Linkinterface arbeitet unabhängig vom Prozessor und hat einen eigenen DMA-Controller, der die Übertragung unterstützt.

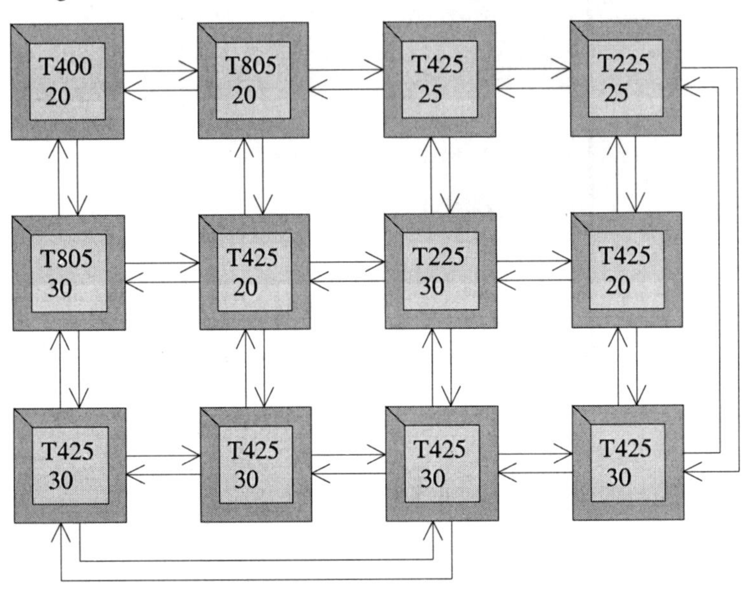

Bild 5-11: Transputer unterschiedlichen Typs und verschiedener Frequenz können miteinander verbunden werden.

5.3.4 Programmiersprache OCCAM

Die ursprüngliche Programmiersprache für die Transputer ist *OCCAM*. Der Name bezieht sich auf einen englischen Philosophen, der im 14. Jahrhundert lebte. Sein Leitmotiv „So einfach wie möglich" wurde zum Wahlspruch von Inmos. Daneben gibt es heute auch einen C-Compiler.

Grundelement eines OCCAM-Programms ist der Prozess. Ein Transputer kann mehrere Prozesse im Multitasking ausführen. Ein Prozess wird solange bearbeitet, bis eine Ein- oder Ausgabe erforderlich oder die Zeitscheibe abgelaufen ist. Dann wird der nächste Prozess bearbeitet. Die Prozessumschaltung erfolgt sehr schnell.

Eine Besonderheit von OCCAM ist die einfache und effektive Art, Prozesse parallel zu bearbeiten. Dadurch erreicht man -zumindest bei bis zu 10 Transputern- eine Leistungssteigerung, die fast proportional zur Anzahl der Prozessoren ist.

In OCCAM erstellt man mit „PLACE“ eine Verbindungsliste der Transputer: Man gibt an, welche Transputer über welche Links miteinander verbunden sind. Über PAR, SEQ und ALT legt man fest, ob zwei Prozesse parallel, sequentiell oder abwechselnd ablaufen sollen.

Der Compiler verteilt die Prozesse auf die angegebene Anzahl von Transputern. So kann man zunächst ein Programm auf einem Transputer testen. Anschließend braucht man nur neu zu compilieren, um das Programm mit n Transputern zu bearbeiten.

Beispiel: Betrachten wir als Anwendungsbeispiel eine Matrizen-Multiplikation.

Matrix: $$c = \begin{pmatrix} a_{11} & a_{12} \\ a_{21} & a_{22} \end{pmatrix} \cdot \begin{pmatrix} b_{11} & b_{12} \\ b_{21} & b_{22} \end{pmatrix} = \begin{pmatrix} c_{11} & c_{12} \\ c_{21} & c_{22} \end{pmatrix}$$

Gleichungen: $c_{11} = a_{11} \cdot b_{11} + a_{12} \cdot b_{21}$ $\quad c_{12} = a_{11} \cdot b_{12} + a_{12} \cdot b_{22}$

$c_{21} = a_{21} \cdot b_{11} + a_{22} \cdot b_{21}$ $\quad c_{22} = a_{21} \cdot b_{12} + a_{22} \cdot b_{22}$

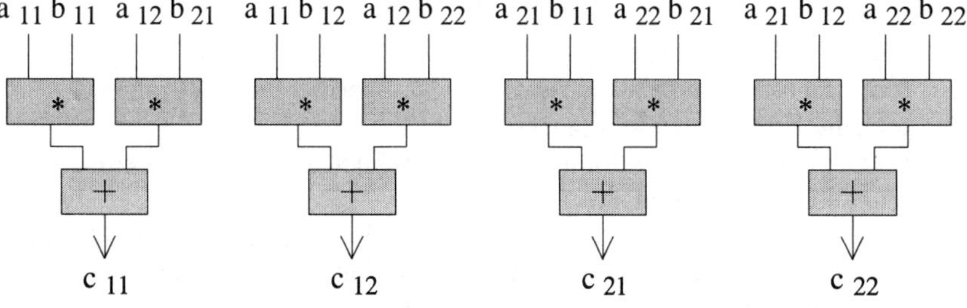

Bild 5-12: Das Operationsschema zur Matrixmultiplikation zeigt, dass die Gleichungen voneinander unabhängig sind.

Da diese Gleichungen voneinander unabhängig sind, kann die Berechnung parallel mit vier Transputern erfolgen. Für die acht Multiplikationen könnten auch acht Transputer eingesetzt werden. Dann müssten aber zur Addition vier der acht Produkte zu den anderen Transputern übertragen werden, was den Zeitvorteil wieder reduziert. Das Programm in OCCAM geschrieben lässt beide Varianten zu:

```
PLACE  (Verbindungsliste der Transputer)
PAR  Procedure „c11“
       SEQ
              PAR   w1 = a11 · b11;
                    w2 = a12 · b21;
              c11 = w1 + w2;
       Procedure „c12“
```

```
SEQ
        PAR   w3 = a11 · b12;
              w4 = a12 · b22;
        c12 = w3 + w4;
Procedure „c21"
SEQ
        PAR   w5 = a21 · b11;
              w6 = a22 · b21;
        c21 = w5 + w6;
Procedure „c22"
SEQ
        PAR   w7 = a21 · b12;
              w8 = a22 · b22;
        c22 = w7 + w8;
```

5.3.5 Zusammenfassung

Die wichtigsten Eigenschaften der Transputer sind:

- Parallelrechnerarchitektur
  Jeder Transputer enthält eine eigene CPU, Speicher und IO-Controller.
- schnelle Kommunikationskanäle
  Daten zwischen den Transputern können schnell ausgetauscht werden.
- schnelle Prozessumschaltung
  Durch den aktiven/inaktiven Prozesszustand und durch das Umschalten der Register mit Pointern (anstatt des Rettens in den Stack) können Prozesse schnell gewechselt werden.

5.4 Parallele Strukturen bei Einprozessorsystemen

Bei Mehrprozessorsystemen bereitet es immer wieder große Probleme, die Prozesse auf die vorhandenen Prozessoren gleichmäßig aufzuteilen. Deshalb versucht man zunächst bei Einprozessorsystemen, die Leistungsfähigkeit mit Hilfe von parallelen Strukturen zu steigern. Dazu gibt es drei verschiedene Ansätze:

- VLIW (very long instruction word)
  Mehrere Befehle werden in einen Superbefehl gepackt.

- Superskalar
  Mehrere Befehle werden gleichzeitig in die Pipeline gesetzt und parallel zueinander bearbeitet.

- Superpipeline
  Die Pipeline wird in eine größere Anzahl von Stufen unterteilt.

5.4.1 VLIW

Kennzeichnend für die *VLIW*-Architektur (very long instruction word) ist, dass ein Befehlswort großer Länge (128 bit oder mehr) bis zu m Felder mit unabhängigen Befehlen enthält. Zu jedem Feld stellt der Prozessor eine Funktionseinheit bereit, zum Beispiel Addier-, Subtrahier- oder Multiplizier-Rechenwerke für Festkomma- und/oder Gleitkomma-Zahlen. Wie bei den RISC-Prozessoren sind neben Register- nur Load/Store-Operationen möglich.

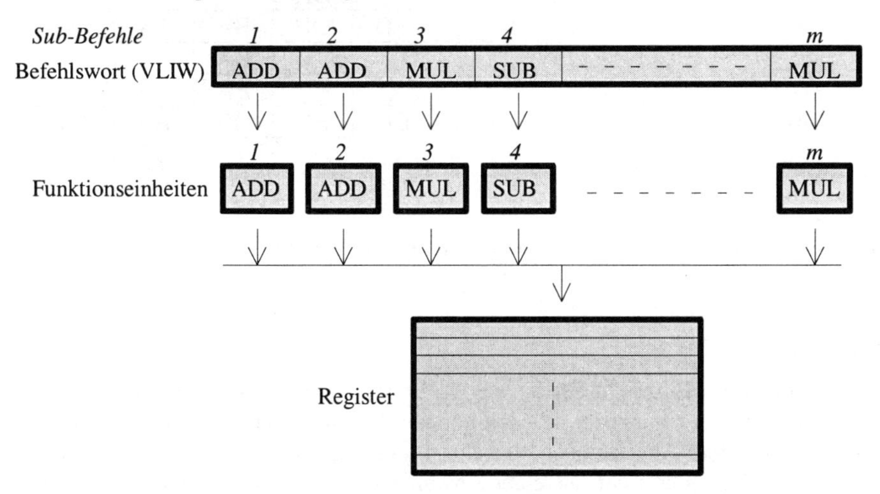

Bild 5-13: Struktur einer VLIW-Architektur mit m Funktionseinheiten

Der Compiler hat die sehr komplexe Aufgabe, bis zu m Befehle eines Programms, die bezüglich Steuer- und Datenfluss unabhängig voneinander sind, in ein Befehlswort zu packen. Der VLIW-Befehl kann dann in einem Taktzyklus maximal m Operationen anstoßen. Die m Funktionseinheiten sind im Allgemeinen als arithmetische Pipelines organisiert und arbeiten streng synchron zueinander.

Wegen der hohen Anforderungen an den Compiler konnte sich die VLIW-Architektur bisher nicht durchsetzen.

Variante: Im Pentium-Prozessor kommt eine vereinfachte Variante der VLIW-Architektur zur Anwendung: In den MMX-Befehlen können zwei, vier oder acht Dateneinheiten bearbeitet werden. Allerdings ist die Operation dann für alle Dateneinheiten vom selben Typ, z. B. Addition. Eine typische Anwendung dafür sind Bildbearbeitungsoperationen.

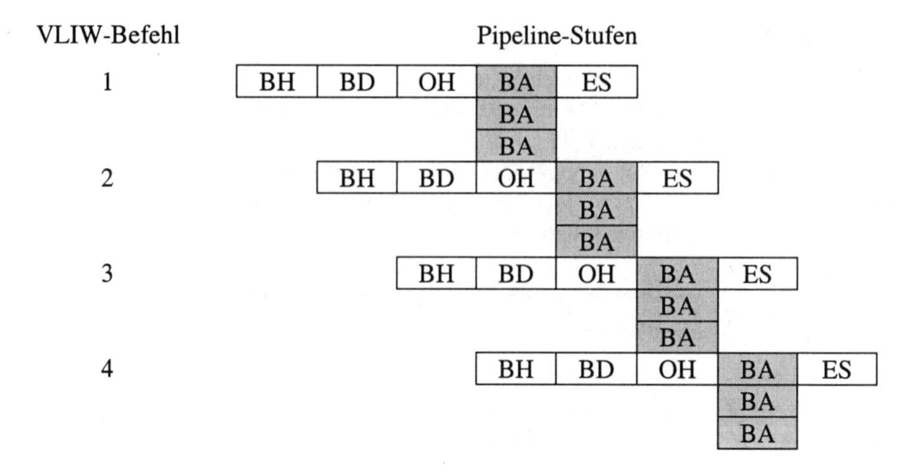

Bild 5-14: Beispiel eines VLIW-Befehls mit drei Funktionseinheiten

5.4.2 Superskalar

Ein *superskalarer* Prozessor besitzt wie ein VLIW-Prozessor mehrere Funktionseinheiten, die parallel zueinander arbeiten können. Während bei der VLIW-Architektur ein Befehl mehrere Anweisungen oder Datenfelder enthält, besteht ein Befehl in der Superskalar-Architektur nur aus einer Anweisung. Beim Befehlsablauf gibt es zwei Varianten:

- Früher dauerte die Pipelinestufe „Befehl ausführen" länger als die anderen Stufen. Deshalb konnte *eine* Pipeline nacheinander mehrere Befehle bereit stellen und auf verschiedene Funktionseinheiten verteilen. Dieses Prinzip stammte von der CDC 6600 (Ende der 60er Jahre) und wurde auch von den RISC-Prozessoren übernommen.

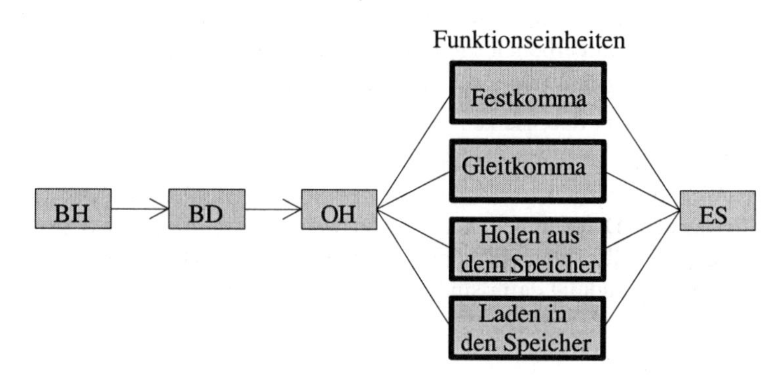

Bild 5-15: Beispiel einer Superskalar-Architektur mit einer gemeinsamen Pipeline

- Mit dem Pentium erhielt die Superskalar-Architektur eine leicht abgewandelte Bedeutung: In der Pipelinestufe „Befehl(e) holen“ wird ein Befehlspaar in die beiden Pipelines u und v geladen. Beide Befehle durchlaufen dann gemeinsam die Pipeline und werden parallel ausgeführt. Dazu müssen sie unabhängig voneinander sein. Ein Compiler, der darauf abgestimmt ist, kann den Programmablauf bezüglich unabhängiger Befehlspaare optimieren.

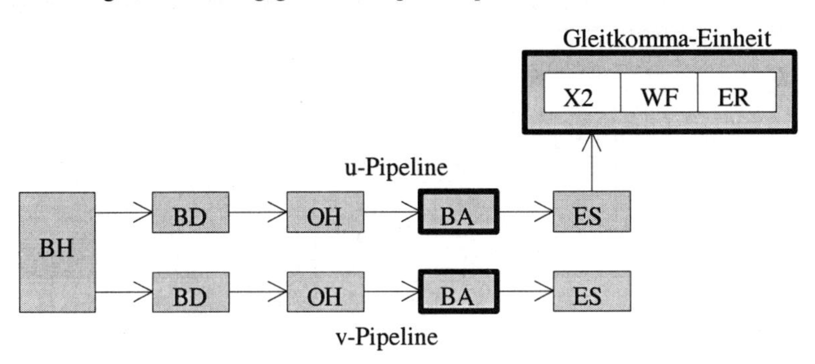

Bild 5-16: Superskalar-Architektur bei dem Pentium-Prozessor mit zwei Pipelines

Die v-Pipeline kann nur einfache Integer-Befehle und den einfachen Gleitkomma-Befehl FXCH ausführen, während die u-Pipeline alle Befehle bearbeiten kann. Falls ein Befehlspaar einen Befehl für die v-Pipeline enthält, der nicht einfach genug ist, dann wird er im nächsten Zyklus an die u-Pipeline gegeben.

Oft werden Fest- und Gleitkomma-Operationen parallel zueinander bearbeitet, weil ihre Bearbeitungen unterschiedlich lang dauern. Da sie andere Registersätze und Funktionseinheiten benötigen, ist der Mehraufwand an Hardware dabei recht gering.

Befehlstyp	Pipeline-Stufen							
Festkomma	BH	BD	OH	BA	ES			
Gleitkomma	(BH)	(BD)	(OH)	BA	(ES)			
Festkomma		BH	BD	OH	BA	ES		
Gleitkomma		(BH)	(BD)	(OH)	BA	(ES)		
Festkomma			BH	BD	OH	BA	ES	
Gleitkomma			(BH)	(BD)	(OH)	BA	(ES)	
Festkomma				BH	BD	OH	BA	ES
Gleitkomma				(BH)	(BD)	(OH)	BA	(ES)

Bild 5-17: Beispiel einer superskalaren Pipeline, bei der jeweils 2 Befehle (Fest- und Gleitkomma) gleichzeitig bearbeitet werden. Die Befehle können je nach Prozessor auch eine gemeinsame Pipeline -mit Ausnahme der Stufe BA- durchlaufen.

5.4.3 Superpipeline

Beim Einsatz einer *Superpipeline* erhöht sich die Anzahl der Pipeline–Stufen auf acht (z. B. MIPS R4000) bis zehn (z. B. Pentium IV). Dadurch können die einzelnen Arbeitsschritte zeitoptimaler gestaltet und die Taktfrequenz erhöht werden. Um diese Leistungssteigerung nicht zu gefährden, müssen die Konfliktsituationen, z. B. bei Sprüngen, durch einen verbesserten Compiler und eine Hardware für Branch Prediction vermieden werden.

Befehl	Pipiline-Stufen												
1	IF	IS	RF	EX	DF	DS	TC	WB					
2		IF	IS	RF	EX	DF	DS	TC	WB				
3			IF	IS	RF	EX	DF	DS	TC	WB			
4				IF	IS	RF	EX	DF	DS	TC	WB		
5					IF	IS	RF	EX	DF	DS	TC	WB	
6						IF	IS	RF	EX	DF	DS	TC	WB

IF: Befehl holen, 1. Phase
IS: Befehl holen, 2. Phase
RF: Holen der Daten aus den CPU-Registern
EX: Befehl ausführen
DF: Holen der Daten, 1. Zyklus (für Load- und Store-Befehle)
DS: Holen der Daten, 2. Zyklus
TC: Tag Check
WB: Ergebnis zurückschreiben

Bild 5-18: Der RISC-Prozessor MIPS R4000 als Beispiel für eine Superpipeline-Architektur

5.5 Klassifizierungsschema von Rechenautomaten

Neben der von Neumann Rechnerarchitektur sind auch andere Rechnerkonzepte entstanden. Um eine gewisse Systematik in die verschiedenen Entwicklungsrichtungen zu bringen, wird in der Literatur meist das *Klassifizierungsschema* von *M. J. Flynn* {FLY72} verwendet. Er wählte als Maß für seine Einteilung, ob einzelne oder mehrere Befehle und/oder Daten gleichzeitig bearbeitet werden können.

	single data	multiple data
single instruction	von Neumann Rechner	Vektorrechner, Feldrechner
multiple instruction		Multiprozessoren, Transputer

Tabelle 5-2: Das Klassifizierungsschema von M. J. Flynn mit Beispielen

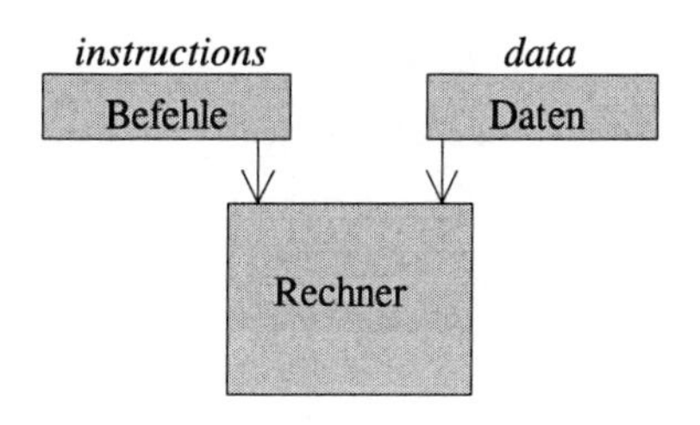

Bild 5-19: Flynn betrachtet bei seiner Klassifizierung die Parallelität von Daten und Befehlen.

5.5.1 Single Instruction - Single Data Machine (SISD)

Von Neumann hat mit seinem Konzept einen sequenziellen Rechner definiert, bei dem sowohl Befehle wie auch Daten nacheinander bearbeitet werden:

- Befehl m: Befehl m holen
  Datenwort(paar) n für Befehl m holen
  Befehl ausführen
- Befehl m + 1: Befehl m + 1 holen
  Datenwort(paar) n + 1 für Befehl m+ 1 holen
  Befehl ausführen

Da zu einem Zeitpunkt *ein* Befehl nur *ein* Datenwort(paar) bearbeitet, spricht man von einer „single instruction - single data machine" (*SISD*).

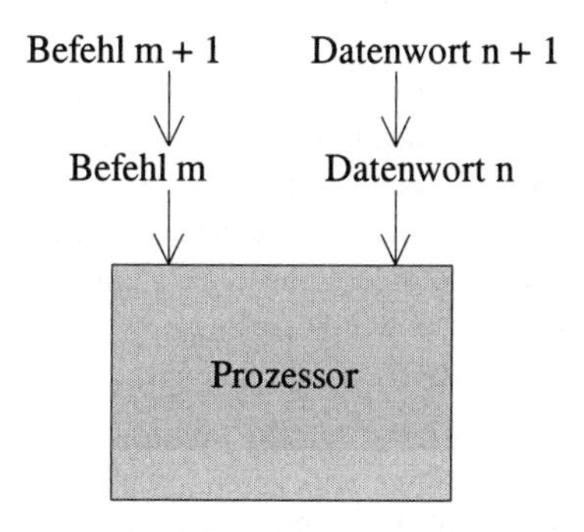

Bild 5-20: Struktur einer Single Instruction - Single Data Machine (SISD)

5.5.2 Single Instruction - Multiple Data Machine (SIMD)

Bei der Klasse *SIMD* führen mehrere Prozessorelemente *einen* Befehl mit *verschiedenen* Daten parallel zueinander aus (→ Bild 5-21).

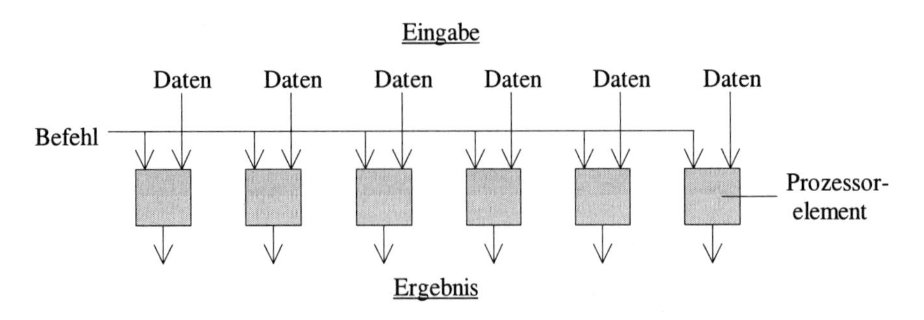

Bild 5.21: Struktur einer Single Instruction - Multiple Data Machine (SIMD)

Eine typische Anwendung findet man in der Bildverarbeitung, wo man häufig eine bestimmte Operation für das gesamte Bild durchführen muss, wie z. B. das Löschen eines Bildes, Ändern der Hintergrundfarbe, Korrigieren der Helligkeit oder Durchführen von Filteroperationen. Bei einer Bildgröße von z. B. 1024 x 1024 Pixel muss also ein Befehl auf ca. 1 Million verschiedene Bildpunkte angewendet werden.

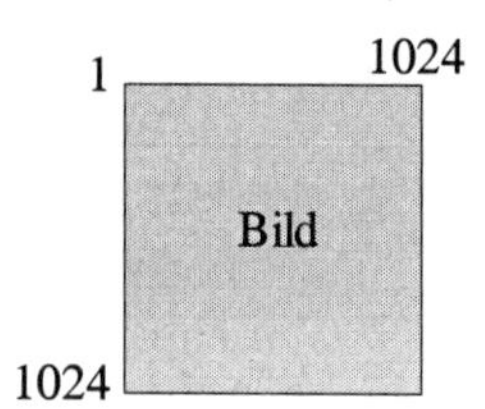

Zur Klasse der SIMD gehören die *Feldrechner*, deren (zurzeit bis zu 65536) Prozessorelemente unter Aufsicht einer zentralen Steuereinheit stehen. Die einzelnen „*Prozessorelemente*“ besitzen lokale Speicher und sind entweder vollständige Prozessoren oder solche, die nur ein Bit oder wenige Bits verarbeiten können. Zum Austausch der Daten sind die Prozessorelemente durch ein Verbindungsnetzwerk miteinander verbunden. Der bekannteste Feldrechner ist der Illiac IV (*Illi*nois *A*rray *C*omputer) der Firma Burroughs aus dem Jahr 1972.

Früher wurden in der Bildverarbeitung häufig Feldrechner eingesetzt, die aber aus wirtschaftlichen Gründen immer mehr von leistungsfähigen PCs verdrängt werden. Jedem Bildpunkt wurde im Idealfall ein Prozessorelement zugeordnet, sodass die Operation für alle Pixel parallel durchgeführt werden konnte. Vorteilhaft war dabei, dass viele Algorithmen zur Berechnung der neuen Bildpunkte nur Informationen von benachbarten Pixeln benötigen.

Andere Anwendungen für Feldrechner sind die Berechnungen von Matrizen oder Vektoren. Anstelle von Transputern kann in dem Beispiel von Abschnitt 5.3.4 auch ein Feldrechner eingesetzt werden.

Um den Unterschied zwischen Feldrechner und *Vektorrechner* zu verdeutlichen, betrachten wir vier Vektoren mit je n skalaren Elementen:

$$A = [a_0\ a_1\ \dots\ a_{n-1}]$$
$$B = [b_0\ b_1\ \dots\ b_{n-1}]$$
$$C = [c_0\ c_1\ \dots\ c_{n-1}]$$
$$D = [d_0\ d_1\ \dots\ d_{n-1}]$$

Die Vektoroperation

$$D = A \cdot B + C = [a_0 \cdot b_0 + c_0 \quad a_1 \cdot b_1 + c_1 \quad \dots \quad a_{n-1} \cdot b_{n-1} + c_{n-1}]$$

kann auf zwei Arten parallel durchgeführt werden:

- N Rechenelemente berechnen parallel zueinander in einem Rechenzyklus für alle Eingabepaare a_i und b_i zuerst die Multiplikation $a_i \cdot b_i$. Anschließend addieren dieselben Rechenelemente wiederum in einem Rechenzyklus das Zwischenergebnis und c_i . Das ist die Funktionsweise eines Feldrechners.

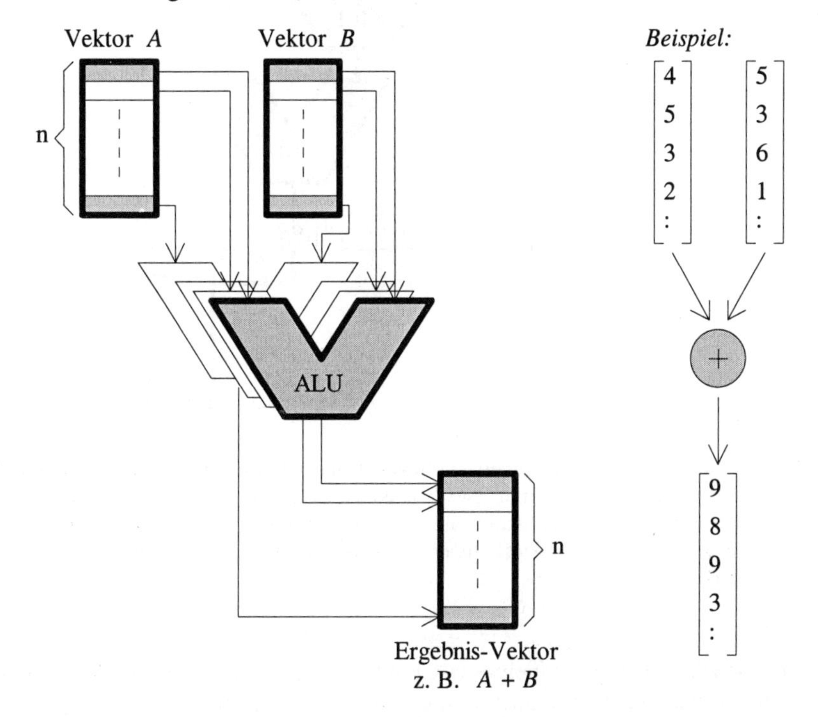

Bild 5-22: Prinzip eines Feldrechners am Beispiel der Addition zweier Vektoren *A* und *B* mit jeweils n skalaren Vektorkomponenten: *Eine* Operation (hier: Addition) wird gleichzeitig in *mehreren* Prozessorelementen (hier: n ALUs) durchgeführt.

- Nach dem Pipeline-Prinzip berechnen ein Multiplizierer und ein Addierer nacheinander für alle Elemente i = 0, 1, ... , n-1 die Ausdrücke $a_i \cdot b_i + c_i$. Dazu sind jeweils n Rechenzyklen notwendig.

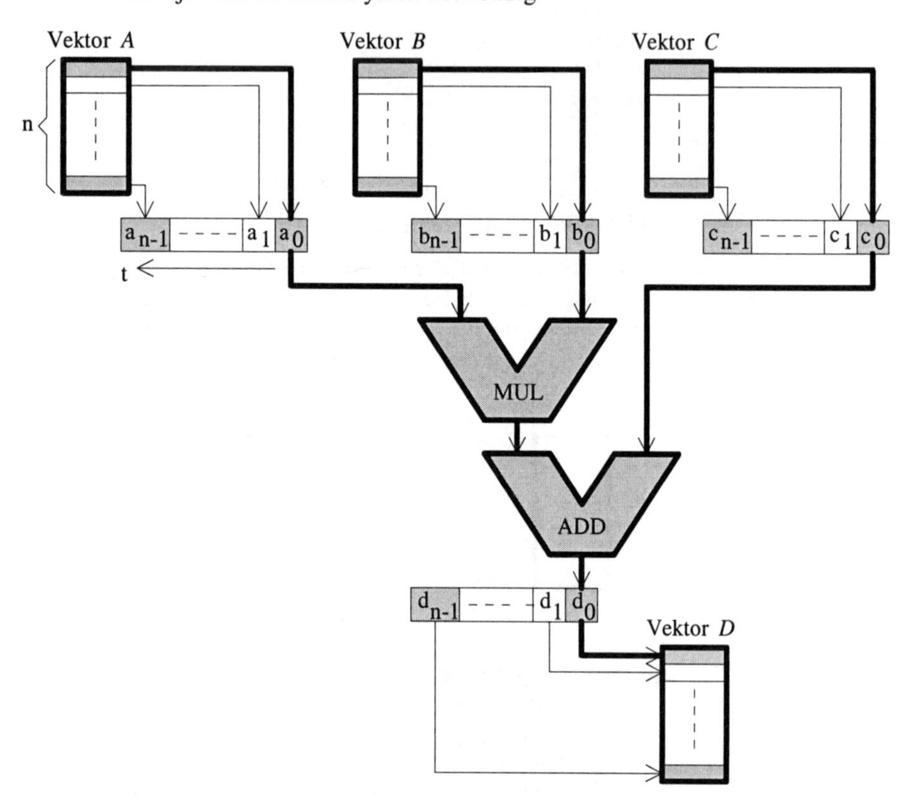

Bild 5-23: Prinzip eines Vektorrechners am Beispiel einer Multiplikation und Addition dreier Vektoren *A* , *B* und *C* mit jeweils n skalaren Vektorkomponenten: *Mehrere* Operationen (hier: Multiplikation und Addition) werden in der Pipeline gleichzeitig ausgeführt. Die n Vektorkomponenten werden aber in n Schritten nacheinander berechnet.

Der Vektorrechner hat eine Pipeline von Funktionseinheiten, in der die Vektorkomponenten nacheinander berechnet werden. Da die Komponenten unabhängig voneinander sind, gibt es dabei keine Datenfluss-Konflikte. Der Vektorrechner sorgt auch dafür, dass die skalaren Vektorkomponenten rechtzeitig in der Pipeline bereitstehen.

Auch wenn beim Vektorrechner in der Pipeline mehrere Operationen gleichzeitig ausgeführt werden, gehört er zur Klasse SIMD. Denn diese „Kombination von Operationen" bleibt fest und wird dann auf alle Vektorkomponenten angewendet.

Ein wichtiger Vertreter der Vektorrechner ist die Cray I aus dem Jahr 1974 von Cray Research, heute Silicon Graphics. Wegen der aufwendigen Vektorisierung der Programme haben sich die Vektorrechner nicht durchgesetzt.

5.5.3 Multiple Instruction - Single Data Machine (MISD)

Bei der multiple instruction – single data machine (*MISD*) soll *ein* Datenwort von *mehreren* Befehlen parallel verarbeitet werden. Das scheint nicht sinnvoll zu sein. Jedenfalls gibt es dazu bisher noch keine Realisierung.

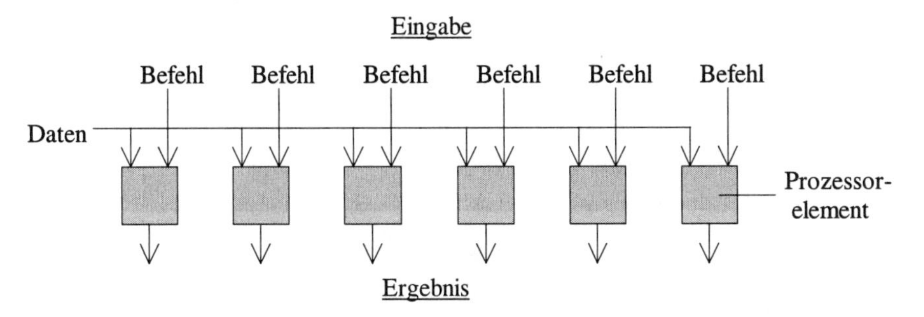

Bild 5-24: Struktur einer Multiple Instruction - Single Data Machine (MISD)

Anwendung: Bisher gibt es noch keine typische Anwendung für eine MISD-Maschine.

5.5.4 Multiple Instruction - Multiple Data Machine (MIMD)

Bei der multiple instruction – multiple data machine (*MIMD*) müssen die verschiedenen Prozessoren parallel *unterschiedliche* Befehle und *unterschiedliche* Daten bearbeiten. Dabei ist die entsprechende Hardware relativ einfach zu realisieren. Der große Aufwand liegt auf der Softwareseite. Die Software muss die Befehle (meist ganze Prozesse, also Befehlsgruppen) auf die verschiedenen Prozessoren verteilen und dabei die gemeinsamen Daten verriegeln. Der Aufwand steckt hier im Parallelisieren der Aufgaben.

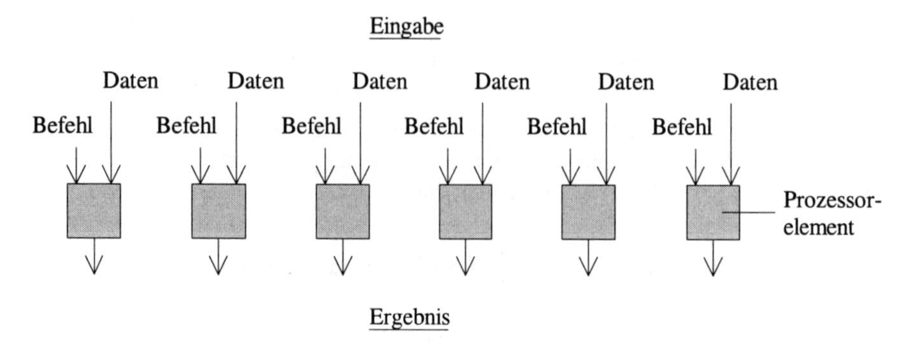

Bild 5-25: Struktur einer Multiple Instruction - Multiple Data Machine (MIMD)

Anwendung: Multiprozessor-Systeme, Array-Prozessoren, Transputer.

6 Schnittstellen

In diesem Kapitel sollen Sie einen kurzen Überblick über die verschiedenen Schnittstellen mit ihren wichtigsten Daten erhalten.

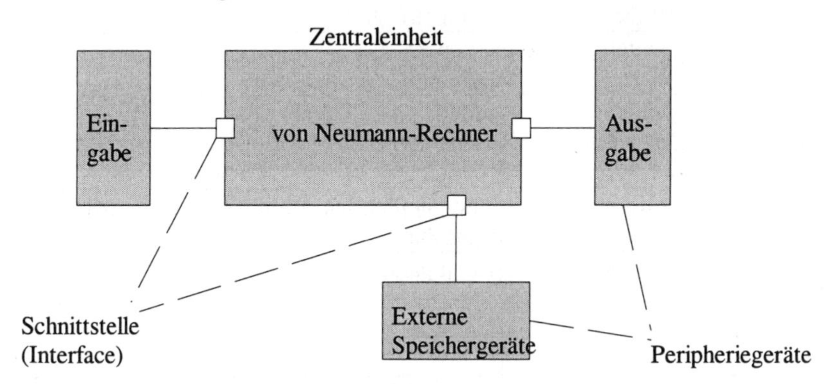

Bild 6-1: Aufbau eines Rechners mit Peripherie

Zu den verschiedenen Peripheriegeräten sind im Laufe der Zeit typische Schnittstellen entstanden. In der folgenden Tabelle sind die Peripheriegeräte mit ihren Schnittstellen nach Gruppen aufgelistet (ohne Anspruch auf Vollständigkeit):

Gruppe	Gerät	typische Schnittstelle
Eingabegeräte	Tastatur Maus Scanner	spezielle, USB spezielle, V.24, USB V.24, SCSI, USB
Ausgabegeräte	Bildschirm Drucker	spezielle Centronics, V.24, RS-422
Externe Speichergeräte	3,5" Magnetplatte 2,5" Magnetplatte optische Platte	(E)IDE, SCSI (E)IDE, SCSI (E)IDE, SCSI
	1/4" Streamer 4 mm DAT	QIC, SCSI SCSI
	Floppy ZIP-Laufwerk	SA450, AT Centronics, USB, SCSI

Tabelle 6-1: Typische Peripheriegeräte eines PCs mit den Schnittstellen

Schnittstelle	Einsatzbereich	Übertragungsart	max. Entfernung	Übertragungsrate
V.24 (RS-232C)	langsame Datenübertragung	seriell, asynchron	15 m	75 bit/s – 20.000 bit/s meist 1200 / 2400 bit/s
RS-422 (V.11)	schnelle Datenübertragung, bis 10 Empfänger	seriell, asynchron, symmetrisch	1,2 km	100 kbit/s
RS-485	Weiterentwicklung von RS-422: bis zu 32 Sender und Empfänger möglich			
USB (universal serial bus)	gemeinsamer Anschluss diverser Peripherie	seriell, asynchron	35 m	USB 1.1: 1, 5 Mbit/s o. 12 Mbit/s; USB 2.0: bis 480 Mbit/s
Centronics	Drucker	8 bit parallel, Handshake	ca. 10 m	bis max. 1 MByte/s
(E)IDE (enhanced integrated drive electronic)	Festplatte, CD-ROM	16 bit parallel	ca. 1 m	
SCSI (Small Computer System Interface)	externe Speichergeräte	8 oder 16 bit parallel, meist synchron	25 m	bis zu 80 MByte/s
QIC (Quarter Inch Cartridge Group)	1/4" Magnetbandgeräte	8 bit parallel	ca. 5 m	240 KByte/s
SA450 (Shuggart Interface)	Floppy-Disk	seriell	ca. 5 m	500 Kbit/s

Tabelle 6-2: Die wichtigsten Daten der in der Tabelle 6-1 erwähnten Schnittstellen

6.1 Unterscheidungskriterien

Welche allgemeinen Unterscheidungsmerkmale gibt es bei den Schnittstellen? Im Folgenden werden als Merkmale

- synchron / asynchron / Übertragung mit Handshake,
- seriell / parallel,
- simplex / halbduplex / duplex,
- Punkt zu Punkt / Daisy Chain / Party Line / Ring,
- fremd getaktet / selbsttaktend.

näher erläutert.

1) synchron / asynchron / Übertragung mit Handshake

- Bei *synchronem* Betrieb werden mehrere Zeichen in einem festen Zeitraster hintereinander übertragen.

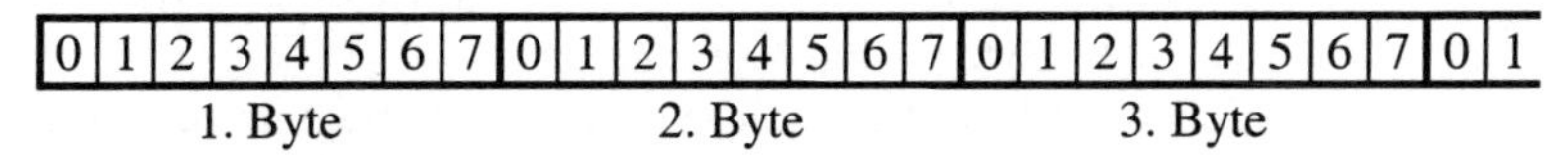

Beispiel: Übertragung der Zeichenfolge „SYNCHRON“

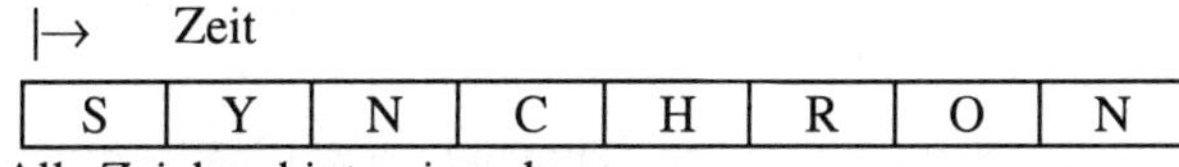

Alle Zeichen hintereinander.

- Bei *asynchronem* Betrieb wird jeweils nur ein Zeichen übertragen. Das nächste Zeichen folgt in einem beliebigem Abstand.

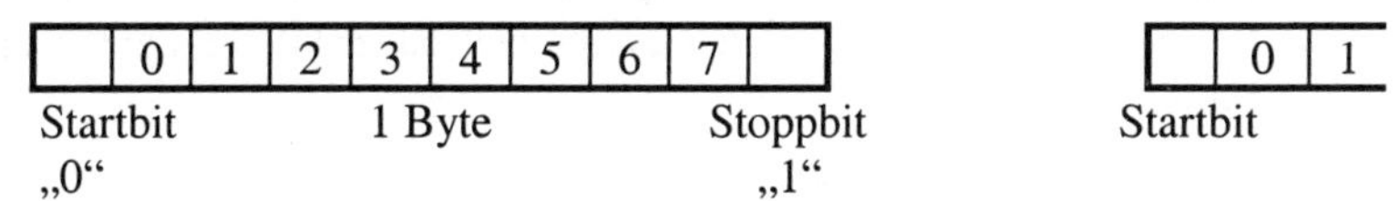

Beispiel: Übertragung der Zeichenfolge „ASYNCHRON“

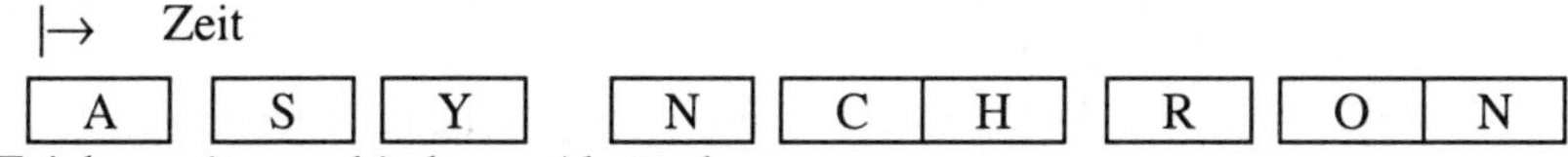

Zeichen mit verschiedenen Abständen

- Während beim synchronen und asynchronen Betrieb die sendende Station von der empfangenden Station keine direkte Rückmeldung zu bekommen braucht, muss bei dieser Übertragung jedes Zeichen durch ein so genanntes *Handshake*-Signal quittiert werden. Dann darf erst das nächste Zeichen gesendet werden.

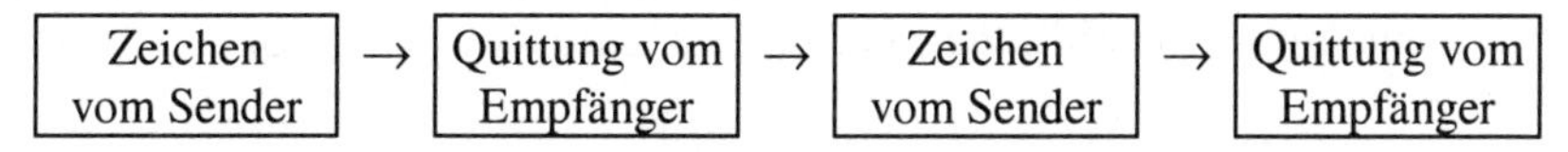

- *Vergleich:*
  Synchron erfordert mehr Aufwand durch
  - entweder eine zusätzliche Taktleitung,
  - sehr genaues Zeitraster (z. B.: Bei 1 % Ungenauigkeit kann der Empfänger nach 50 bit im falschen Raster sein.)
  - oder aufwendige Hardware zum ständigen Synchronisieren (d.h. selbsttaktende Codes).

  Dafür ist die synchrone Übertragung bei größeren Datenmengen zeitlich effektiver, da die zusätzlichen Start- und Stoppbits wegfallen und dafür nur 1 bis 3 Synchronisationsbytes (ASCII-Code: $16|_{hex}$) zu Beginn gesendet werden müssen.

Beispiel: Es sollen 10 Bytes übertragen werden.
- asynchron: 1 Startbit + 8 Datenbits + 1 Stoppbit = 10 bit pro Byte
→ 10 Byte x 10 bit/Byte = 100 bit
- synchron: 1 Synchronbyte + 10 Datenbytes = 11 Byte
→ 11 Byte x 8 bit/Byte = 88 bit
Schon bei 10 Bytes ist die synchrone Übertragung zeitlich effektiver.

Die Übertragung mit Handshake ist langsamer, da auf die Quittung jeweils gewartet werden muss. Dafür ist diese Art der Datenübertragung sehr sicher.

2) seriell / parallel

- Bei *seriellem* Betrieb wird zu jedem Zeitpunkt nur *ein Bit* übertragen.
- Bei *parallelem* Betrieb wird mindestens *ein Byte* jeweils gleichzeitig übertragen. Für ein Byte braucht man acht Signaladern im Kabel.
- Vergleich:
  Bei parallelem Betrieb ist die Übertragungsdauer kürzer, die Kabelkosten dafür aber höher.

3) simplex / halbduplex / duplex

- Beim *simplexen* Betrieb werden die Daten nur in einer Richtung übertragen.
- Beim *halbduplexen* Betrieb wird in beide Richtungen übertragen, aber nur zeitlich nacheinander.
- Beim *duplexen* Betrieb kann gleichzeitig in beide Richtungen übertragen werden.
- Vergleich:
  Übertragungsdauer und Aufwand stehen sich hier wieder gegenüber.

4) Punkt zu Punkt / Daisy Chain / Party Line / Ring

- Bei der *Punkt-zu-Punkt*-Verbindung ist physisch jede angeschlossene Station direkt mit einer übergeordneten Station verbunden. Die Übertragung erfolgt nur zwischen der Zentrale und den Stationen. *Beispiel*: V.24

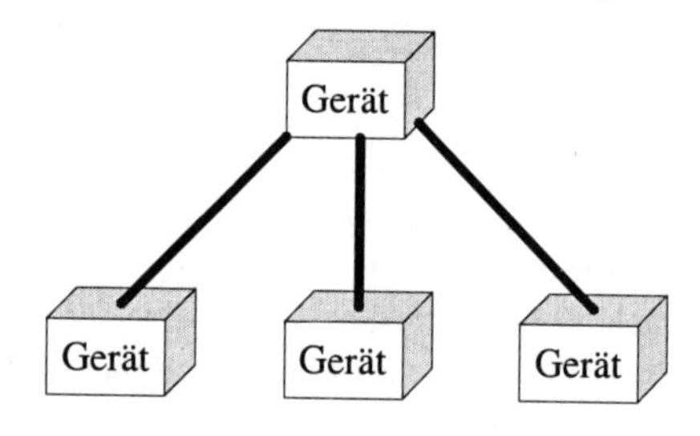

Bild 6-2: Bei der Punkt-zu-Punkt-Verbindung sind die Stationen direkt mit der übergeordneten Station verbunden.

- Bei einer *Daisy Chain*-Verbindung (daisy chain: Gänseblümchen-Kette) wird das Kabel von der Zentrale über die diversen Stationen bis zum letzten Teilnehmer durchgeschleift. Die Übertragung erfolgt zwischen der Zentrale und einer ausgewählten Station, die über spezielle Signalleitungen adressiert wird. *Beispiel*: IDE.

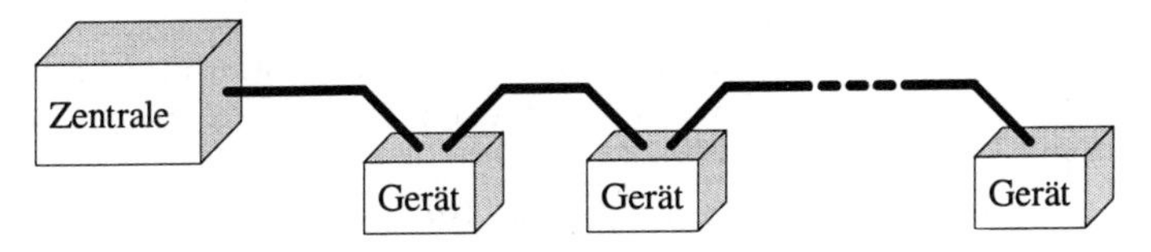

Bild 6-3: Die Zentrale adressiert bei einer Daisy Chain-Verbindung den gewünschten Teilnehmer über spezielle Adressleitungen.

- Bei einer *Party Line* ist das Kabel ebenfalls zwischen allen Teilnehmern durchgeschleift. Eine Zentrale muss nicht unbedingt vorhanden sein. Sowohl Empfänger- wie auch Senderadresse stehen im Header des Datenblocks. Bei der Übertragung „hören" alle Teilnehmer auf der Leitung mit und nur der ausgewählte Empfänger übernimmt den Datenblock. *Beispiel*: Ethernet.

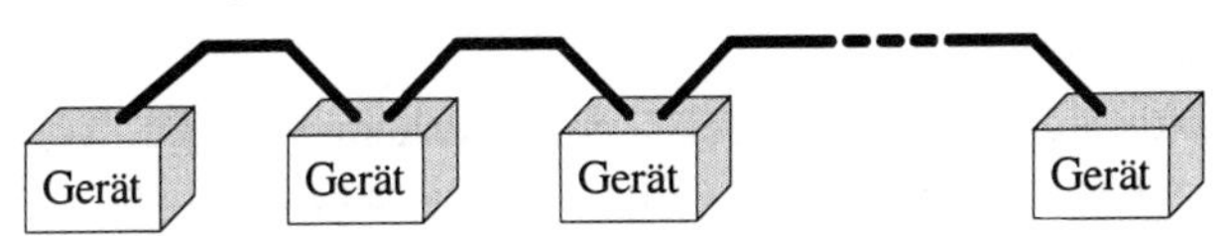

Bild 6-4: Bei Party Line hören alle Teilnehmer mit. Die Adresse des gewünschten Teilnehmers ist in der übertragenen Information enthalten.

- Bei einem *Ring* sind zusätzlich zur Party Line der erste und der letzte Teilnehmer miteinander verbunden. Es muss eine Übertragungsrichtung festgelegt werden. Die Informationen werden von Teilnehmer zu Teilnehmer weiter gegeben. B leitet nur dann Informationen von A an C weiter, wenn sie nicht für B bestimmt sind. *Beispiel:* Token Ring.

5) fremd getaktet / selbsttaktend

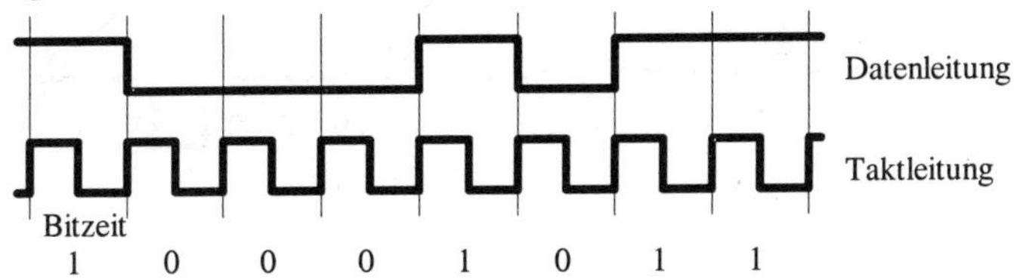

Bild 6-5: Beim fremd getakteten Übertragungsverfahren erkennt der Empfänger am mitgelieferten Takt, wann eine neue Bitzeit beginnt.

- Bei einem *fremd getakteten* Übertragungsverfahren muss der Takt auf einer separaten Leitung mitgeliefert werden. (→ Bild 6-5).
- Bei einem *selbsttaktenden* Übertragungsverfahren kann aus dem Signal der Takt abgeleitet werden. Dazu ist ein synchroner Betrieb Voraussetzung. In jeder Bitzeit muss sich die Polarität mindestens einmal ändern:
  - Frequenzverfahren:
    Wenn kein Pegelwechsel innerhalb der Bitzeit auftritt, dann ist es eine 0. Wenn ein Pegelwechsel in der Mitte der Bitzeit erfolgt, so ist es eine 1.
  - Phasenverfahren:
    Der Pegel in der zweiten Hälfte der Bitzeit ist entscheidend.

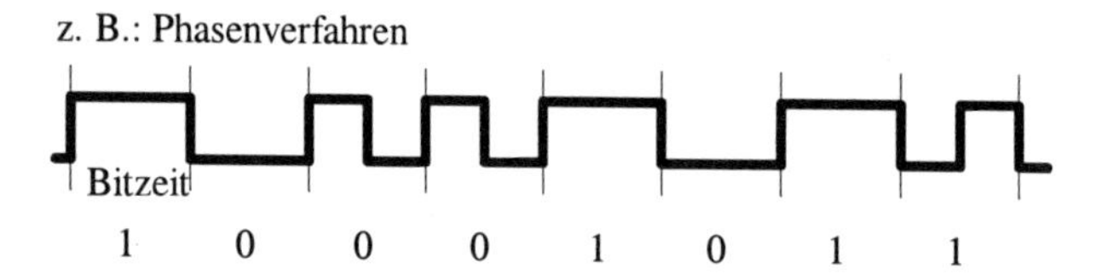

Bild 6-6: Beim Phasenverfahren ist der Pegel in der zweiten Hälfte der Bitzeit maßgebend.

- Vergleich:
  Der Hardware-Aufwand ist bei selbsttaktendem Verfahren erheblich höher; dafür sind aber die Kabelkosten (keine Taktleitung) geringer.
- Der Takt begrenzt die maximale Übertragungsgeschwindigkeit sowohl beim fremd getakteten wie auch, sozusagen eingebaut, beim selbsttaktenden Übertragungsverfahren. Der Takt beinhaltet keine Information, benötigt aber die doppelte Frequenz der Datenleitung. Deshalb gibt es eine Variante, bei der das normale Datensignal gesendet wird. Damit nicht nach mehreren gleichen Bits die Synchronisation verloren geht, wird automatisch nach fünf gleichen Bits ein so genanntes *stuffing Bit* mit der entgegengesetzten Polarität eingefügt. *Beispiel*: CAN-Bus

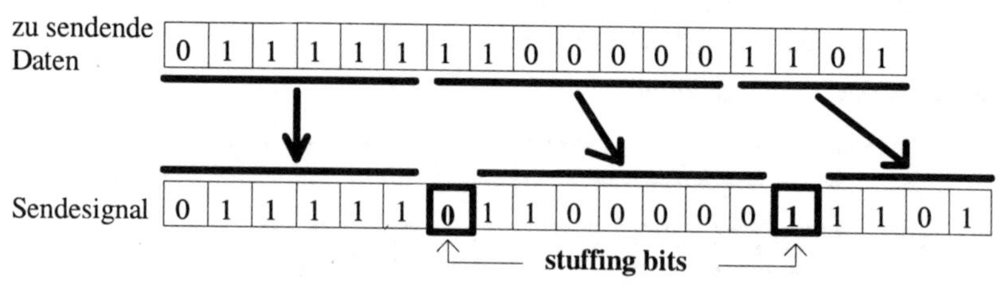

Bild 6-7: Vor dem Senden werden die stuffing Bits eingefügt und vom Empfänger direkt entfernt.

6.2 Die wichtigsten Schnittstellen

6.2.1 V.24 (RS-232C)

In der CCITT-Norm *V.24* sind die physischen Eigenschaften der Schnittstelle festgelegt. Software-Protokoll und Datenformat sind getrennt definiert.

Bezeichnung			Schnittstellenleitung	SUB-D-Stecker
DIN	EIA	CCITT		
E 1		101	Schutzerde	1
E 2		102	Betriebserde	7
D 1	TXD	103	Sendedaten	2
D 2	RXD	104	Empfangsdaten	3
S 1	DTR	108	Übertragungsleitung anschalten	20
M 1	DSR	107	Betriebsbereitschaft	6
S 2	RTS	105	Sendeteil einschalten	4
M 2	CTS	106	Sendebereitschaft	5
S 3		124	Empfangsteil ausschalten	18
M 3	RI	125	Ankommender Ruf	22
S 4		111	Hohe Übertragungsgeschwindigkeit einschalten	23
M 5	DCD	109	Empfangssignalpegel	8
HD 1		118	Hilfskanal-Sendedaten	14
HD 2		119	Hilfskanal-Empfangsdaten	16
HS 2		120	Hilfskanal-Sendeteil einschalten	11
HM 2		121	Hilfskanal-Sendebereitschaft	25
HS 3		129	Hilfskanal-Empfangsteil ausschalten	19
HM 5		122	Hilfskanal-Empfangssignalpegel	12

Tabelle 6-3: Die wichtigsten V.24-Schnittstellensignale

Bei der DIN-Bezeichnung bedeuten:

D = Datenleitungen,
S = Steuerleitungen (vom Gerät zur Übertragungseinrichtung, z. B. Modem),
M = Meldeleitung (von der Übertragungseinrichtung zum Gerät).

Die elektrischen Spannungspegel sind definiert:

+ 3 V bis + 15 V: als „H",

- 3 V bis + 3 V: Zwischenbereich ist undefiniert,

- 15 V bis - 3 V: als „L".

Als maximale Pegel sind + 25 V bzw. - 25 V zulässig.

6.2.2 RS-422 und RS-485

Bei der *RS-422* sind nur die elektrischen Pegel definiert. Die Bedeutung der Leitungen entspricht meist denen der V.24-Schnittstelle. Die Signale sind als Differenzsignale ausgelegt und haben einen Pegel von maximal +5 V bzw. -5 V. Die Signale sind also symmetrisch und dadurch relativ störunempfindlich. Deshalb kann man bei 100 kbit/s bis zu 1,2 km übertragen. Für jedes Signal sind nur ein Sender, aber bis zu 10 Empfänger möglich.

Bei der *RS-485* ist auch die Zusammenschaltung mehrerer Sender möglich. Insgesamt können bis zu 32 Sender und Empfänger an einer Leitung betrieben werden.

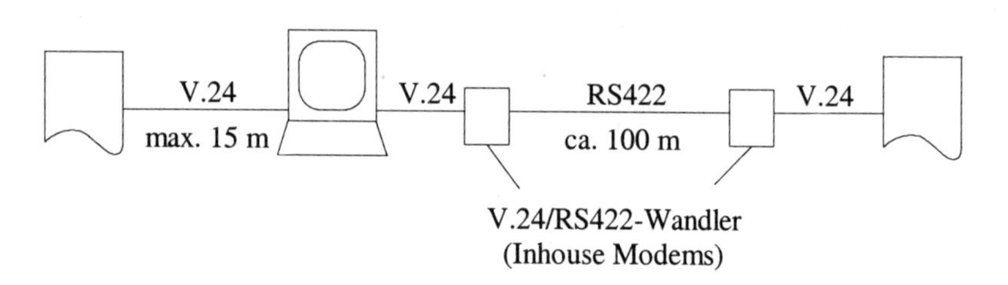

Bild 6-8: Anwendungsbeispiel der RS-422-Schnittstelle bei Inhouse Modems

6.2.3 Centronics

Die folgende Tabelle enthält alle Signale der *Centronics*-Schnittstelle. Um den ziemlich großen und unhandlichen 36 poligen Amphenol-Stecker auf der PC-Seite zu vermeiden, hat man einige Schnittstellenleitungen, besonders für den Ground, weggelassen und einen 25 poligen Stecker am PC verwendet. Die fehlenden Signale sind in der Tabelle mit „x“ gekennzeichnet.

Bedeutung der Signale:

-Data Strobe:	Die Datenbits 1 bis 8 sind gültig.
-Acknowledge:	Drucker übernimmt die Datenbits; neue Daten dürfen erst gesendet werden, wenn -Acknowledge wieder H ist.
Busy:	Drucker kann keine neuen Daten übernehmen.
Demand:	Drucker kann Daten übernehmen (invers zu Busy).
Paper empty:	Meldung, dass kein Papier eingelegt ist.
Online:	Drucker ist betriebsbereit.
-Initialize:	Drucker soll sich normieren.
-Fault:	Drucker hat Fehler erkannt, z. B. Deckel offen.
+5 V:	Rechner kann überprüfen, ob ein Drucker an der Schnittstelle angeschlossen ist.

Pin	Quelle	Signal	Pin	Quelle	Signal
1	Rechner	-Data Strobe	19 x	Rechner	Ground zu -Data Strobe
2	Rechner	Data Bit 1	20	Rechner	Ground zu Data Bit 1
3	Rechner	Data Bit 2	21	Rechner	Ground zu Data Bit 2
4	Rechner	Data Bit 3	22	Rechner	Ground zu Data Bit 3
5	Rechner	Data Bit 4	23	Rechner	Ground zu Data Bit 4
6	Rechner	Data Bit 5	24	Rechner	Ground zu Data Bit 5
7	Rechner	Data Bit 6	25	Rechner	Ground zu Data Bit 6
8	Rechner	Data Bit 7	26	Rechner	Ground zu Data Bit 7
9	Rechner	Data Bit 8	27	Rechner	Ground zu Data Bit 8
10	Drucker	-Acknowledge	28 x	Drucker	Ground zu –Acknowledge
11	Drucker	Busy	29 x	Drucker	Ground zu Busy
12	Drucker	Paper empty	30 x	Rechner	Ground zu –Initialise
13	Drucker	Online (Select)	31	Rechner	-Initialize (-Input Prime)
14 x		Logic Ground	32	Drucker	-Fault
15 x		Not used	33 x	Drucker	Ground zu Demand
16 x		Logic Ground	34 x		verbunden mit 35 zur
17 x		Chassis Ground	35 x		„Drucker vorhanden“-Abfrage
18 x		+5 V	36	Drucker	Demand

Tabelle 6-4: Die Signale der Centronics-Schnittstelle. „x“ bedeutet, dass die Leitung beim 25 poligen Stecker fehlt.

6.2.4 USB (universal serial bus)

... allgemeine Schnittstelle für verschiedene Peripheriegeräte mit einer Übertragungsrate bis zu 480 Mbit/s zum gemeinsamen Anschluss an einen Rechner.

- **Probleme** mit den bisherigen Schnittstellen (z. B. Tastatur, Maus usw.):
  - viele verschiedene Stecker am Rechner notwendig, unterschiedliche Kabel,
  - nicht "plug and play" kompatibel (deshalb Probleme bei der Treiber-Vielfalt),
  - kein "hot plugging" (kein Ein- bzw. Ausstecken im laufenden Betrieb).
- **Initiatoren**

  Intel, Microsoft, Compaq, DEC, IBM PC Company, NEC, Northern Telecom
- **Spezifikation von USB:** Version 1.1 im Frühjahr 1995,
  Version 2.0 im April 2000.
- **Konkurrenzprodukt**

  IEEE 1394 (Apple: FireWire, Sony: i.Link): Bus mit bis zu 1600 Mbit/s, aber nicht so preisgünstig wie USB.

- **Wichtigsten Eigenschaften**
  - einheitliche Schnittstelle für Tastatur, Maus, Scanner, Kamera usw.,
  - 4 poliges Kabel mit flachem Stecker zum Root-Hub hin und fast quadratischem Stecker zur Peripherie hin,
  - 1,5 Mbit/s (low speed) und 12 Mbit/s (fast speed); bei USB 2.0 zusätzlich 480 Mbit/s (high speed),
  - "hot plugging", d. h. Gerätetausch im Betrieb, automatische Konfigurierung.
- **Technische Daten**

  elektrische Schnittstelle: symmetrisch, nur zwei Signalleitungen (+SD, -SD),
  Terminator (Leitungsabschluss): fest im Gerät,
  Übertragungsmedium: 4 adr.Kabel, davon sind die beiden Signaladern verdrillt, zwei Adern für Masse und 5 V mit (abhängig vom Hub): max. 100 mA (low power) für Maus und Tastatur, max. 500 mA (high power) für Kamera und Scanner.

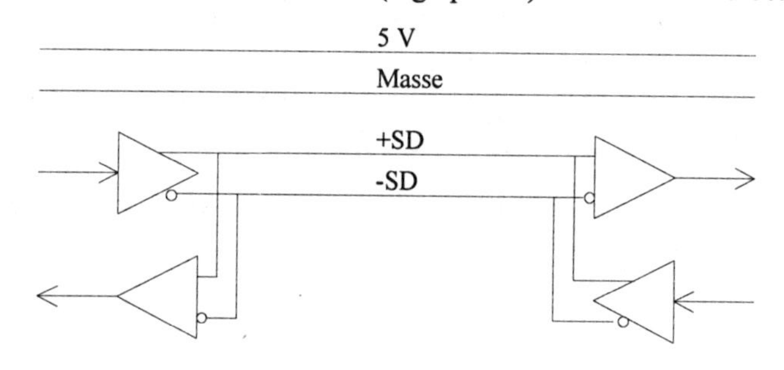

Bild 6-9: Das Kabel hat zwei differenzielle Signalleitungen und zwei Adern für die Stromversorgung.

Topologie: Baumstruktur; Punkt zu Punkt-Verbindung zum Hub
Übertragungsrate: zu den Geräten: 1,5 Mbit/s, 12 Mbit/s oder 480 Mbit/s
zwischen Hubs: bei USB 2.0-Hubs: 480 Mbit/s
bei USB 2.0 mit USB 1.1: 12 Mbit/s
maximale Ausdehnung: Kabellänge maximal 5m, maximal 6 Kabelstrecken, bis zu 63 Eingabe- und 63 Ausgabe-Geräte
Protokoll: Token von Host an Gerät
Zugriffsverfahren: Polling
Übertragungsverfahren: 0: Pegelwechsel,
1: gleicher Pegel,
nach 6 Einsen wird ein Stuffingbit (eine 0) eingefügt.

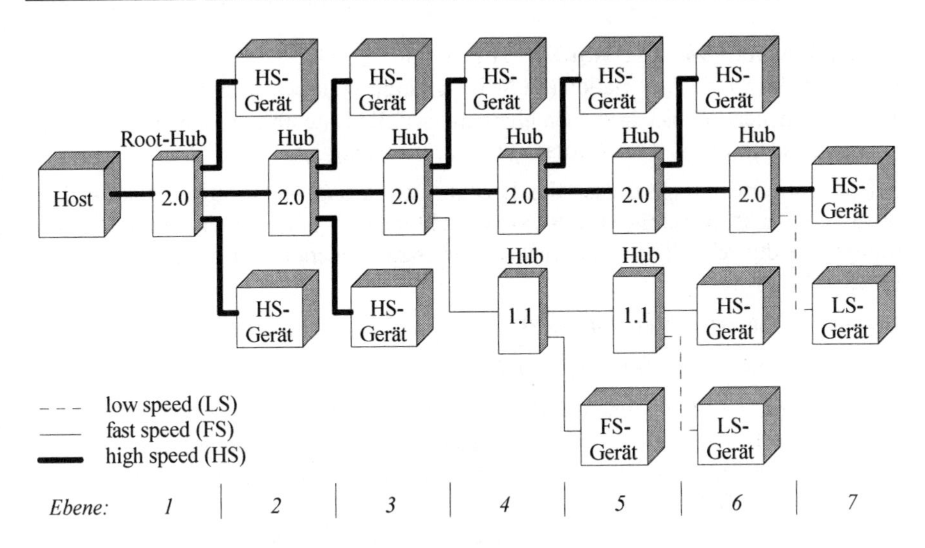

Bild 6-10: Jedes Gerät wird direkt an einen Hub angeschlossen.

6.2.5 Paralleles SCSI

SCSI (small computer system interface, Aussprache „skasi") ist eine genormte Hochgeschwindigkeits-Parallelschnittstelle (Interface-Bus).

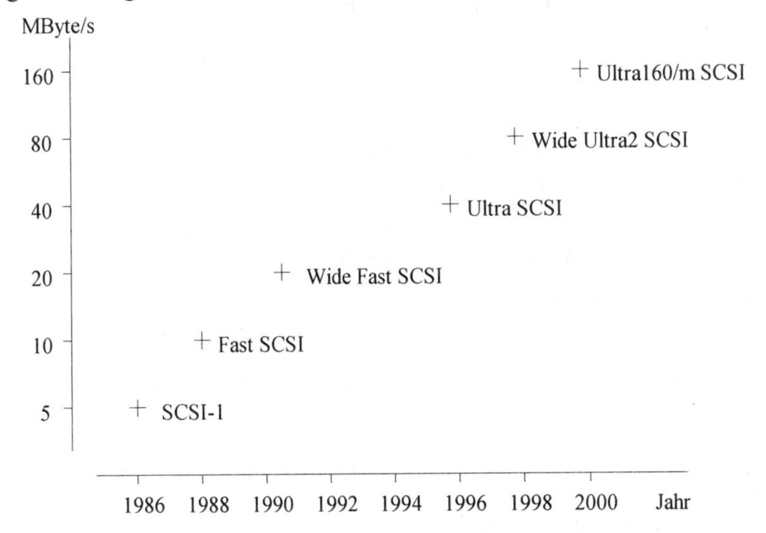

Bild 6-11: Die Übertragungsrate konnte von 5 MByte/s auf 160 MByte/s gesteigert werden.

- SCSI wurde 1986 als ANSI X3.131 genormt.
- Die SCSI Trade Association (STA) betreibt die Weiterentwicklung von SCSI.
- Beim neuen SCSI-3 sind auch alternativ serielle Datenübertragungen, wie Fibre Channel und SSA (serial storage architecture), möglich.

Erfahrungswerte besagen, dass die Leistungssteigerung bei Festplattenlaufwerken pro Jahr etwa 35 % beträgt. Bei SCSI versucht man, immer etwa die vierfache Bustransferrate der schnellsten Harddisks anbieten zu können, damit der Bus nicht zum Flaschenhals wird.

Besondere Eigenschaften von SCSI

- SCSI ist eine *intelligente Schnittstelle*:
  - Jedes SCSI-Gerät und der Hostrechner benötigen einen eigenen Controller.
  - Der Host Controller (beim PC auch *SCSI-Adapter* genannt) verwaltet die Geräte und erteilt ihnen über Befehle Aufträge, wie z. B. Lesen und Schreiben von Blöcken.
  - Der Host Controller kann an mehrere Geräte überlappend Anforderungen schicken, um die Verzögerungen bei den mechanischen Laufwerken zu kompensieren.
  - Lesedaten werden bei SCSI in einem Puffer zwischengespeichert und dann mit der Busgeschwindigkeit übertragen.
  - Da jedes Gerät für den Anschluss an SCSI einen intelligenten Controller braucht, kann der Controller auch einige zusätzliche Aufgaben übernehmen: von der allgemeinen Steuerung des Geräts über die Zwischenspeicherung der Daten bis hin zu Cache-Funktionen.
- Es sind *SCSI Primary Commands* (SPC) festgelegt, die jedes Gerät beherrschen muss. Darauf aufbauend existieren spezielle Kommandos für einzelne Gerätegruppen.
- Über den SCSI-Bus werden die Informationen übertragen, d. h. Befehle, Daten und Statusinformationen. Der SCSI-Bus ist
  - bei einigen Varianten 8 bit breit (50 poliger Stecker) und
  - bei der „Wide“-Variante 16 bit breit (68 poliger Stecker).
- Es gibt drei verschiedene *Busarten*:
  - single-ended
    Asymmetrische Signalübertragung, bei der der Spannungspegel gegen Masse gemessen wird.
  - differenziell
    Symmetrische Signalübertragung, bei der die Spannungsdifferenz zwischen den beiden Leitungen gemessen wird. Dadurch ist die Störsicherheit höher, und längere Kabel sind möglich.

- LVD (low voltage differential)
  Differenzielle Signalübertragung mit niedrigerem Spannungspegel, um die Treiberbausteine in der kostengünstigen CMOS-Technologie fertigen zu können.

- Die *Adressierung* der Geräte erfolgt über ID-Nummern, die an den Geräten eingestellt werden müssen, und nicht über die physische Anordnung am Bus.

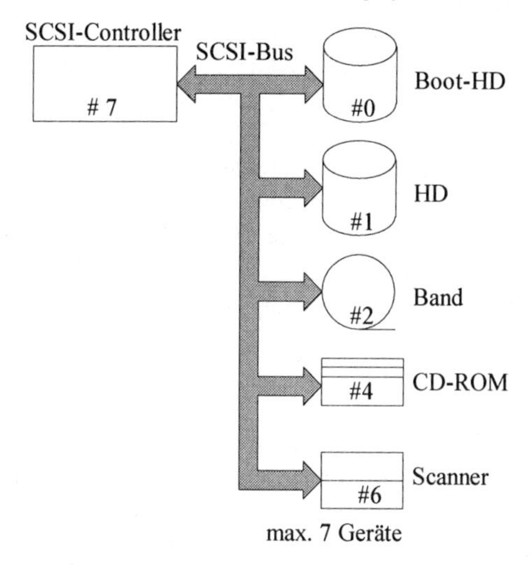

Bild 6-12: Geräteanschluss über den SCSI-1-Bus: Der Hostadapter hat normalerweise die ID-Nr. 7 und die Boot-HD die ID-Nr. 0.

Variante	max. Busgeschwindigkeit [MByte/s]	Busbreite [bit]	maximale Buslänge [m]			maximale Anzahl von Geräten
			single-ended	differenziell	LVD	
SCSI-1	5	8	6	25	12	8
Fast SCSI	10	8	3	25	12	8
Fast Wide SCSI	20	16	3	25	12	16
Ultra SCSI	20	8	1,5	25	12	8
	20	8	3	25	12	4
Wide Ultra SCSI	40	16	-	25	12	16
	40	16	1,5	-	-	8
	40	16	3	-	-	4
Ultra2 SCSI	40	8	undef.	undefin.	12	8
Wide Ultra2 SCSI	80	16	undef.	undefin.	12	16

Tabelle 6-5: Gegenüberstellung der Varianten bei SCSI

- **Zukünftige Entwicklungen**

  Die STA hat umfangreiche Erweiterungen als *Ultra3 SCSI* festgelegt:

  - 160 MByte/s Übertragungsrate durch das so genannte double-transition clocking, d. h. Übernahme der Daten an beiden Taktflanken,
  - CRC (cyclic redundancy check) zur Absicherung der Datenintegrität anstatt des bisherigen Paritätsbits,
  - Domain Validation (Bereichsüberprüfung), d. h., vor der eigentlichen Übertragung wird die Verbindung beginnend mit der maximalen Geschwindigkeit getestet. Tritt ein Fehler auf, dann wird die Geschwindigkeit reduziert und der Test wiederholt.
  - Paketprotokoll, d. h., mehrere Befehle können auch zusammen mit Daten zu einem Datenpaket gebündelt werden,
  - Quick Arbitration (QA, schnelle Buszuteilung) ermöglicht eine schnelle Weitergabe der Buszuteilung.
  - Optional: serielle Datenübertragung (Fibre Channel, SSA).

  Die ersten drei Punkte werden mit *Ultra160/m SCSI* zuerst realisiert.

- **Terminator**

  Der SCSI-Bus darf keine Abzweigung (Y-Verteilung) haben und muss an beiden Enden mit einem *Terminator* abgeschlossen sein: Während SCSI-1 und Wide SCSI mit einem passiven Abschluss (330 Ohm gegen Masse und 220 Ohm gegen die Leitung TermPower) auskommen, benötigen alle Ultra-Varianten einen aktiven Terminator (2,85 V Spannungsquelle mit nachgeschaltetem 110 Ohm Strombegrenzungswiderstand).

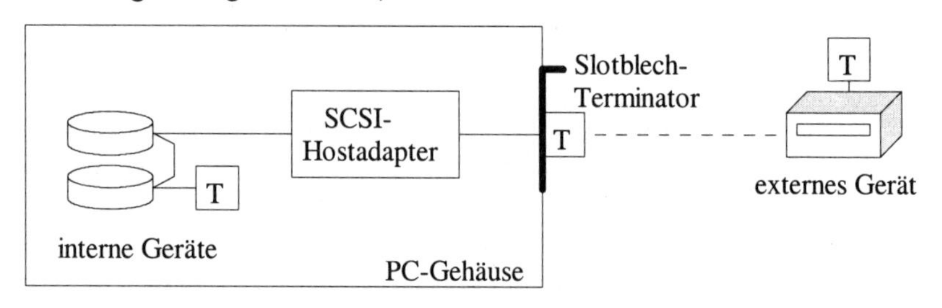

Bild 6-13: Terminator: Der SCSI-Bus muss an beiden Enden mit einen Terminator abgeschlossen werden. Wenn ein externes SCSI-Gerät angeschlossen wird, muss der Terminator vom Hostadapter auf das Gerät umgesteckt werden.

7 Maschinenorientiertes Programmieren

In diesem Kapitel lernen wir die Maschinensprache des PCs kennen.

Aus zwei Gründen ist es auch heute noch sinnvoll, sich mit der Maschinensprache und dem „maschinenorientierten Programmieren" zu beschäftigen:

- Das Wechselspiel zwischen Hardware und Software wird verständlicher. Mit maschinennahen Programmen kann man elementare Funktionen der Hardware ansteuern und deren Reaktionen drauf mit Hilfe des Debuggers (Testprogramm) überwachen. *Beispiele*: Prüfprogramme z. Hardwaretest, embedded Controller.
- Obwohl sehr leistungsfähige Programmiersprachen mit den entsprechenden Übersetzern zur Verfügung stehen, gibt es doch immer wieder Problembereiche, in denen eine hardwarenahe Programmierung aus Gründen einer kurzen Laufzeit oder eines kompakteren Programmcodes erforderlich ist. (*Beispiele:* Controller in Steuerungen mit begrenztem Speicher für Kfz, Haushaltsgeräte usw.) Ein Compiler erzeugt wegen der formalen Übersetzung selten einen optimalen Code.

7.1 Assembler- und höhere Programmiersprache

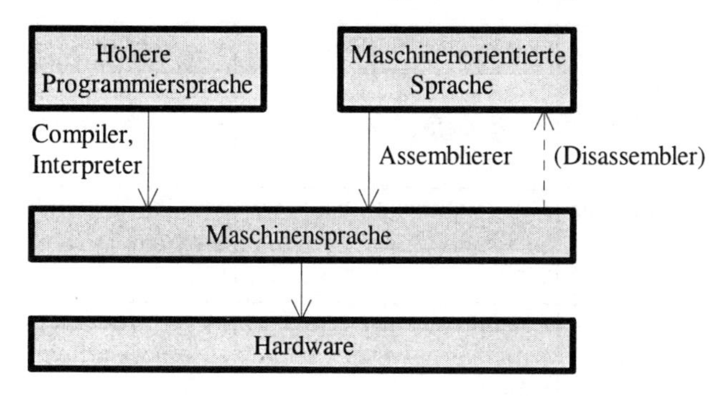

Bild 7-1: Abhängigkeiten zwischen den verschiedenen Sprachen

Eine höhere Programmiersprache, auch high level language (HLL) genannt, ist ideal, um ein Problem möglichst schnell und einfach in ein Programm umzusetzen:

- Ziel: Aufgabenstellung schnell in Programme umsetzen.
- Unabhängig von der Rechnerfamilie (portabel auf PC, Macintosh, SUN usw.)
- Programm enthält komplexe Anweisungen (z. B.: $x = (a + b) \cdot c^2$).
- Beispiele: C / C++ / C#, Java, Pascal, Fortran.

Die Hardware des Rechners versteht aber nur die Maschinensprache, auch Maschinencode, Objektcode, low level language (LLL), „Binärprogramm" genannt:

- Programmiersprache einer speziellen Rechnerfamilie.
- Abhängig von der Rechnerfamilie (portabel entweder auf PC oder Macintosh oder ...).
- Programm ist eine Folge von Befehlen mit maximal zwei Operanden, z. B.: x = a + b. Ein Befehl bedeutet hier eine Folge von Nullen und Einsen mit bestimmter Stellenanzahl, z. B.: $1000\ 1011\ 1100\ 0011|_2$ oder $8BC3|_{hex}$.

Das Programmieren in einer Maschinensprache ist sehr aufwendig, weil jeder Befehl im Binärformat aus Befehlscode, Adressierungsart und Speicherort der Operanden zusammengesetzt werden muss. Deshalb wurde die Maschinenorientierte Sprache, auch Assembler-Sprache genannt, entwickelt:

- Mnemo(tech)nische Bezeichnungen für Befehle, also Begriffe, mit denen man automatisch eine Bedeutung verbindet, z. B.: ADD, SUB, MOV, JMP. So bedeutet der obige Befehl $8BC3|_{hex}$ "MOV AX,BX", also kopiere den Inhalt des Registers BX nach AX.
- Symbolische Adressen statt nummerischer Adressen (z. B.: MARKE).
- Pseudobefehle (Assemblerdirektiven) als nicht ausführbare Befehle zur Definition von Datentypen und zur allgemeinen Programmsteuerung,
- Makromechanismen.

Höhere Programmiersprache	Maschinenorientierte Sprache	Maschinensprache
+ *leicht und schnell zu programmieren*	+ *laufzeitoptimaler Code*	+ *laufzeitoptimaler Code*
+ Anwender benötigt nur Objektprogramm, kein Quellprogramm	+ speicherplatzsparender Code	++ *sehr kompakter, speicherplatzsparen- der Code*
- Compiler kann Code bzgl. Laufzeit nur teilweise optimieren	+ *einfacher zu programmieren als in Maschinensprache*	- - sehr programmierunfreundlich

Tabelle 7-1: Vergleich zwischen den drei Sprachen

7.2 Die maschinenorientierte Sprache

Um die Vorteile der Maschinensprache nutzen zu können, wurde zur einfacheren Programmierung die maschinenorientierte Sprache entwickelt.

Die Umsetzung von der maschinenorientierten Sprache in die Maschinensprache erfolgt mittels eines Compilers, den man Assemblierer oder auch manchmal Assembler nennt. Zur eindeutigen Unterscheidung legen wir aber folgendes fest:

- Die maschinenorientierte Sprache bezeichnen wir als *Assembler*, verwenden aber den Begriff nur zusammen mit Ergänzungen, wie „Programm", „Befehl".
- Das Übersetzungsprogramm nennen wir *Assemblierer.*

„Maschinenbefehl" wird in der Literatur sowohl als Synonym für Assembler-Befehl wie auch für Maschinencode benutzt. Deshalb verwenden wir diesen Begriff nicht.

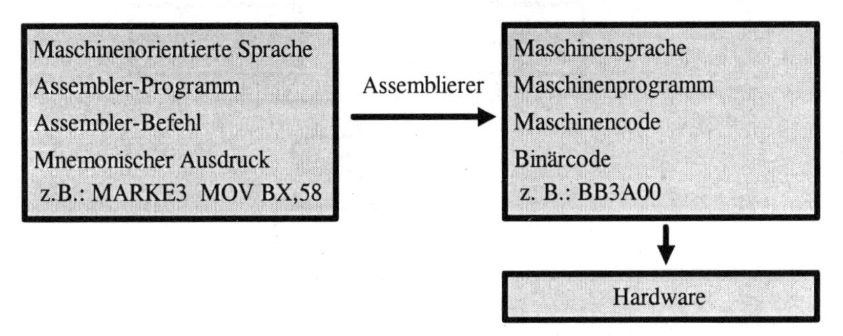

Bild 7-2: Begriffserklärung

Wir wollen hier die Maschinensprache der Intel 80x86-Familie kennen lernen und benutzen dazu die Assembler-Sprache „Turbo Assembler" der Firma Borland.

Beim Programmieren erstellt man mit Hilfe eines Editors das gewünschte Quell- oder Source-Programm (→ Bild 7-3). Der Assemblierer belegt aufgrund von Anweisungen die Speicherbereiche und übersetzt jeden ausführbaren Befehl in den entsprechenden Maschinencode. Eventuell vorhandene Makro-Befehle ersetzt er durch die entsprechenden Definitionsteile aus der Makro-Bibliothek. Außerdem legt er eine Symboltabelle an, in der die Symbole mit ihren Adressen festgehalten werden.

Der *Binder (linker)* fügt Hauptprogramm mit vorübersetzten Objekt-Modulen aus der Bibliothek zu einem ablauffähigen Objektprogramm zusammen.

Der *Lader (loader)* bringt das Objektprogramm in den Hauptspeicher und startet es, d. h., es wird ein Prozess erzeugt. Das Programm im Arbeitsspeicher mit allen zur Ausführung benötigten zusätzlichen prozessspezifischen Datenstrukturen nennt man *process image.*

7.3 Hardware-Merkmale der Intel 80x86-Familie

Für den Mikroprozessor 8086 der Firma Intel wurde damals eine neue Maschinensprache definiert, die prinzipiell auch noch für die heutigen Prozessoren der 80x86-

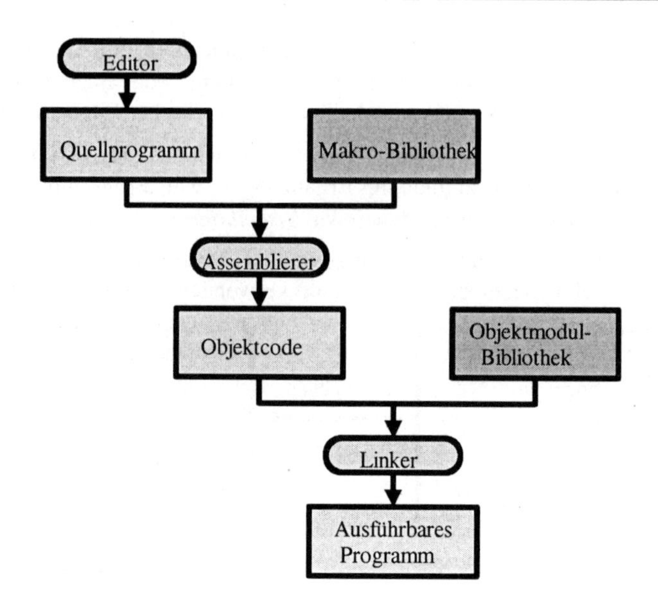

Bild 7-3: Vom Assembler- zum ausführbaren Programm

Familie gilt. Dadurch sind die Prozessoren softwaremäßig zueinander „aufwärtskompatibel". Damit ist gemeint, dass Programme, die für einen älteren Typ (z. B. 8086) geschrieben wurden, auf einem neueren Typ (z. B. Pentium) auch lauffähig sind. Dagegen bieten neuere Prozessoren zusätzliche Funktionen an, die auf älteren Typen nicht einsetzbar sind (also nicht „abwärtskompatibel").

Typ	Jahr	Registerbreite	Busbreite Daten	Busbreite Adresse	Kommentar
4004	1971	4 bit	4 bit	10 bit	Erster Mikroprozessor auf *einem* Chip
8008	1972	8 bit	8 bit	14 bit	Erster 8 bit Mikroprozessor
8080	1974	8 bit	8 bit	16 bit	Erster allgemein einsetzbarer Mikroproz.
8086	1978	16 bit	16 bit	20 bit	Erste 16 bit CPU auf einem Chip
8088	1980	16 bit	8 bit	20 bit	8086 mit 8 bit Datenbus (PC-XT)
80186	1982	16 bit	16 bit	20 bit	8086 mit I/O-Support auf dem Chip
80188	1982	16 bit	16 bit	20 bit	8088 mit I/O-Support auf dem Chip
80286	1982	16 bit	16 bit	24 bit	Adressbereich auf 16 MByte vergrößert
80386	1985	32 bit	32 bit	32 bit	Echte 32 bit CPU auf einem Chip, MMU
80386SX	1988	32 bit	16 bit	24 bit	80386 mit 80286-Bus
80486	1989	32 bit	32 bit	32 bit	Schnellere Version des 80386, mit FPU
Pentium	1993	32 bit	64 bit	32 bit	64 bit Datenbus

Tabelle 7-2: Die Intel 80x86-Familie mit den Vorgängern

Um mit einem einfachen Prozessor zu beginnen, betrachten wir hier „als kleinsten gemeinsamen Nenner“ den Prozessor 8086 mit den Register-Erweiterungen für den 80386. Im Folgenden sind einige Hardware-Merkmale zusammengestellt.

7.3.1 Hardware-Aufbau

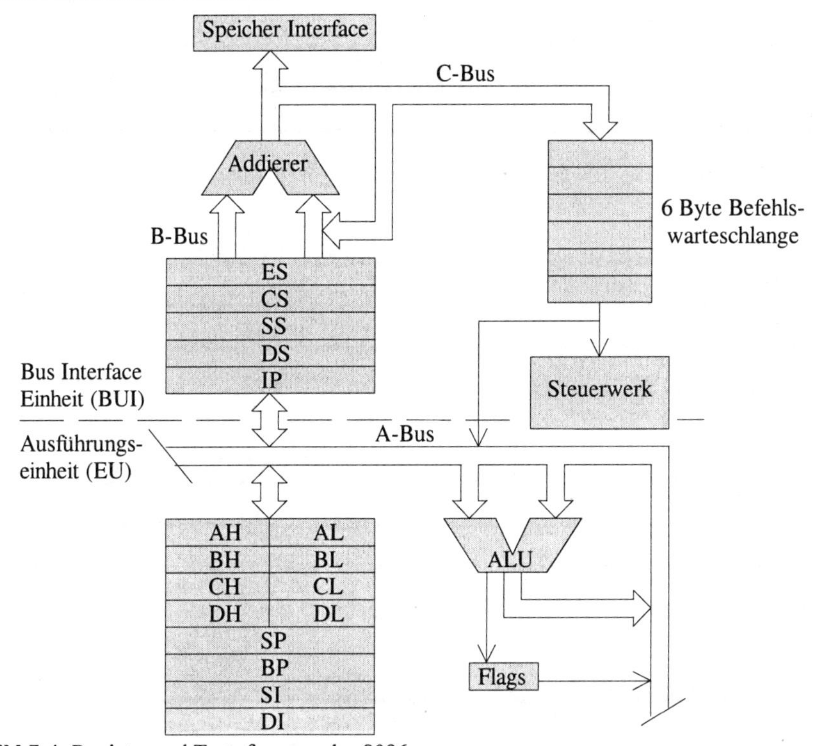

Bild 7-4: Register und Transferwege des 8086
In der unteren Hälfte erkennt man das Rechenwerk mit ALU, Flagregister und den acht16 bit-Registern. Die obere Hälfte enthält das Steuerwerk mit einem erweiterten Befehlsregister und dem Befehlszähler (IP) sowie die Segmentregister ES bis DS, deren Inhalt bei einem Speicherzugriff zur Adresse addiert werden muss (→ 7.3.4).

- 16 bit Datenwortlänge.
- Die Bytes werden vom LSB (least significant bit) zum MSB (most significant bit) gezählt, d. h.: little endian.

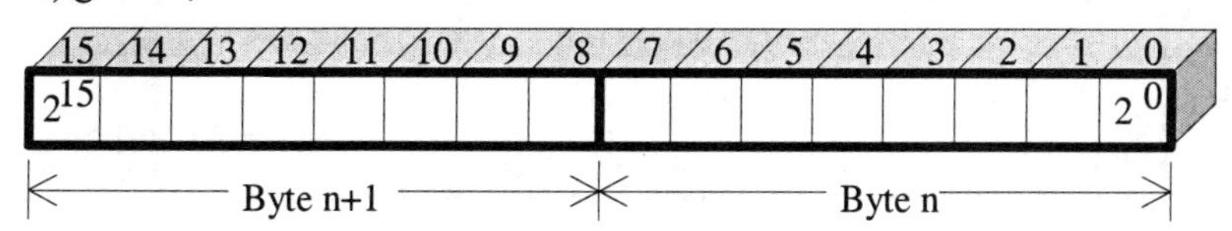

7.3.2 Datenformate:

- **Dezimaldaten:** Ein Byte enthält zwei binär codierte Dezimalstellen. (MSD: most significant digit; LSD: least significant digit)

Adresse	15 14 13 12	11 10 9 8	7 6 5 4	3 2 1 0	Adresse
n+1	BCD 3	BCD 2	BCD 1	BCD 0 LSD	n
n+3	MSD BCD 7	BCD 6	BCD 5	BCD 4	n+2

- **Byte-Format** (8 bit; BYTE; DB)

Adresse	15 14 13 12 11 10 9 8	7 6 5 4 3 2 1 0	Adresse
n+1	Byte n+1	MSB Byte n LSB	n
n+3	Byte n+3	Byte n+2	n+2

- **Wort-Format** (16 bit; WORD; DW)

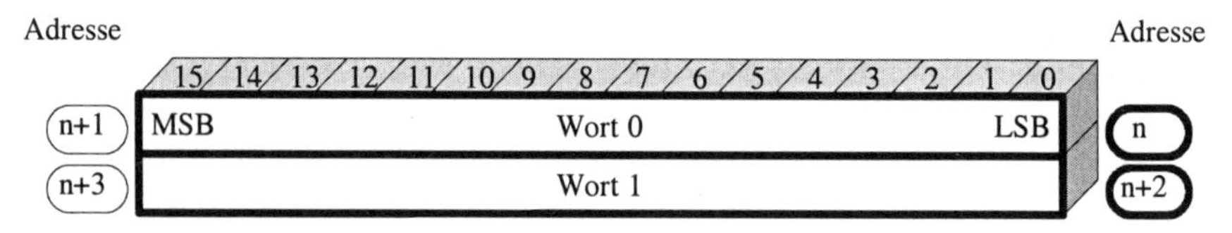

- **Doppelwort-Format** (32 bit; DWORD; DD)

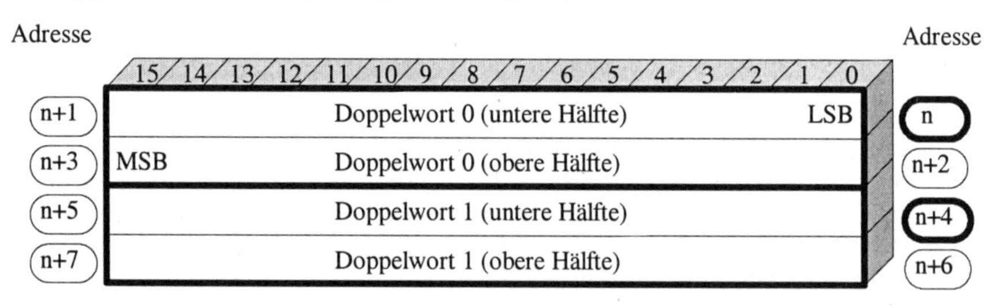

- **Vierfachwort-Format** (64 bit; QWORD: quadword; DQ)

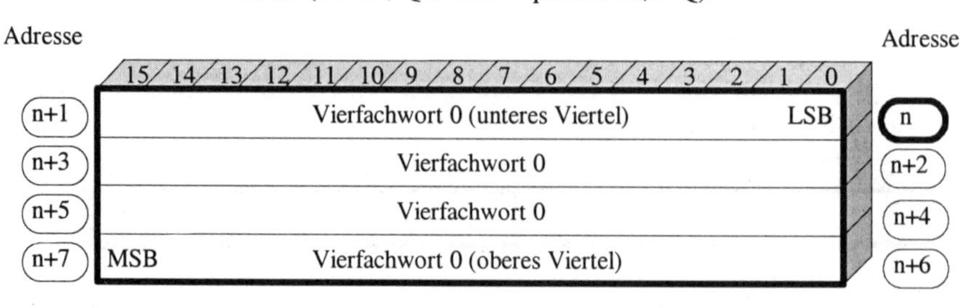

7.3.3 Register

- Es gibt 14 *Register* mit je 16 bit. Davon können die 4 Register AX bis DX entweder je ein 16 bit Wort oder 2 voneinander unabhängige Bytes speichern, z. B. bei AX unter AH und AL. Die Register AX bis SP sind *Mehrzweck-Register*.

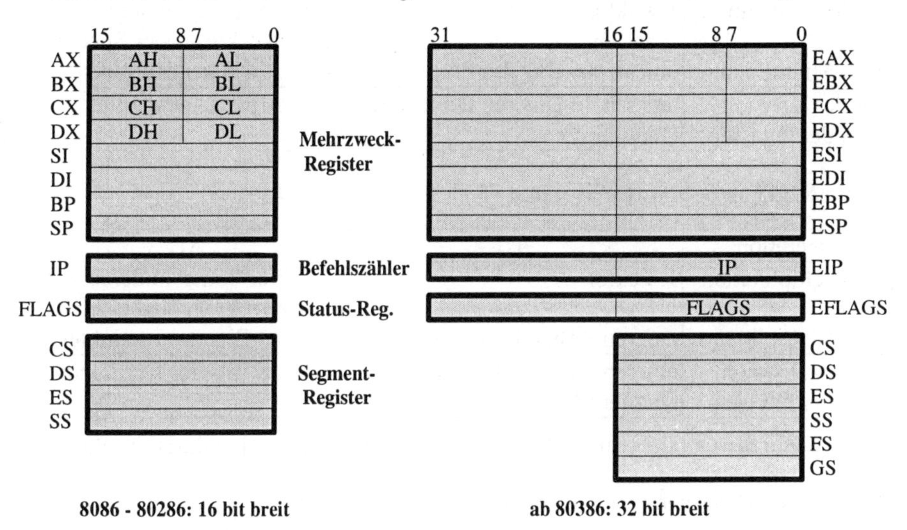

Bild 7-5: Die Register des 8086-Prozessors und die Erweiterungen durch den 80386

Register	Abkürzung für	Bedeutung	relativ zu
AX	accumulator	Arbeitsregister, Akku, Zieloperand bei I/O	DS
BX	base	Arbeitsregister, Basisregister	DS
CX	count	Arbeitsregister, Schleifenzähler	DS
DX	data	Arbeitsregister, Multiplikation, Division	DS
SI	source index	Arbeitsregister, Indexregister für Quellstring	DS
DI	destinat. index	Arbeitsregister, Indexregister für Zielstring	DS, ES
BP	base pointer	Arbeitsregister, Basiszeiger	SS
SP	stack pointer	Stapelzeiger (Top des Stacks)	SS
IP	instruction p.	Befehlszähler	CS
Status		siehe Bild 7-6	
CS	code segment	Anfangsadresse des aktuellen Code-Segments	
DS	data segment	Anfangsadresse des aktuellen Daten-Segments; BX, SI, DI arbeiten relativ zu DS	
ES	extra segment	Anfangsadresse des Extra-Segments	
SS	stack segment	Anfangsadresse des Stack-Segments	

Tabelle 7-3: Bedeutung der Register

- Multiplikation oder Division benutzen die Register AX und eventuell DX.
  - 16 bit Faktor bzw. Devisor und 32 bit Produkt bzw. Dividend

Operation	AX	DX
vor Multiplikation nach Multiplikation	1. Faktor unteren 16 Bits des Produktes	2. Faktor (oder anderes 16 bit Mehrzweckreg. oder Speicher) oberen 16 Bits des Produktes
vor der Division nach der Division	unteren 16 Bits des Dividenden Quotient *)	oberen 16 Bits des Dividenden Rest

  - 8 bit Faktor bzw. Devisor und 16 bit Produkt bzw. Dividend

Operation	AL	AH
vor Multiplikation nach Multiplikation	1. Faktor unteren 8 Bits des Produktes	2. Faktor (oder anderes 8 bit Mehrzweckreg. oder Speicher) oberen 8 Bits des Produktes
vor der Division nach der Division	unteren 8 Bits des Dividenden Quotient *)	oberen 8 Bits des Dividenden Rest

*) Wenn der Quotient zu groß ist, wird der Interrupt „Division durch 0“ aktiviert.

Tabelle 7-4: Bedeutung der Register bei Multiplikation und Division

- Das 16 bit *Status-Register* enthält beim 8086 die im Bild 7-6 angegebenen Bits.

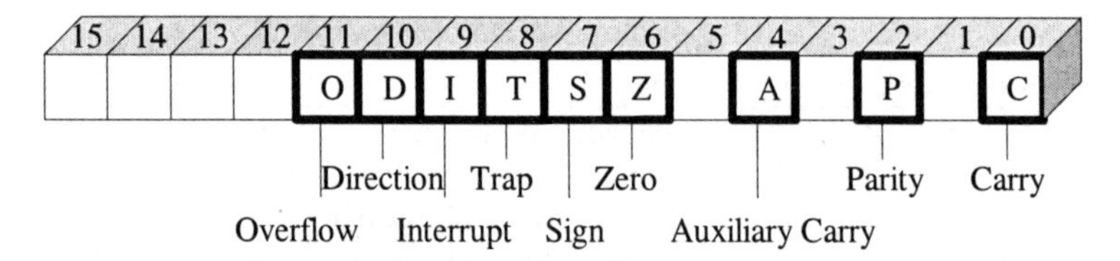

Flag	Bedeutung	Erklärung
C	carry	Bei der Operation ist ein Übertrag aufgetreten.
P	parity	Niederwertiges Ergebnisbyte enthält eine gerade Anzahl von Einsen (z. B. zur Prüfung auf Fehler bei serieller Übertragung).
A	auxiliary	Die niederwertigen 4 Bits in AL verursachten Übertrag (f. BCD).
Z	zero	Das Ergebnis der Operation hat den Wert 0.
S	sign	Das höchstwertige Bit des Ergebnisses hat den Wert 1.
T	trap	Die Programmausführung erfolgt Befehl für Befehl (zum Testen)
I	interrupt	Der Prozessor reagiert auf einen Interrupt.
D	direction	Bei D = 1 arbeiten Stringbefehle zu kleineren Adressen.
O	overflow	Bei der Operation ist ein Überlauf aufgetreten.

Bild 7-6: Das Status-Register des 8086 und die Bedeutung der Flagbits

- Basisregister können BX und BP sein, Indexregister SI und DI.
- Fast alle Befehle haben zwei Operanden (Zweiadressbefehle).

7.3.4 Segmente

Die Register des 8086 sind 16 bit lang. Um eine größere Adresslänge (20 bit) zu erreichen, verschiebt man die Segmentregister um 4 bit, was einer Multiplikation des Inhalts mit $2^4 = 16$ entspricht, und addiert dazu die gewünschte Adresse.

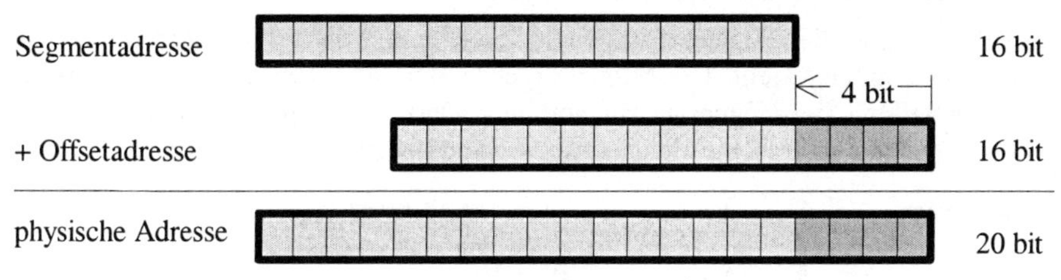

Bild 7-7: Die physische 20 bit-Adresse erhält man, indem man zu der um 4 bit versetzten Segmentadresse eine Offsetadresse addiert.

Die physische (reale) Adresse ist 20 bit lang und setzt sich aus dem Inhalt eines *Segment*-Registers und einem *Offset* zusammen:

physische Adresse = Segmentadresse · 16 + Offsetadresse.

- Die Anfangsadresse eines Segments ist durch 16 teilbar.
- Ein Segment hat eine Kapazität von 2^{16} Byte = 64 KByte.
- Innerhalb des Segments gibt der Offset die konkrete Adresse an. Man schreibt:

  Segment : Offset (z. B.: DS : 3)

  Beispiel: $100|_{10} : 48|_{10} = 101|_{10} : 32|_{10} = 102|_{10} : 16|_{10} = 103|_{10} : 0|_{10}$.

- Den Segmenten darf man keine nummerischen Adressen zuweisen, da die endgültige Lage des Segments von MS-DOS bestimmt wird und z. B. von der MS-DOS Version abhängt. Die Zuweisung erfolgt mit Labels (Symbolen).

  Beispiel: Definition von zwei Codesegmenten: .CODE PROG1
  .CODE PROG2

7.3.5 Speicheraufteilung

Die externe Adresse ist 20 bit lang. Die Leitungen für die unteren 16 Bits werden mit den Daten gemultiplext, d. h., Daten und Adressen benutzen die gleichen Leitungen, aber zu verschiedenen Zeitpunkten.

Da der 8086 „nur" 20 Adressbits verwaltet, ist der Adressierungsbereich auf 1 MByte begrenzt. Im Laufe der Zeit war diese Grenze nicht mehr akzeptabel, und so überlegte man sich Tricks, um trotzdem auf größere Datenmengen zugreifen zu können. Dazu kopiert man aus einem zusätzlichen Speicher *(expanded memory)* maximal vier 16 KByte-Blöcke in das *EMS*-Fenster des oberen Speicherbereiches (UMB). Durch Umladen dieses Fensters kann man Daten aus dem bis zu 32 MByte großen Speicher erreichen, allerdings nur indirekt über das Fenster und nur blockweise (maximal 4 · 16 KByte).

Mit der größeren Adresswortlänge des 80286 konnte man dann auch den erweiterten Speicherbereich *(extended memory)* direkt adressieren.

Im Bild 7-8 sind die festgelegten Speicherbereiche und die verschiedenen Bezeichnungen zusammengestellt. Die Namen ergeben sich zum Teil daraus, dass bei der Intel-Darstellung (im Gegensatz zur normalen Darstellung in der Rechnerarchitektur) ein Speicher unten seine kleinste Adresse und oben die höchste Adresse hat.

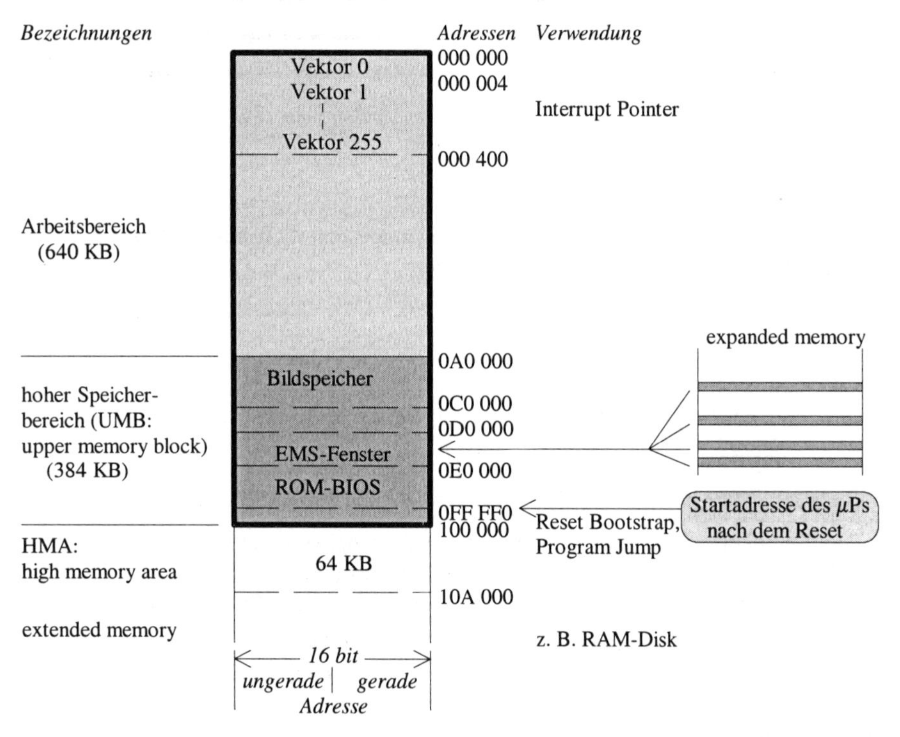

Bild 7-8: Speicheraufteilung, Bezeichnungen und reservierte Bereiche beim 8086

7.4 Struktur der Assemblerbefehle und Programmaufbau

Ein Befehl ist folgendermaßen aufgebaut:

[Label:]	OP-Code	Operand1,Operand2	[;Kommentar]
MARKE1:	*ADD*	*AX,BX*	*; Beginn der Schleife 1*

Die eckigen Klammern geben die Teile des Befehls an, die wahlweise (optional) vorhanden sein können.

Der Assembler für die Intel-Familie 80x86 verlangt keine Ausrichtung der verschiedenen Befehlsteile in feste Spalten, da die Befehlsteile durch Trennzeichen (Doppelpunkt, Leerzeichen bzw. Tabulatorsprung, Komma oder Semikolon) abgegrenzt sind. Aber zur besseren Lesbarkeit ist eine Spaltenorientierung sehr hilfreich.

Einige Assembler-Programmzeilen sollen zunächst auf die wichtigsten Begriffe verweisen, die dann in den kursiv angegebenen Abschnitten näher erklärt werden.

Kommentarzeilen (7.4.1)	; Das Programm bestimmt die Summe der Zahlen von 0 bis N ; Programmname: summe.asm			
Pseudobefehle (7.4.3)	 N SUM	.DATA DB DW .CODE	 50 0	 ;N : = 50, 8 bit lang ;SUM : = 0, 16 bit lang
ausführbare Befehle (7.4.3)	SUMME:	MOV MOV MOV :	DX,@DATA DS,DX AX,0 :	 ;lade Register AX mit 0 :
Pseudobefehl		END	SUMME	;Beenden des Progr.
	Label (7.4.2)	*Operatoren (7.4.3)*	*Operanden (7.4.4)*	*Kommentar (7.4.1)*

7.4.1 Kommentare

Kommentare werden durch ein Semikolon (;) angekündigt; das gilt für ganze Kommentarzeilen wie auch Kommentare nach dem letzen Operanden.

```
; Das ist eine Kommentarzeile!
     MOV  AX, 8  ; Lade Wert 8 ins Register AX (Kommentar zur Befehlszeile)
```

7.4.2 Labels

Eine Vereinfachung der maschinenorientierten Programmierung gegenüber der Maschinensprache besteht darin, dass man symbolische Adressen (auch *Symbole, Marken* oder *Labels* genannt) verwenden kann:

- Länge der Labels ist nicht begrenzt.

- Erlaubt sind: Großbuchstaben A - Z, keine Umlaute,
  Kleinbuchstaben a - z, keine Umlaute,
  Sonderzeichen @, $, ?, _ , aber $ und ? nicht allein,
  Ziffern 0 –9, aber nicht als erstes Zeichen.

  Beispiel: DAS_IST_EIN_BEISPIEL_LABEL:, @123:, _Feld1:

- Im Codebereich müssen Labels mit einem Doppelpunkt abschließen.

Der Assemblierer benutzt einen Zuordnungszähler (engl.: location counter; LC). Das ist ein Software-Zähler und entspricht in seiner Funktion dem Befehlszähler (engl.: program counter; PC; Intel: instruction pointer; IP) während der Ausführungsphase. Zum Programmanfang übernimmt der Zuordnungszähler den Startwert und zählt dann mit jedem Befehl entsprechend der Befehlslänge hoch. Dadurch weist er immer auf die Speicheradresse, an der der nächste Befehl abgelegt werden kann.

Wenn im Programm ein Label definiert wird, dann ersetzt der Assemblierer dieses Label durch die aktuelle Adresse des Zuordnungszählers und trägt beides in einer *Symboltabelle* ein. Wenn dann im Programm das Label nochmals auftritt, erhält es die in der Symboltabelle eingetragene Adresse.

Beispiel: Folgende Befehlsfolge soll ab Offsetadresse $200|_{16}$ übersetzt werden:

```
0200  LOOP1:  ADD  AX,BX      ; Das Label LOOP1 erhält den Wert 200
0202          DEC  BX
0203          JNE  LOOP1      ; Sprungziel ist LOOP1, also Adresse 200
0205
```

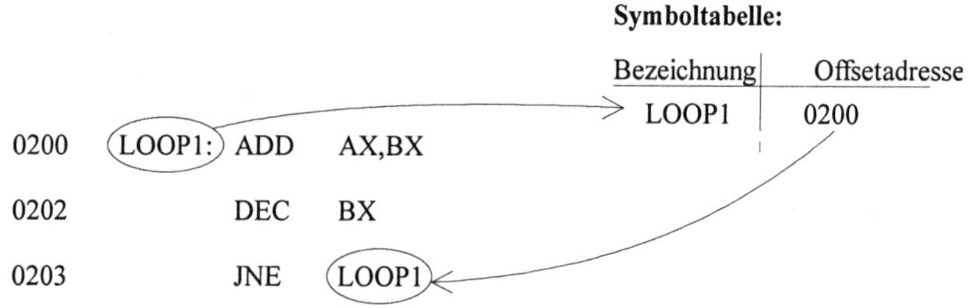

Symboltabelle:

Bezeichnung	Offsetadresse
LOOP1	0200

```
0200  LOOP1:  ADD  AX,BX

0202          DEC  BX

0203          JNE  LOOP1
```

Bild 7-9: Der Assemblierer tauscht beim Übersetzen Labels gegen Adressen aus.

7.4.3 Operatoren

Der *Operator* (*Befehlscode* oder *Operationscode*, kurz: *OP-Code*) gibt an, was der Befehl bewirken soll. Es gibt drei Assembler-Befehlstypen, die sich in den Operatoren-Namen unterscheiden:

- *ausführbare Befehle* (Assembler-Befehle):

Diese Befehle umfassen den Hauptteil des Assembler-Programms. Der Assemblierer setzt diese Befehle 1 zu 1 in den Maschinencode um. Zur Laufzeit werden sie dann ausgeführt. Zur einfacheren Lesbarkeit gibt man für ausführbare Befehle mnemo(tech)nische Namen an.

Die ausführbaren Befehle werden im Abschnitt 7.6 ausführlich behandelt.

- *Pseudobefehle* (Assembleranweisungen oder Assemblerdirektiven):

  Diese Anweisungen sollen nur den Übersetzungsvorgang steuern und erzeugen somit keinen direkt auszuführenden Maschinencode. Zum Beispiel gibt es Direktiven (→ Abschnitt 7.6.3),

  - die Programmanfang und -ende festlegen,
  - das Speichermodell angeben,
  - die Speicherbereiche reservieren und
  - die Konstanten erzeugen.

  Beim Definieren von Konstanten oder Variablen legt man automatisch den Datentyp fest:

Abk.	Datentyp	Länge des Datenwortes
DB	Byte	8 bit
DW	Wort	16 bit
DD	Doppelwort	32 bit
DQ	Quadword	64 bit

- *Makrobefehle:*

  Als Makrobefehle kann man eine Folge von ausführbaren Befehlen unter einem sonst nicht verwendeten Namen definieren. Der Assemblierer ersetzt den Makrobefehl durch die Befehlsfolge.

Für den Assemblierer ergeben sich also folgende Aufgaben:

- Umwandlung der mnemo(tech)nischen Assembler-Befehle in Maschinencode,
- Erzeugen der nummerischen (effektiven) Speicheradressen aus den symbolischen Adressen,
- Reservierung von Speicherbereichen und
- Ablegen der Konstanten im Arbeitsspeicher.

7.4.4 Operanden

Operanden bei ausführbaren Befehlen können komplexe Ausdrücke sein. Sie geben die Werte bzw. die Adressen der Werte an, mit denen der Befehl arbeiten soll. Bei Pseudobefehlen haben die Operanden eine andere Bedeutung (→ Abschnitt 7.6.3).

Normalerweise hat ein ausführbarer 8086-Assemblerbefehl zwei Operanden. Dabei bezeichnet der erste Operand das Ziel und der zweite Operand die Quelle.

Operanden können sein:

1. eine Konstante (unmittelbare Adressierung)
2. eine Adresse (direkte Adressierung):
   Eine Registernummer oder eine absolute Speicheradresse bezeichnet den Ort, wo der Wert steht, mit dem die Operation durchgeführt werden soll.
3. den Inhalt einer Adresse (indirekte Adressierung):
   In dem angegebenen Register steht die Speicheradresse, unter der der Operand abgelegt ist.
4. eine Speicheradresse und ein oder zwei Register (relative Adressierung):
   Die Summe von der Speicheradresse und dem Inhalt des/der Register bezeichnet die Stelle im Speicher, an der der Operand steht.

Beim 8086 geht der aktuelle Datentyp aus den verwendeten Operanden hervor.

Beispiel:

```
             8 bit Register              16 bit Register
                   ↓                            ↓
MOV              AH,6          MOV            AX,6
```

7.4.5 Programmaufbau

Ein Programm beginnt mit einer Reihe von Anweisungen, um verschiedene Parameter festzulegen. Ein Label mit dem Programmnamen eröffnet dann den eigentlichen Programmteil, der mit END und dem Programmnamen abgeschlossen wird. Ein Text nach dem Pseudobefehl END wird nicht berücksichtigt.

Kommentarzeilen	; Dieses Programm bestimmt die Summe der Zahlen von 0 bis N ; Programmname: summe.asm			
Programmbeginn		.MODEL	SMALL	; Angabe des Speichermod.
		.STACK	100h	; Länge des Stacksegments ; Defaultwert: 1024 Byte
		.DATA		; Angabe des Datensegments
	N	DB	50	; Definition e. Konstanten
		.CODE		; Angabe des Codesegments
Programmteil	SUMME:	MOV	DX,@DATA	; Laden der Datensegment-
		MOV	DS,DX	; Adresse in das Register DS
		MOV	AX,0	;Lade Register AX m.Wert 0
		:	:	:
Programmende		MOV	AH,4Ch	; 4Ch entspricht MS-DOS
		INT	21h	; Aufruf v. MS-DOS
		END	SUMME	;Programmende

Es gibt fünf verschiedene Speichermodelle:

Name	Programmbereich	Datenbereich	Zeiger	Sprünge
tiny	zusammen ≤ 64 KByte		16 bit	near
small	≤ 64 KByte	≤ 64 KByte	16 bit	near
medium	> 64 KByte	≤ 64 KByte	16 bit	near und far
compact	≤ 64 KByte	> 64 KByte	32 bit	near
large, huge	> 64 KByte	> 64 KByte	32 bit	near und far

Tabelle 7-5: Die verschiedenen Speichermodelle beim 8086

7.5 Adressierung

In diesem Kapitel werden zunächst zwei wichtige Begriffe erläutert. Anschließend folgt die Erklärung der verschiedenen Adressierungsarten und deren Umsetzung in den Maschinencode.

7.5.1 Begriffserläuterungen

Displacement

Als *Displacement* (engl.: Entfernung) bezeichnet man den Abstand zwischen dem *Offset*anteil der Zieladresse und dem aktuellen Stand des Befehlszählers (IP):

displacement = Offset der Zieladresse - Inhalt des Befehlszählers

Ein Displacement kann also nur im Code-Segment auftreten, z. B. bei Sprüngen. Normalerweise wird das Displacement durch eine symbolische Adresse angegeben.

Der Assemblierer berechnet das Displacement automatisch. Dabei bedeutet ein positiver Wert des Displacements, dass das Ziel bei einer höheren Adresse liegt, und ein negativer Wert zeigt auf eine kleinere Adresse.

Beispiel: Der Befehl „JNE LOOP1" ist ein bedingter Sprung zum Label „LOOP1".

Offset	Label	Operator	Operand(en)
000 300	LOOP1:	...	...
		:	:
000 308		JNE	LOOP1
000 30A		...	...

Displacement = Offset der Zieladresse - Inhalt des Befehlszählers *)
= 000 300 - 000 30A = FFF FF6

*) Wenn der Befehl „JNE LOOP1" bearbeitet wird, enthält der Befehlszähler schon die Adresse des nächsten Befehls.

Effektive Adresse

Die *effektive Adresse* (kurz: eA) gibt den Offsetanteil der physischen Adresse an:

- Im Programmteil (Code-Segment, CS) benutzt man ein *Displacement*, aus dem man den Offset (d. h. den Abstand zum Beginn des Segments) berechnen kann.
- In den anderen Segmenten ist der *Offset* im Maschinencode direkt angegeben.

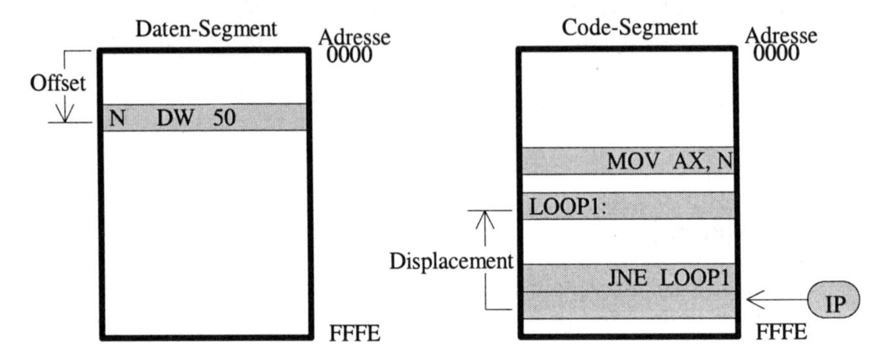

Bild 7-10: Adressieren einer Konstanten oder Variablen mittels Offset und Adressieren eines Labels mittels Displacement

Die Adressierungsarten beziehen sich immer nur auf den Offsetanteil; die Segmentadresse bleibt unverändert, falls sie im Befehl nicht explizit geändert wird:

effektive Adresse → Offsetanteil der physischen Adresse

7.5.2 Die Adressierungsarten

Bei dem Mikroprozessor 8086 gibt es insgesamt acht Adressierungsarten, die in der folgenden Tabelle aufgelistet sind. In der Spalte „s. Abschnitt" ist angegeben, wo die entsprechende Adressierungsart erklärt wird.

Nr.	Bezeichnung bei Intel	s. Abschnitt	sonst übliche Bezeichnung
1	immediate	7.5.2.1	unmittelbare Adressierung
2	register operand	7.5.2.2	direkte Adressierung
3	direct mode	7.5.2.3	relative Adressierung
4	indirect mode	7.5.2.4	indirekte Adressierung
5	based mode	7.5.2.5	Basisregister relative Adressierung
6	indexed mode	7.5.2.6	Indexregister relative Adressierung
7	based indexed mode	7.5.2.7	indirekte Adressierung mit 2 Regist.
8	based ind. mode with displ.	7.5.2.8	Basis- u. Indexregister relative Adr.

Tabelle 7-6: Die Adressierungsarten des 8086

7.5.2.1 Unmittelbare Adressierung

Bei dieser einfachsten „Adressierungsart“ *(immediate operand mode)* ist der Operand ein Direktwert (Konstante), also unmittelbar einsetzbar. Es erfolgt keine Adressierung, da der Direktwert im Maschinencode bereits enthalten ist (→ Bild 7-11: 2. Operand). Ein Direktwert kann nur als zweiter Operand vorkommen.

Für Konstanten gelten folgende Schreibweisen:

dezimal	ohne Kennzeichnung		z. B.: 23
	oder Kennzeichnung	......d	z. B.: 23d
hexadezimal	Kennzeichnung	.......h	z. B.: 17h
oktal	Kennzeichnung	.......o	z. B.: 27o
	oder Kennzeichnung	.......q	z. B.: 27q
dual	Kennzeichnung	.......b	z. B.: 10111b
Gleitkommazahl	Kennzeichnung	........r	
ASCII-Zeichen	Kenzeichnung	'.......'	z. B.: 'Zeichen'
	oder Kennzeichnung	"......"	z. B.: "Zeichen"

Normalerweise werden Zahlen im Dezimalsystem angegeben. Mit „.RADIX 16“ kann man auf die Zahlenbasis „16“ setzen bzw. mit „.RADIX 10“ wieder ins Dezimalsystem umschalten.

Man kann auch einen *konstanten Ausdruck* angeben, falls er beim Assemblieren durch einen festen Wert ersetzt werden kann.

Beispiele: Konstante oder konstanter Ausdruck

↓

ADD AX, 6
ADD AX, 45+7 · 2

Assembler-Schreibweisen:	Konstante	(z. B. „6“)
	oder konstanter Ausdruck	(z. B. „45+7·2“=59)
effektive Adresse:	entfällt	
zuständiges Segment-Reg.:	entfällt	

7.5.2.2 Direkte Adressierung

Hierbei kann man die Adresse *direkt* verwenden, da der Operand als Adresse ein Register angibt *(register operand mode)* (→ Bild 7-11: 1. Operand).

Beispiel: Register

↓

ADD AX, 6

Assembler-Schreibweise:	Registername	(z. B. „AX“)
effektive Adresse:	Register	(hier also: AX)
zuständiges Segment-Reg.:	entfällt	

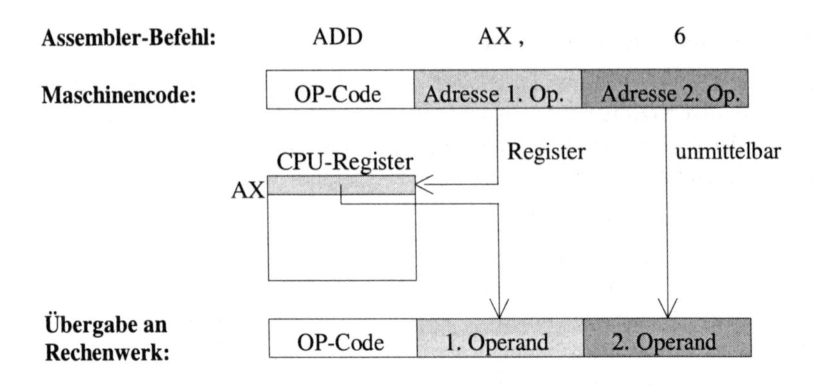

Bild 7-11: Unmittelbare und direkte Adressierung benötigen keinen Speicherzugriff.

Hinweis: Die Register müssen die richtigen Wortlängen haben!

(richtig:	ADD AX, BX	16 bit Wert + 16 bit Wert;
richtig:	ADD AH, BL	8 bit Wert +8 bit Wert;
falsch:	ADD AL, BX	16 bit Wert +8 bit Wert;
falsch:	ADD AX, BL	8 bit Wert +16 bit Wert.)

7.5.2.3 Relative Adressierung

Ein Operand weist „direkt" auf die Speicheradresse hin. Deshalb nennt Intel diese Adressierung *direct mode*. Im Maschinencode steht allerdings keine absolute Speicheradresse, sondern

- bei einer Konstanten (bzw. Variablen) die Offsetadresse (fast immer im Daten-Segment), bei der die Konstante (Variable) definiert wird, und

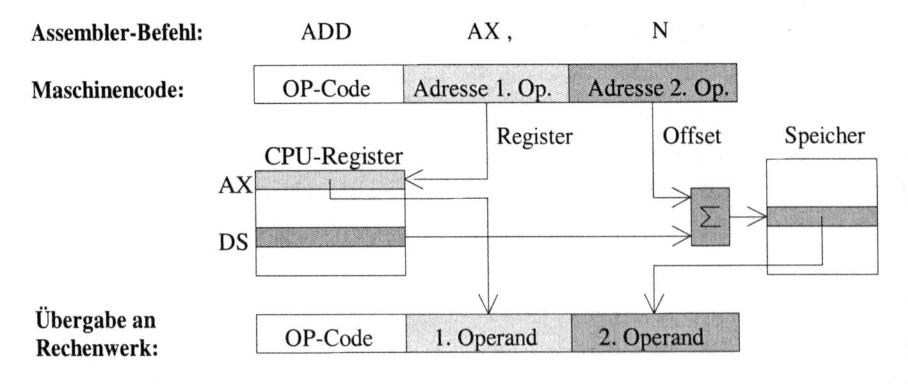

Bild 7-12: Relative Adressierung einer Variablen mittels Offset

- bei einem Label das Displacement (im Code-Segment).

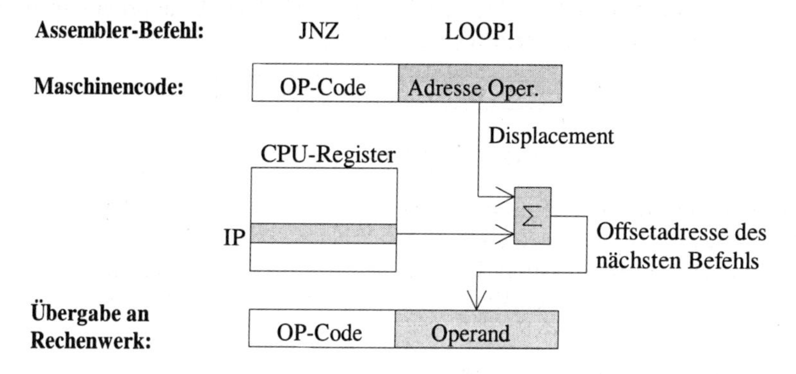

Bild 7-13: Relative Adressierung bei einem Displacement

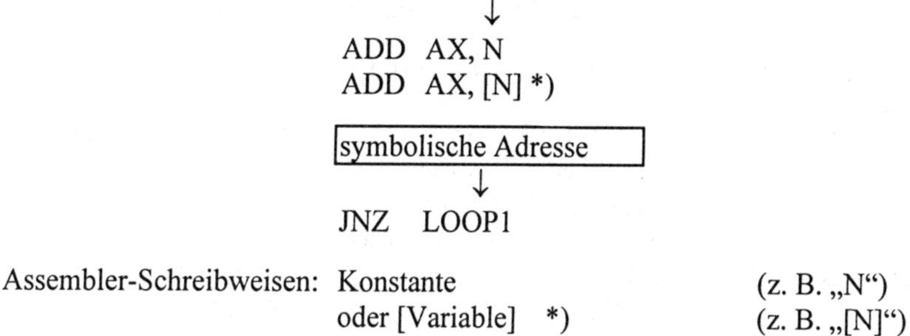

Assembler-Schreibweisen:	Konstante	(z. B. „N“)
	oder [Variable] *)	(z. B. „[N]“)
	oder symbolische Adresse	(z. B. „LOOP1“)
effektive Adresse:	Offset von N bzw. Displacement von LOOP1	
zuständiges Segment-Reg.:	normalerweise	DS (Standard)
	Zielangabe bei Stringbefehlen	ES (Standard)

*) Um bei der Assembler-Schreibweise hervorzuheben, dass der Inhalt einer Variablen gemeint ist, *kann* man den Variablennamen in eckige Klammern setzen.

7.5.2.4 Indirekte Adressierung

Bei der *indirekten Adressierung (register indirect mode)* gibt der Registername (in eckiger Klammer geschrieben) dasjenige Register an, in dem die gewünschte Speicheradresse steht (siehe Bild 7-14: nur ein Register und ohne Offsetwert). Beim 8086 muss im Assembler-Befehl ein Register und darf keine Hauptspeicheradresse angegeben sein.

Bei der indirekten Adressierung darf man nur die Register SI, DI, BX und BP verwenden. Ausnahme bilden die indirekten Sprungbefehle bzw. Unterprogrammaufrufe, bei denen alle Mehrzweck-Register zulässig sind.

Beispiel: Adresse steht im Register
↓
ADD AX, [BX]

Assembler-Schreibweise:	[Registername]	(z. B. „[BX]“)
effektive Adresse:	< Register >	
zuständiges Segment-Reg.:	bei SI, DI oder BX:	DS (Standard)
	bei BP:	SS (Standard)

7.5.2.5 *Basisregister relative Adressierung*

Bei der *Basisregister relativen Adressierung (based mode)* wird die effektive Adresse (Offsetadresse) aus dem Inhalt eines der beiden *Basisregister* BX oder BP und aus einem konstanten Offsetwert gebildet (siehe Bild 7-14: ohne Indexregister).

Beispiel: Offsetwert Basisregister
↓ ↓
ADD AX , FELD [BX]

Assembler-Schreibweisen:	Offsetwert [Basisregister]	(z. B. „FELD [BX]“)
	[Offsetwert + Basisregister]	(z. B. „[FELD + BX]“)
	[Basisregister] Offsetwert	(z. B. „[BX] FELD“)
effektive Adresse:	Offsetwert + < Basisregister >	
zuständiges Segment-Reg.:	bei BX:	DS (Standard)
	bei BP:	SS (Standard)

7.5.2.6 *Indexregister relative Adressierung*

Bei der *Indexregister relativen Adressierung (indexed mode)* wird die effektive Adresse (Offsetadresse) aus dem Inhalt eines der beiden *Indexregister* SI oder DI und aus einem konstanten Offsetwert gebildet (siehe Bild 7-14: ohne Basisregister).

Beispiel:

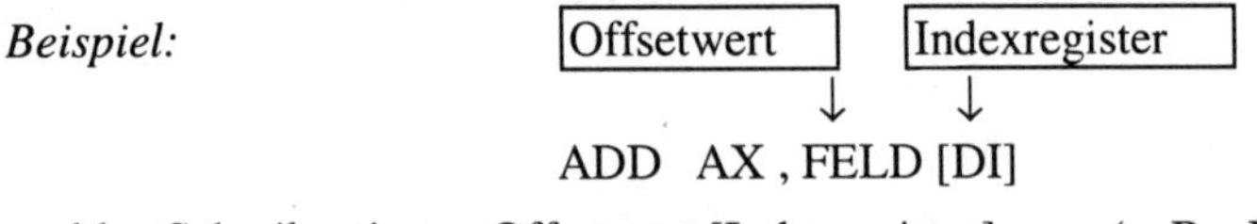

Assembler-Schreibweisen:	Offsetwert [Indexregister]	(z. B. „FELD [DI]“)
	[Offsetwert + Indexregister]	(z.B. „[FELD + DI]“)
	[Indexregister] Offsetwert	(z. B. „[DI] FELD“)
effektive Adresse:	Offsetwert + < Basisregister >	
zuständiges Segment-Reg.:	bei SI oder DI:	DS (Standard)

7.5.2.7 Indirekte Adressierung mit zwei Registern

Diese Adressierungsart *(based indexed mode)* ist lediglich eine besondere Form der indirekten Adressierung, bei der die effektive Adresse aus zwei Registern gebildet wird, nämlich als Summe der Inhalte eines Basis- (BX oder BP) und eines Indexregisters (SI oder DI) (siehe Bild 7-14: ohne Offsetwert).

Beispiel:

Basisregister	Indexregister
↓	↓

ADD AX, [BX] [DI]
ADD AX, [BX + DI]

Assembler-Schreibweisen:	[Basisregister][Indexregister]	(z. B. „[BX] [DI]")
	oder [Basisregister + Indexregister]	(z. B. „[BX + DI]")
effektive Adresse:	< Basisregister > + < Indexregister >	
zuständiges Segment-Reg.:	bei BX, SI oder DI:	DS (Standard)
	bei BP:	SS (Standard)

7.5.2.8 Basis- und Indexregister relative Adressierung

Gegenüber der vorhergehenden Adressierung wird bei dem *based indexed mode with displacement* noch zusätzlich ein konstanter Offsetwert angegeben.

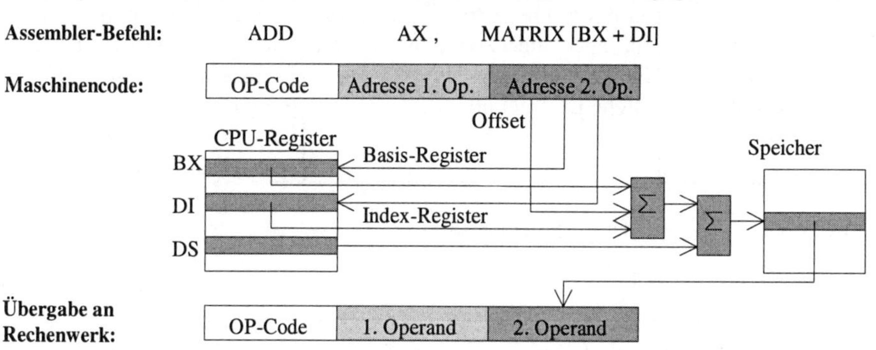

Bild 7-14: Adressierung mit Basis- und/oder Indexregister und eventuell einem Offsetwert

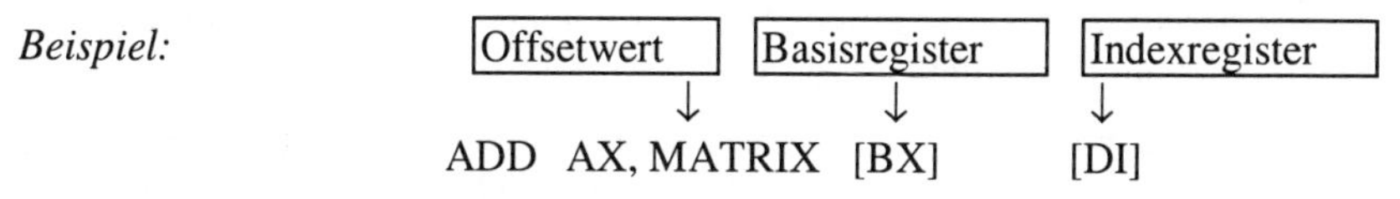

Einige der möglichen Assembler-Schreibweisen:

Offsetwert [Basisregister][Indexregister] (z. B. „MATRIX[BX] [DI]")
Offsetwert [Basisregister + Indexregister] (z. B. „MATRIX[BX + DI]")
[Offsetwert] [Basisregister][Indexregister] (z. B. „[MATRIX] [BX] [DI]")
[Offsetwert + Basisregister + Indexregister] (z. B. „[MATRIX + BX +DI]")

effektive Adresse: Offsetwert + < Basisregister > + < Indexregister >

zuständiges Segment-Reg.: bei BX, SI oder DI: DS (Standard)
bei BP: SS (Standard)

7.5.2.9 Vergleich der Adressierungsarten

In der Tabelle 7-7 sind die Vor- und Nachteile der verschiedenen Adressierungsarten kurz zur Übersicht zusammengefasst.

Adressierungsart	Vorteil	Nachteil
immediate	Schnellste Art, einen Wert zu übergeben.	Wert ist fest; bei Änderung muss man Befehl ändern.
register operand	Schnelle Adressierungsart, kein Speicherzugriff für Daten.	Nur geringe Anzahl von Registern.
direct mode indirect mode	Prinzipiell schnellste Adressierung des Speichers, da nur eine Addition notwendig ist.	Zugriff auf den Speicher ist generell langsam.
based mode indexed mode based indexed mode based indexed mode with displacement	Komfortable Adressierungsarten für ein- oder zweidimensionale Felder (siehe Beispiel unten).	Je nach Variante müssen zur Segmentadresse 1 o. 2 Registerinhalte und u. U. ein Offsetwert addiert werden, um Speicheradresse zu erhalten (Zeit!).

Tabelle 7-7: Vergleich der Adressierungsarten

Zur Adressierung von zusammenhängenden Bereichen (z. B. Listen, Feldern, mehrdimensionalen Arrays) sind Basis- und/oder Indexregister sehr hilfreich, wie das Beispiel verdeutlicht.

Beispiel: Adressierung eines zweidimensionalen Byte-Feldes mit Hilfe der Adressierungsart „based indexed mode with displacement" (Die anderen Adressierungsarten „based mode", „indexed mode" und „based indexed mode" sind nur Spezialfälle davon.)

Die Werte a_{11} bis a_{34} werden im Hauptspeicher sequenziell unter den symbolischen Adressen „MATRIX" bis „MATRIX + 11" abgelegt. Zur übersichtlicheren Adressierung kann man die Adressen auch aus dem Offsetwert „MATRIX" und den entsprechenden Inhalten des Basis- und Indexregisters zusammensetzen.

Zweidimensionales 3 x 4 Feld:

	a_{11}	a_{12}	a_{13}	a_{14}	↓ Basisregister
	a_{21}	a_{22}	a_{23}	a_{24}	
	a_{31}	a_{32}	a_{33}	a_{34}	
Indexregister →					

Symbol. Adr.	**Hauptspeicher** (1 Byte breit)	**Adressierung** Offsetwert	Basisregister	Indexregister
		z. B.: *FELD*	*[BX]*	*[DI]*
Tabellenbeginn:				
FELD →	Wert a_{11}	FELD	0	0
FELD + 1	Wert a_{12}	FELD	0	1
FELD + 2	Wert a_{13}	FELD	0	2
FELD + 3	Wert a_{14}	FELD	0	3
FELD + 4	Wert a_{21}	FELD	4	0
FELD + 5	Wert a_{22}	FELD	4	1
FELD + 6	Wert a_{23}	FELD	4	2
FELD + 7	Wert a_{24}	FELD	4	3
FELD + 8	Wert a_{31}	FELD	8	0
FELD + 9	Wert a_{32}	FELD	8	1
FELD + 10	Wert a_{33}	FELD	8	2
FELD + 11	Wert a_{34}	FELD	8	3

7.6 Befehlssatz

Bei der Entwicklung einer neuen Rechner-Hardware oder eines neuen Prozessors muss man zuerst den Befehlssatz festlegen. Dieser Befehlssatz ist dann spezifisch für dieses System; andere Systeme haben im Allgemeinen andere Befehlssätze. Für den 8086 sind 73 Grundbefehle festgelegt, die im Anhang A aufgelistet sind.

7.6.1 Befehlsformat

Das *Befehlsformat* ist 1 bis 6 Byte lang. Das erste Byte im Maschinencode enthält neben dem Operationscode noch Hinweise auf die Datenrichtung und die Datenlänge. Im zweiten Byte stehen die Angaben zu den verwendeten Registern und dem Displacement. Anschließend können Displacement und Konstante folgen.

Byte 1			Byte 2			Byte 3	Byte 4	Byte 5	Byte 6
7/6/5/4/3/2	1	0	7/6	5/4/3	2/1/0				
OP-Code	d	w	mod	reg	r/m	low-displ. / low-data	high-displ. / high-data	low-data	high-data

Zur Vertiefung: **Bedeutung der verschiedenen Bits im Befehlswort**

d	0	Datenrichtung vom Register, das unter „reg“ angegeben ist.
	1	Datenrichtung ins Register, das unter „reg“ angegeben ist.
w	0	Datentyp „Byte“
	1	Datentyp „Wort“
mod	00	kein displacement *)
	01	8 bit displacement, Vorzeichen auf 16 bit erweitert
	10	16 bit displacement
	11	r/m ist ein Register-Feld (Codierung s. Tabelle 7-9)
r/m	000	eA = < BX > + < SI > + displacement
	001	eA = < BX > + < DI > + displacement
	010	eA = < BP > + < SI > + displacement
	011	eA = < BP > + < DI > + displacement
	100	eA = < SI > + displacement
	101	eA = < DI > + displacement
	110	eA = < BP > + displacement *)
	111	eA = < BX > + displacement

*) Ausnahme: mod = 00 und r/m = 110 bedeutet: eA = 16 bit displacement

Tabelle 7-8: Bedeutung der verschiedenen Teile im Maschinencode

16 bit (w = 1)		8 bit (w = 0)		Segment	
000	AX	000	AL	00	ES
001	CX	001	CL	01	CS
010	DX	010	DL	10	SS
011	BX	011	BL	11	DS
100	SP	100	AH		
101	BP	101	CH		
110	SI	110	DH		
111	DI	111	BH		

Tabelle 7-9: Codierung der Register (im Feld „reg“ und u. U. „r / m“)

Anmerkungen:

- Konstanten werden im letzten Byte (bei w = 0) bzw. den beiden letzten Bytes (w = 1) des Befehls angegeben.
- Der Begriff „displacement“ steht in der Tabelle 7-8, wie bei Intel üblich, für
  - ein echtes Displacement (z. B. JNE **LOOP1**),
  - für einen Offset (z. B. MOV AX, **N**) oder
  - einen konstanten Offsetwert (z. B. MOV AX, **FELD**[BX]).

In jedem Befehl darf höchstens ein Operand eine Speicherstelle bezeichnen. Folgende Kombinationen sind zulässig:

1. Operand (Ziel)	2. Operand (Quelle)	Ergebnis in ...	Symbolik im Anhang B
Speicheradresse	Register	Speicher	M, R
1. Register	2. Register	1. Register	R, R
Register	Speicheradresse	Register	R, M
Register	Konstante	Register	R, I
Speicheradresse	Konstante	Speicher	M, I

Tabelle 7-10: Mögliche Befehlstypen beim 8086

7.6.2 Befehlsklassen

Intel teilt die Befehle in folgende sechs *Befehlsklassen* auf:

- Datentransport-Befehle
- Arithmetische Befehle
- Logische Befehle
- String-Manipulationsbefehle
- Kontrolltransport-Befehle (Sprung-Befehle, Interrupt, Prozedur-Aufruf u. a.)
- Prozessor-Kontroll-Befehle (Setzen/Löschen von Flagbits, u. a.)

Die wichtigsten Befehle werden im Anhang B beschrieben. Zur Funktionsbeschreibung der Befehle wird dabei folgende Darstellung benutzt:

- < A > → Inhalt von A
- x → y → x wird transportiert nach y (x wird bei y gespeichert)
- Das Ziel erhält keine Klammer, wenn es als direkte Adresse benutzt wird.

7.6.3 Pseudobefehle

Einige wichtige *Pseudobefehle* sind:

.CODE	PROG1	Code-Segment festlegen (bei mehreren Seg. mit Namen)
.DATA		Daten-Segment festlegen und DS damit laden: z. B.: MOV DX, @DATA MOV DS, DX
.MODEL	SMALL	Definition des Speichermodells
.STACK	100h	Stack definieren (eventuell mit Länge; Defaultwert: 1024 Byte)
DW	1000	Definition der Konstante „1000“ im Wort-Format
DB	2, 4, 6	Definition der Konstanten „2“, „4“ und „6“ im Byte-Format
DB	'A', 'B', 'C'	Definition der Zeichen „ABC“

DB	'ABC'	Definition der Zeichen „ABC“
DB	100 DUP(5)	Duplizieroperator: 100 Byte mit dem Inhalt „5“
EQU		Symbol erhält einen Wert (Ablage nur in Symboltabelle)
END	PROG1	Ende des Programms

7.6.4 Ein- und Ausgabe-Befehle

Mit der Funktion „INT 21h“ wird MS-DOS aufgerufen, um gewisse Aktionen zu starten, z. B. Ein- und Ausgaben auf Standardgeräte durchzuführen. Dabei gibt das Register AH das Gerät an.

Beispiele: Tastatur

```
MOV  AH, 1  ; „1“ bedeutet Tastatur
INT  21h    ; Tastencode wird in AL abgelegt
```

Display

```
MOV  DL,'A' ; Zeichen „A“ in DL speichern
MOV  AH,2   ; „2“ bedeutet Display
INT  21h    ; Zeichen „A“ erscheint an der Cursor-Stelle
            ; auf dem Display
```

7.7 Der Debugger

Beim Turbo Assembler von Borland erfolgt die Übersetzung eines Assembler-Programms mit folgenden Anweisungen:

Assemblieren:	TASM *name*.asm
Linken:	TLINK *name*[.obj]
Programm starten:	*name*[.exe]
Quelltext anzeigen:	TYPE *name*.asm
	oder EDIT *name*.asm
Debugger starten:	TD *name*

Der *Debugger* ist ein unentbehrliches Testwerkzeug. Der Name stammt von „bug“ = Wanze. „Debug“ bedeutet also entwanzen. Angeblich rührt die Bezeichnung aus der Anfangszeit der Röhrenrechner her. In den warmen Rechnermodulen sollen sich gern Wanzen eingenistet haben, die mit ihren Körpern dann niederohmige Verbindungen verursachten. Vor Beginn eines Rechnerlaufes musste man also die Wanzen (= Fehler) beseitigen.

Der Debugger ist ein leistungsfähiges Dienstprogramm. Seine Hauptaufgaben sind:

- die Ausführung des Programms während der Laufzeit zu überwachen,
- aktuelle Werte von Registern oder Speicherzellen anzuzeigen,
- das Programm anzuhalten, bevor ein ausgewählter Befehl ausgeführt werden soll (Breakpoint),
- Daten zur Laufzeit des Programms zu verändern.

7.8 Vom C-Programm zum Maschinenprogramm

Anhand eines Beispiel-Programms wollen wir schrittweise betrachten, wie ein Compiler aus einem C-Programm den Maschinencode erzeugt. Zum leichteren Verständnis sehen wir uns zunächst das Programm in Assembler-Schreibweise an.

Aufgabe: Ein Feld mit ASCII-Zeichen soll kopiert werden. Das Kopieren ist beendet, wenn

- die angegebene Feldlänge erreicht ist oder
- ein Byte mit einem Inhalt $00|_{16}$ (also ein Nullzeichen) erkannt wird.

Das entsprechende C-Programm copy lautet:

```
1 copy(feld, kopie, laenge)
2 char *feld, *kopie;
3 register int laenge;
4 {
5     int i;
6     for ( i = 0; i < laenge; i + +)
7         {
8             kopie[i] = feld[i];
9             if (feld[i] = = 0) break;
10            }
11    }
```

Es werden also zwei Zeiger auf das Quellfeld (*feld) und das Zielfeld (*kopie) sowie die beiden Integerwerte für die Variablen laenge und i definiert. Dabei soll der Integerwert laenge in einem Register gespeichert werden. Die Definitionen der Zeilen 1 bis 3 können für einen Intel 80x86-Prozessor als Beispiel folgendermaßen aussehen:

```
feld    db    'zu kopierendes',0,' Feld'
kopie   db    25 DUP(0)
laenge  dw    19
        mov   cx, laenge
```

Das Quellfeld enthält die ASCII-Zeichen „zu kopierendes Feld“, die von einem Nullzeichen unterbrochen werden. Als Zielfeld ist ein Bereich von 25 Bytes mit dem Wert 0 reserviert. Die Variable laenge wird in das Register cx geladen.

Der C-Compiler übersetzt die Zeilen 4 und 5 folgendermaßen:

```
        cmp   cx, 0
        jle   marke2
        mov   bx, 0
marke1: ...
        inc   bx
        loop  marke1
```

Der Compiler stellt zunächst sicher, dass die for-Schleife korrekt bearbeitet werden kann. Deshalb prüft er ab, ob die Laufvariable i größer 0 ist. Wenn i kleiner oder gleich 0 ist, darf die for-Anweisung nicht ausgeführt werden. Das Programm bricht dann ab und springt zum Ende.

Für die Laufvariable i benutzt er das Register bx, setzt i auf den Startwert 0 und inkrementiert i innerhalb der Schleife. Mit dem Assembler-Befehl „loop marke1" wird das Register cx zuerst um 1 verkleinert, und die Schleife wird bei marke1 solange neu gestartet, bis cx den Wert 0 erreicht hat.

Die C-Befehle innerhalb der Schleife (Zeilen 8 und 9) setzt der Compiler in die Assembler-Befehle um:

```
marke1: mov   al, feld[bx]
        mov   kopie[bx], al
        cmp   al, 0
        je    marke2
```

In der Schleife wird jeweils ein Byte aus dem Bereich feld geholt, in dem Register al zwischengespeichert und dann ins Zielfeld kopie abgelegt. Falls ein Nullzeichen kopiert wurde, wird zum Programmende bei marke2 gesprungen.

Das komplette Assembler-Programm lautet mit dem notwendigen Programmrahmen:

```
        .model small
        .data
feld    db    'zu kopierendes',0,' Feld'
kopie   db    25 DUP(0)
laenge  dw    19
        .code
ccopy:  mov   dx, @data
        mov   ds, dx
        mov   cx, laenge
        cmp   cx, 0
        jle   marke2
        mov   bx, 0
marke1: mov   al, feld[bx]
        mov   kopie[bx], al
        cmp   al, 0
        je    marke2
        inc   bx
        loop  marke1
marke2: mov   ah, 4Ch
        int   21h
        end   copy
```

Im Normalfall erzeugt der C-Compiler direkt den Maschinencode. Mit einer entsprechenden Option gibt er aber auch das Programm in Assembler-Schreibweise aus. Mit einem Assemblierer kann man dann das Assembler- in ein Maschinenprogramm übersetzen. Diesen Vorgang wollen wir nun betrachten.

Der Assemblierer trägt zunächst zu jedem Befehl die korrekte Adresse ein. Da er die Länge der Befehle kennt, kann er die Adressen berechnen. Die Labels übernimmt er dann zusammen mit der Adresse in die Symboltabelle.

```
                          .model small
                          .data
                feld      db     'zu kopierendes',0,' Feld'
                kopie     db     25 DUP(0)
                laenge    dw     19
                          .code
cs:0000         copy:     mov    dx, @data
cs:0003                   mov    ds, dx
cs:0005                   mov    cx, laenge
cs:0009                   cmp    cx, 0
cs:000C                   jle    marke2
cs:000E                   mov    bx, 0
cs:0011         marke1:   mov    al, feld[bx]
cs:0015                   mov    kopie[bx], al
cs:0019                   cmp    al, 0
cs:001B                   je     marke2
cs:001D                   inc    bx
cs:001E                   loop   marke1
cs:0020         marke2:   mov    ah, 4Ch
cs:0022                   int    21h
cs:0024                   end    copy
```

In einem zweiten Durchlauf erzeugt der Assemblierer den Maschinencode:

```
                          .model small
                          .data
                feld      db     'zu kopierendes',0,' Feld'
                kopie     db     25 DUP(0)
                laenge    dw     19
                          .code
cs:0000 BAF6 16 copy:     mov    dx, @data
cs:0003 8EDA              mov    ds, dx
cs:0005 8B0E 2C00         mov    cx, laenge
cs:0009 83F9 00           cmp    cx, 0
cs:000C 7E12              jle    marke2
cs:000E BB00 00           mov    bx, 0
cs:0011 8A87 0000 marke1: mov    al, feld[bx]
```

```
cs:0015 8887 1300            mov   kopie[bx], al
cs:0019 3C00                 cmp   al, 0
cs:001B 7403                 je    marke2
cs:001D 43                   inc   bx
cs:001E E2F1                 loop  marke1
cs:0020 B44C       marke2:   mov   ah, 4Ch
cs:0022 CD21                 int   21h
cs:0024                      end   copy
```

Nur dieser Maschinencode wird unter den angegebenen Adressen in den Hauptspeicher geladen. Das Betriebssystem setzt dabei das Register cs so, dass das Programm an einer freien Stelle im Hauptspeicher liegt. Nun kann das lauffähige Programm gestartet werden.

Anhang: Befehlssatz des 8086

Mnemon.	Kl.	Abkürzung für	Beschreibung
AAA	2	ASCII adjust for add	ASCII-Korrektur für die Addition
AAD	2	ASCII adjust for divide	ASCII-Korrektur für die Division
AAM	2	ASCII adjust for multiply	ASCII-Korrektur für die Multiplikat.
AAS	2	ASCII adjust for subtract	ASCII-Korrektur für die Subtraktion
ADC	2	add with carry	Addieren mit Übertrag
ADD	2 +	add	Addieren ohne Übertrag
AND	3 +	AND function	Logische UND-Verknüpfung
CALL	5	call	Aufruf einer Prozedur
CBW	2	convert byte to word	Erweitern eines Bytes auf ein Wort
CLC	6	clear carry	Löschen des Carryflags
CLD	6	clear direction	Löschen des Richtungsflags
CLI	6	clear interrupt	Löschen des Interruptflags
CMC	6	complement carry	Invertieren des Carryflags
CMP	2 +	compare	Vergleichen von zwei Operanden
CMPS	4	compare byte/word	Vergleichen von zwei Strings
CWD	2	convert word to double word	Erweitern eines Wortes auf Doppelw.
DAA	2	decimal adjust for add	Justieren nach dezim. Addition (BCD)
DAS	2	decimal adjust for subtract	Justieren nach dez. Subtraktion (BCD)
DEC	2 +	decrement	Erniedrigen des Operanden um 1
DIV	2 +	divide, unsigned	Vorzeichenloses Dividieren
ESC	6	escape (to external device)	Lesen d.es Operanden und Übergeben an Koprozessor
HLT	6	halt	Anhalten des Prozessors
IDIV	2	integer divide, signed	Dividieren mit Vorzeichen
IMUL	2	integer multiply, signed	Multiplizieren mit Vorzeichen
IN	1	input from	Lesen eines Eingabeports
INC	2 +	increment	Erhöhen des Operanden um 1
INT	5	interrupt	Erzeugen eines Software-Interrupts
INTO	5	interrupt on overflow	Interrupt bei gesetztem Überlaufflag
IRET	5	interrupt return	Rückkehr von einer Interruptroutine
Jx	5 +	conditional jump	Bedingter Sprung, wenn die Bedingung "x" erfüllt ist.
JMP	5 +	unconditional jump	Unbedingter Sprung
LAHF	1	load AH with flags	Laden des Flagregisters nach AH
LDS	1	load pointer to DS	Lade Doppelwort in Register und DS
LEA	1 +	load effective address to reg.	Lade die effektive Adresse
LES	1	load pointer to ES	Lade Doppelwort in Register und ES
LOCK	6	bus lock prefix	Bus sperren
LODS	4	load byte/word to AL/AX	Laden eines Stringelements

Mnemon.	Kl.	Abkürzung für	Beschreibung
LOOP	5 +	loop CX times	Springe zum Schleifenanfang, solange < CX > ≠ o ist.
LOOPE	5	loop while equal	Springe zum Schleifenanfang, wenn < CX > ≠ 0 ist und Nullflag 1 ist.
LOOPNE	5	loop while not equal	Springe zum Schleifenanfang, wenn < CX > ≠ 0 ist und das Nullflag 0 ist.
MOV	1 +	move	Daten kopieren
MOVS	4	move byte/word	Stringelemente kopieren
MUL	2 +	multiply, unsigned	Vorzeichenloses Multiplizieren
NEG	2 +	change sign	Zweierkomplement bilden
NOP	1	no operation	Keine Operation (= XCHG AX,AX)
NOT	3 +	invert	Einerkomplement bilden
OR	3 +	OR function	Logische ODER-Verknüpfung
OUT	1	output to	Byte oder Wort auf Port ausgeben
POP	1 +	pop	Holen eines Wortes vom Stack
POPF	1	pop flags	Flagregister vom Stack holen
PUSH	1 +	push	Wort auf dem Stack ablegen
PUSHF	1	push flags	Flagregister auf dem Stack ablegen
RCL	3	rotate through carry flag left	Nach links rotieren mit Carryflag
RCR	3	rotate through carry flag right	Nach rechts rotieren mit Carryflag
REP	4	repeat	Wiederhole, solange < CX > ≠ 0 ist.
RET	5	return from call	Rückkehr von einer Prozedur
ROL	3	rotate left	Nach links rotieren
ROR	3	rotate right	Nach rechts rotieren
SAHF	1	store AH into flags	AH in das Flagregister laden
SAL	3	shift arithmetic left	Arithmetisches Schieben nach links
(=SHL)		shift logical left	Logisches Schieben nach links
SAR	3	shift arithmetic right	Arithmetisches Schieben nach rechts
SBB	2	subtract with borrow	Subtrahieren mit Übertrag
SCAS	4	scan byte/word	String nach Byte o. Wort durchsuchen
SHR	3	shift logical right	Logisches Schieben nach rechts
STC	6	set carry	Setzen des Carryflgs
STD	6	set direction	Setzen des Richtungsflags
STI	6	set interrupt	Setzen des Interruptflags
STOS	4	store byte/word from AL/AX	Speichere Byte/Word von AL/AX
SUB	2 +	subtract	Subtrahieren ohne Übertrag
TEST	3 +	AND funct. to flags,no result	Logisches Testen (UND-Verknüpfg.)
WAIT	6	wait	Warten
XCHG	1	exchange	Vertauschen von zwei Operanden
XLAT	1	translate byte to AL	Umsetzen nach einer Tabelle
XOR	3 +	EXCLUSIVE OR function	Logische EXKLUSIV-ODER-Verkn.

+) nähere Erklärung des Befehls siehe folgende Seiten

1) Datentransport-Befehle

Befehl	Datentyp	Operation	Flagregister	Byte 1		Byte 2			Byte 3	Byte 4	Byte 5	Byte 6
				7 6 5 4	3 2 1 0	7 6	5 4 3	2 1 0				
			O D I T S Z A P C		d w	mod	reg	r / m				
MOV M, R	B, W	< Register > → Speicher	- - - - - - - - -	1 0 0 0	1 0 0 w	mod	reg	r / m	low-displ.	high-displ.		
MOV R, R	B, W	< 2. Register > → 1. Register	- - - - - - - - -	1 0 0 0	1 0 1 w	1 1	reg	r / m				
MOV R, M	B, W	< Speicher > → Register	- - - - - - - - -	1 0 0 0	1 0 1 w	mod	reg	r / m	low-displ.	high displ.		
MOV R, I	B	Konstante → Register	- - - - - - - - -	1 0 1 1	0 register		low-const.					
MOV R, I	W	Konstante → Register	- - - - - - - - -	1 0 1 1	1 register		low-const.		high-const.			
MOV M, I	B	Konstante → Speicher	- - - - - - - - -	1 1 0 0	0 1 1 0	mod	0 0 0	r / m	low-displ.	high-displ.	low-const.	
MOV M, I	W	Konstante → Speixher	- - - - - - - - -	1 1 0 0	0 1 1 1	mod	0 0 0	r / m	low-displ.	high-displ.	low-const.	high-const.
MOV A, M	B, W	< Speicher > → Akku	- - - - - - - - -	1 0 1 0	0 0 0 w		low-displ.		high-displ.			
MOV M, A	B, W	< Akku > → Speicher	- - - - - - - - -	1 0 1 0	0 0 1 w		low-displ.		high-displ.			
MOV S, R	B, W	< Register > → Segmentregister	- - - - - - - - -	1 0 0 0	1 1 1 0	1 1	0 reg	r / m				
MOV R, S	B, W	< Segmentregister > → Register	- - - - - - - - -	1 0 0 0	1 1 0 0	1 1	0 reg	r / m				
MOV S, M	B, W	< Speicher > → Segmentregister	- - - - - - - - -	1 0 0 0	1 1 1 0	mod	0 reg	r / m	low-displ.	high-displ.		
MOV M, S	B, W	< Segmentregister > → Speicher	- - - - - - - - -	1 0 0 0	1 1 0 0	mod	0 reg	r / m	low-displ.	high-displ.		
PUSH R	W	< Register > → Stack	- - - - - - - - -	0 1 0 1	0 register							
PUSH M	W	< Speicher > → Stack	- - - - - - - - -	1 1 1 1	1 1 1 1	mod	1 1 0	r / m	low-displ.	high-displ.		
PUSH S	W	< Segmentregister > → Stack	- - - - - - - - -	0 0 0 reg.	1 1 0							
POP R	W	< Stack > → Register	- - - - - - - - -	0 1 0 1	1 register							
POP M	W	< Stack > → Speicher	- - - - - - - - -	1 0 0 0	1 1 1 1	mod	0 0 0	r / m	low-displ.	high-displ.		
POP S	W	< Stack > → Segmentregister	- - - - - - - - -	0 0 0 reg.	1 1 1							
LEA R, M	W	Offset der Speicheradresse → Register	- - - - - - - - -	1 0 0 0	1 0 1 1	mod	reg	r / m	low-displ.	high-displ.		

2) Arithmetische Befehle:

Befehl	Datentyp	Operation	Flagregister	Byte 1		Byte 2			Byte 3	Byte 4	Byte 5	Byte 6
ADD M, R	B, W	< Speicher > + < Reg. > → Speicher	O - - - S Z A P C	0 0 0 0	0 0 0 w	mod	reg	r / m	low-displ.	high-displ.		
ADD R, R	B, W	< 1. Reg. > + < 2. Reg. > → 1. Reg.	O - - - S Z A P C	0 0 0 0	0 0 1 w	1 1	reg	r / m				
ADD R, M	B, W	< Reg. > + < Speicher > → Register	O - - - S Z A P C	0 0 0 0	0 0 1 w	mod	reg	r / m	low-displ.	high displ.		
ADD R, I	B	< Register > + Konstante → Register	O - - - S Z A P C	1 0 0 0	0 0 1 1	1 1	0 0 0	r / m	low-const.			
ADD R, I	W	< Register > + Konstante → Register	O - - - S Z A P C	1 0 0 0	0 0 0 1	1 1	0 0 0	r / m	low-const.	high-const.		
ADD M, I	B	< Speicher > + Konstante → Speicher	O - - - S Z A P C	1 0 0 0	0 0 1 1	mod	0 0 0	r / m	low-displ.	high-displ.	low-const.	
ADD M, I	W	< Speicher > + Konstante → Speicher	O - - - S Z A P C	1 0 0 0	0 0 0 1	mod	0 0 0	r / m	low-displ.	high-displ.	low-const.	high-const.
ADD A, I	B	< AL > + Konstante → AL	O - - - S Z A P C	0 0 0 0	0 1 0 0		low-const.					
ADD A, I	W	< AX > + Konstante → AX	O - - - S Z A P C	0 0 0 0	0 1 0 1		low-const.		high-const.			
SUB M, R	B, W	< Speicher > - < Reg. > → Speicher	O - - - S Z A P C	0 0 1 0	1 0 0 w	mod	reg	r / m	low-displ.	high-displ.		

Befehl	Daten typ	Operation	Flagregister ODITSZAPC	Byte 1 7 6 5 4	Byte 1 3 2 1 0 (d w)	Byte 2 7 6 (mod)	Byte 2 5 4 3 (reg)	Byte 2 2 1 0 (r / m)	Byte 3	Byte 4	Byte 5	Byte 6
SUB R, R	B, W	< 1. Reg. > - < 2. Reg. > → 1. Reg.	O - - - S Z A P C	0 0 1 0	1 0 1 w	1 1	reg	r / m				
SUB R, M	B, W	< Reg. > - < Speicher > → Register	O - - - S Z A P C	0 0 1 0	1 0 1 w	mod	reg	r / m	low-displ.	high displ.		
SUB R, I	B	< Register > - Konstante → Register	O - - - S Z A P C	1 0 0 0	0 0 1 1	1 1	1 0 1	r / m	low-const.			
SUB R, I	W	< Register > - Konstante → Register	O - - - S Z A P C	1 0 0 0	0 0 0 1	1 1	1 0 1	r / m	low-const.	high-const.		
SUB M, I	B	< Speicher > - Konstante → Speicher	O - - - S Z A P C	1 0 0 0	0 0 1 1	mod	1 0 1	r / m	low-displ.	high-displ.	low-const.	
SUB M, I	W	< Speicher > - Konstante → Speicher	O - - - S Z A P C	1 0 0 0	0 0 0 1	mod	1 0 1	r / m	low-displ.	high-displ.	low-const.	high-const.
SUB A, I	B	< AL > - Konstante → AL	O - - - S Z A P C	0 0 1 0	1 1 0 0		low-const.					
SUB A, I	W	< AX > - Konstante → AX	O - - - S Z A P C	0 0 1 0	1 1 0 1		low-const.		high-const.			
MUL R	B	< AL > · < Register > → AX	O - - - ? ? ? ? C	1 1 1 1	0 1 1 0	1 1	1 0 0	r / m				
MUL R	W	< AX > · < Register > → DX und AX	O - - - ? ? ? ? C	1 1 1 1	0 1 1 1	1 1	1 0 0	r / m				
MUL M	B	< AL > · < Speicher > → AX	O - - - ? ? ? ? C	1 1 1 1	0 1 1 0	mod	1 0 0	r / m	low-displ.	high displ.		
MUL M	W	< AX > · < Speicher > → DX und AX	O - - - ? ? ? ? C	1 1 1 1	0 1 1 1	mod	1 0 0	r / m	low-displ.	high displ.		
DIV R	B	< AX > : < Register > → AL, Rest AH	? - - - ? ? ? ? ?	1 1 1 1	0 1 1 0	1 1	1 1 0	r / m				
DIV R	W	< DX,AX > : < Reg. > → AX,Rest DX	? - - - ? ? ? ? ?	1 1 1 1	0 1 1 1	1 1	1 1 0	r / m				
DIV M	B	< AX > : < Speicher > → AL,Rest AH	? - - - ? ? ? ? ?	1 1 1 1	0 1 1 0	mod	1 1 0	r / m	low-displ.	high displ.		
DIV M	W	< DX,AX > : < Speicher > → AX, DX	? - - - ? ? ? ? ?	1 1 1 1	0 1 1 1	mod	1 1 0	r / m	low-displ.	high displ.		
INC R	B	< Register > + 1 → Register	O - - - S Z A P -	1 1 1 1	1 1 1 0	1 1	0 0 0	r / m				
INC R	W	< Register > + 1 → Register	O - - - S Z A P -	0 1 0 0	0 register							
INC M	B, W	< Speicher > + 1 → Speicher	O - - - S Z A P -	1 1 1 1	1 1 1 w	mod	0 0 0	r / m	low-displ.	high-displ.		
DEC R	B	< Register > - 1 → Register	O - - - S Z A P -	1 1 1 1	1 1 1 0	1 1	0 0 1	r / m				
DEC R	W	< Register > - 1 → Register	O - - - S Z A P -	0 1 0 0	1 register							
DEC M	B, W	< Speicher > - 1 → Speicher	O - - - S Z A P -	1 1 1 1	1 1 1 w	mod	0 0 1	r / m	low-displ.	high-displ.		
NEG R	B, W	Zweierkomplement v. < Reg.> → Reg.	O - - - S Z A P C	1 1 1 1	0 1 1 w	1 1	0 1 1	r / m				
NEG M	B, W	Zweierkomplement v. < Sp. > → Sp.	O - - - S Z A P C	1 1 1 1	0 1 1 w	mod	0 1 1	r / m	low-displ.	high-displ.		
CMP M, R	B, W	< Speicher > - < Register > → Flag	O - - - S Z A P C	0 0 1 1	1 0 0 w	mod	reg	r / m	low-displ.	high-displ.		
CMP R, R	B, W	< 1.Register > - < 2.Register > → Flag	O - - - S Z A P C	0 0 1 1	1 0 1 w	1 1	reg	r / m				
CMP R, M	B, W	< Register > - < Speicher > → Flag	O - - - S Z A P C	0 0 1 1	1 0 1 w	mod	reg	r / m	low-displ.	high-displ.		
CMP R, I	B	< Register > - Konstante → Flag	O - - - S Z A P C	1 0 0 0	0 0 1 1	1 1	1 1 1	r / m	low-const.			
CMP R, I	W	< Register > - Konstante → Flag	O - - - S Z A P C	1 0 0 0	0 0 0 1	1 1	1 1 1	r / m	low-const.	high-const.		
CMP M, I	B	< Speicher > - Konstante → Flag	O - - - S Z A P C	1 0 0 0	0 0 1 1	mod	1 1 1	r / m	low-displ.	high-displ.	low-const.	
CMP M, I	W	< Speicher > - Konstante → Flag	O - - - S Z A P C	1 0 0 0	0 0 0 1	mod	1 1 1	r / m	low-displ.	high-displ.	low-const.	high-const.
CMP A, I	B	< AL > - Konstante → Flag	O - - - S Z A P C	0 0 1 1	1 1 0 0		low-const.					
CMP A, I	W	< AX > - Konstante → Flag	O - - - S Z A P C	0 0 1 1	1 1 0 1		low-const.		high-const.			

3) Logische Befehle:

Befehl	Datentyp	Operation	Flagregister	Byte 1		Byte 2			Byte 3	Byte 4	Byte 5	Byte 6
			O D I T S Z A P C	7 6 5 4	3 2 1 0	7 6	5 4 3	2 1 0				
					d w	mod	reg	r / m				
AND M, R	B, W	< Speicher > ∩ < Reg. > → Speicher	0 - - - S Z ? P 0	0 0 1 0	0 0 0 w	mod	reg	r / m	low-displ.	high-displ.		
AND R, R	B, W	< 1. Reg. > ∩ < 2. Reg. > → 1. Reg.	0 - - - S Z ? P 0	0 0 1 0	0 0 1 w	1 1	reg	r / m				
AND R, M	B, W	< Reg. > ∩ < Speicher > → Register	0 - - - S Z ? P 0	0 0 1 0	0 0 1 w	mod	reg	r / m	low-displ.	high displ.		
AND R, I	B	< Register > ∩ Konstante → Register	0 - - - S Z ? P 0	1 0 0 0	0 0 0 0	1 1	1 0 0	r / m	low-const.			
AND R, I	W	< Register > ∩ Konstante → Register	0 - - - S Z ? P 0	1 0 0 0	0 0 0 1	1 1	1 0 0	r / m	low-const.	high-const.		
AND M, I	B	< Speicher > ∩ Konstante → Speicher	0 - - - S Z ? P 0	1 0 0 0	0 0 0 0	mod	1 0 0	r / m	low-displ.	high-displ.	low-const.	
AND M, I	W	< Speicher > ∩ Konstante → Speicher	0 - - - S Z ? P 0	1 0 0 0	0 0 0 1	mod	1 0 0	r / m	low-displ.	high-displ.	low-const.	high-const.
AND A, I	B	< AL > ∩ Konstante → AL	0 - - - S Z ? P 0	0 0 1 0	0 1 0 0		low-const.					
AND A, I	W	< AX > ∩ Konstante → AX	0 - - - S Z ? P 0	0 0 1 0	0 1 0 1		low-const.		high-const.			
OR M, R	B, W	< Speicher > ∪ < Reg. > → Speicher	0 - - - S Z ? P 0	0 0 0 0	1 0 0 w	mod	reg	r / m	low-displ.	high-displ.		
OR R, R	B, W	< 1. Reg. > ∪ < 2. Reg. > → 1. Reg.	0 - - - S Z ? P 0	0 0 0 0	1 0 1 w	1 1	reg	r / m				
OR R, M	B, W	< Reg. > ∪ < Speicher > → Register	0 - - - S Z ? P 0	0 0 0 0	1 0 1 w	mod	reg	r / m	low-displ.	high displ.		
OR R, I	B	< Register > ∪ Konstante → Register	0 - - - S Z ? P 0	1 0 0 0	0 0 0 0	1 1	0 0 1	r / m	low-const.			
OR R, I	W	< Register > ∪ Konstante → Register	0 - - - S Z ? P 0	1 0 0 0	0 0 0 1	1 1	0 0 1	r / m	low-const.	high-const.		
OR M, I	B	< Speicher > ∪ Konstante → Speicher	0 - - - S Z ? P 0	1 0 0 0	0 0 0 0	mod	0 0 1	r / m	low-displ.	high-displ.	low-const.	
OR M, I	W	< Speicher > ∪ Konstante → Speicher	0 - - - S Z ? P 0	1 0 0 0	0 0 0 1	mod	0 0 1	r / m	low-displ.	high-displ.	low-const.	high-const.
OR A, I	B	< AL > ∪ Konstante → AL	0 - - - S Z ? P 0	0 0 0 0	1 1 0 0		low-const.					
OR A, I	W	< AX > ∪ Konstante → AX	0 - - - S Z ? P 0	0 0 0 0	1 1 0 1		low-const.		high-const.			
XOR M, R	B, W	< Speicher > ⊕ < Reg. > → Speicher	0 - - - S Z ? P 0	0 0 1 1	0 0 0 w	mod	reg	r / m	low-displ.	high-displ.		
XOR R, R	B, W	< 1. Reg. > ⊕ < 2. Reg. > → 1. Reg.	0 - - - S Z ? P 0	0 0 1 1	0 0 1 w	1 1	reg	r / m				
XOR R, M	B, W	< Reg. > ⊕ < Speicher > → Register	0 - - - S Z ? P 0	0 0 1 1	0 0 1 w	mod	reg	r / m	low-displ.	high displ.		
XOR R, I	B	< Register > ⊕ Konstante → Register	0 - - - S Z ? P 0	1 0 0 0	0 0 0 0	1 1	1 1 0	r / m	low-const.			
XOR R, I	W	< Register > ⊕ Konstante → Register	0 - - - S Z ? P 0	1 0 0 0	0 0 0 1	1 1	1 1 0	r / m	low-const.	high-const.		
XOR M, I	B	< Speicher > ⊕ Konstante → Speicher	0 - - - S Z ? P 0	1 0 0 0	0 0 0 0	mod	1 1 0	r / m	low-displ.	high-displ.	low-const.	
XOR M, I	W	< Speicher > ⊕ Konstante → Speicher	0 - - - S Z ? P 0	1 0 0 0	0 0 0 1	mod	1 1 0	r / m	low-displ.	high-displ.	low-const.	high-const.
XOR A, I	B	< AL > ⊕ Konstante → AL	0 - - - S Z ? P 0	0 0 1 1	0 1 0 0		low-const.					
XOR A, I	W	< AX > ⊕ Konstante → AX	0 - - - S Z ? P 0	0 0 1 1	0 1 0 1		low-const.		high-const.			
TEST M, R	B, W	< Speicher > ∩ < Reg. > → Flag	0 - - - S Z ? P 0	1 0 0 0	0 1 0 w	mod	reg	r / m	low-displ.	high-displ.		
TEST R, R	B, W	< 1. Reg. > ∩ < 2. Reg. > → Flag	0 - - - S Z ? P 0	1 0 0 0	0 1 0 w	1 1	reg	r / m				
TEST R, I	B	< Register > ∩ Konstante → Flag	0 - - - S Z ? P 0	1 1 1 1	0 1 1 0	1 1	0 0 0	r / m	low-const.			
TEST R, I	W	< Register > ∩ Konstante → Flag	0 - - - S Z ? P 0	1 1 1 1	0 1 1 1	1 1	0 0 0	r / m	low-const.	high-const.		
TEST M, I	B	< Speicher > ∩ Konstante → Flag	0 - - - S Z ? P 0	1 1 1 1	0 1 1 0	mod	0 0 0	r / m	low-displ.	high-displ.	low-const.	
TEST M, I	W	< Speicher > ∩ Konstante → Flag	0 - - - S Z ? P 0	1 1 1 1	0 1 1 1	mod	0 0 0	r / m	low-displ.	high-displ.	low-const.	high-const.

Befehl	Datentyp	Operation	Flagregister	Byte 1		Byte 2			Byte 3	Byte 4	Byte 5	Byte 6
			O D I T S Z A P C	7 6 5 4	3 2 1 0 (d w)	7 6 (mod)	5 4 3 (reg)	2 1 0 (r / m)				
TEST A, I	B	< AL > ∩ Konstante → Flag	0 - - - S Z ? P 0	1 0 1 0	1 0 0 0	low-const.						
TEST A, I	W	< AX > ∩ Konstante → Flag	0 - - - S Z ? P 0	1 0 1 0	1 0 0 1	low-const.			high-const.			
NOT R	B, W	Einerkomplement v. < Reg. > → Reg.	- - - - - - - - -	1 1 1 1	0 1 1 w	1 1	0 1 0	r / m				
NOT M	B, W	Einerkomplement v. < Sp. > → Sp.	- - - - - - - - -	1 1 1 1	0 1 1 w	mod	0 1 0	r / m	low-displ.	high-displ.		

5) Kontrolltransport-Befehle:

Befehl	Datentyp	Operation	Flagregister	Byte 1		Byte 2			Byte 3	Byte 4	Byte 5	Byte 6
LOOP M	B	Springe < CX > mal nach displ. + < IP>	- - - - - - - - -	1 1 1 0	0 0 1 0	displacement (8 bit)						
JMP M	B	displ. + < IP > = Zieladr. im Segment	- - - - - - - - -	1 1 1 0	1 0 1 1	displacement (8 bit)						
JMP M	W	displ. + < IP > = Zieladr. im Segment	- - - - - - - - -	1 1 1 0	1 0 0 1	low-diplacement			high-displ.			
JMP [R]	W	< Reg. > = Zieladr. innerhalb d. Segm.	- - - - - - - - -	1 1 1 1	1 1 1 1	1 1	1 0 0	r / m				
JMP [M]	W	< Sp.> = Zieladr. innerhalb d. Segm.	- - - - - - - - -	1 1 1 1	1 1 1 1	mod	1 0 0	r / m	low-displ.	high-displ.		
Jx M	B	displ. + < IP > = Zieladr. im Segment	- - - - - - - - -	siehe Tabelle unten		displacement (8 bit)						

Jx	Springe, wenn gilt	Abfrage der Flagbits	Byte 1
JB	kleiner (vorzeichenlos)	C = 1	0111 0010
JBE	kleiner oder gleich (vorzeichenlos)	C = 1 und Z = 1	0111 0110
JCXZ	< CX > = 0		1110 0011
JE	gleich	Z = 1	0111 0100
JL	kleiner	S ≠ O	0111 1100
JLE	kleiner oder gleich	Z = 1 oder O ≠ S	0111 1110
JNB	größer oder gleich (vorzeichenlos)	G = 0	0111 0011
JNBE	größer (vorzeichenlos)	C = 0 und Z = 0	0111 0111
JNE	ungleich	Z = 0	0111 0101
JNL	größer oder gleich	S = O	0111 1101
JNLE	größer	S = O und Z = 0	0111 1111
JNO	kein Überlauf (Overflow)	O = 0	0111 0001
JNP	kein Parity	P = 0	0111 1011
JNS	kein Vorzeichen	S = 0	0111 1001
JO	Überlauf	O = 1	0111 0000
JP	Parity	P = 1	0111 1010
JS	Vorzeichen	S = 1	0111 1000

Erläuterungen zu den verwendeten Abkürzungen:

Befehl	A	Akkumulator
	I	Immediate (Konstante)
	M	Speicher (evtl. mit Basis- und/oder Indexregister)
	R	Register
	S	Segmentregister
Flagregister	-	unverändert
	?	unbestimmt
	O, S, Z, A, P, C	das Flagbit wird verändert
Byte x	low-const.	unteren 8 Bit der Konstanten
	high-const.	oberen 8 bit der Konstanten
	low-displ.	unteren 8 Bit des Diplacements
	high-displ.	oberen 8 Bit des Displacements (nur bei mod = 10 oder mod = 00 ∩ r / m = 110)

Literaturverzeichnis

{BuSo96} Bundschuh, B. / Sokolowsky, P.
Rechnerstrukturen und Rechnerarchitekturen,
Verlag Vieweg, Braunschweig/Wiesbaden: 1996
2., überarb. und erw. Auflage

{DUD88} Engesser, H.
Duden, Informatik
Dudenverlag, Mannheim/Wien/Zürich: 1988

{DUD96} *Duden, Rechtschreibung der deutschen Sprache*
Dudenverlag, Mannheim/Wien/Zürich: 1996
21., völlig neu bearb. Auflage

{FLY72} M. J. Flynn, M. J.
Some Computer Organizations and Their Effectiveness
IEEE Trans. on Computers vol C-21, pp. 948-960: Sept. 1972

{GIL93} Giloi, W. K.
Rechnerarchitektur
Springer Verlag, Berlin/Heidelberg/New York: 1993
2. vollst. überarb. Aufl.

{GRA73} Graef, M.
350 Jahre Rechenmaschinen
Hanser Verlag, München/Wien: 1973

{HÄU90} Häußler, G. / Guthseel, P.
Transputer - Systemarchitektur und Maschinensprache-
Franzis-Verlag, München: 1990

{HePa94} Hennessy, J. L. / Patterson, D. A.
Rechnerarchitektur
Verlag Vieweg, Braunschweig/Wiesbaden: 1994

{HER98} Herrmann, P.
Rechnerarchitektur
Verlag Vieweg, Braunschweig/Wiesbaden: 1998

{HOR95} Horn, C./ Kerner, I. O.
Lehr- und Übungsbuch INFORMATIK
Band 1: Grundlagen und Überblick
Fachbuchverlag Leipzig, Leipzig: 1995

{KAR93} Karl, W.
Parallele Prozessor-Architekturen
BI-Wissenschaftsverlag , Mannheim: 1993

{LIE93} Liebig, H. / Flik, T.
Rechnerorganisation, Prinzipien, Strukturen, Algorithmen
Springer-Verlag, Berlin/Heidelberg/New York: 1993, 2. Aufl.,

{MES00} Messmer, H.-P.
PC-Hardwarebuch
Addison-Wesley, Bonn u.a.: 2000
6. Auflage

{OBE90} Oberschelp, W. / Vossen, G.
Rechneraufbau und Rechnerstrukturen
Oldenbourg Verlag, München: 1990

{SCH91} Schneider, H.-J.
Lexikon der Informatik und Datenverarbeitung
Oldenbourg Verlag, München/Wien: 1991
3., akt. und erw. Auflage,

{TaGo99} Tanenbaum, A. S. / Goodman, J.
Computerarchitektur
Prentice-Hall, München: 1999

{TAN90} Tanenbaum, A.S.
Structured Computer Organization
Prentice-Hall, New Jersey: 1990

{UNG89} Ungerer, T.
Innovative Rechnerarchitekturen
McGraw-Hill Book Company, Hamburg: 1989

{UNG97} Ungerer, T.
Parallelrechner und parallele Strukturen
Spektrum, Akad. Verl., Heidelberg/Berlin: 1997

{VOR85} Vorndran, E. P.
Entwicklungsgeschichte des Computers
VDE-Verlag: 1985

{WER95} Werner, D. u. a.:
Taschenbuch der INFORMATIK
Fachbuchverlag Leipzig, Leipzig: 1995
2. völlig neu bearb. Aufl.

{WIT99} Wittgruber, F.
Digitale Schnittstellen und Bussysteme
Verlag Vieweg, Braunschweig/Wiesbaden: 1999

Sachwortverzeichnis

Z

Weitere Titel zur Informationstechnik

Küveler, Gerd / Schwoch, Dieter
Informatik für Ingenieure
C/C++, Mikrocomputertechnik, Rechnernetze
4., durchges. u. erw. Aufl. 2003.
XII, 594 S. Br. € 38,90
ISBN 3-528-34952-2

Meyer, Martin
Signalverarbeitung
Analoge und digitale Signale, Systeme und Filter
3., korr. Aufl. 2003. XII, 287 S. mit 134 Abb. u. 26 Tab. Br. € 21,90
ISBN 3-528-26955-3

Werner, Martin
Digitale Signalverarbeitung mit MATLAB
Intensivkurs mit 16 Versuchen
2., verb. und erw. Aufl. 2003. X, 305 S. mit 129 Abb. u. 51 Tab (Studium Technik) Br. € 29,90
ISBN 3-528-13930-7

Duque-Antón, Manuel
Mobilfunknetze
Grundlagen, Dienste und Protokolle
Mildenberger, Otto (Hrsg.)
2002. X, 315 S. mit 167 Abb. u. 19 Tab. Geb. € 34,90
ISBN 3-528-03934-5

Wüst, Klaus
Mikroprozessortechnik
Mikrocontroller, Signalprozessoren, speicherbausteine und Systeme
hrsg. v. Otto Mildenberger
2003. XI, 257 S. Mit 174 Abb. u. 26 Tab. Br. € 21,90
ISBN 3-528-03932-9

Werner, Martin
Nachrichtentechnik
Eine Einführung in alle Studiengänge
4., überarb. und erw. Aufl. 2003.
IX, 254 S. mit 189 Abb. u. 29. Tab.
Br. € 19,80
ISBN 3-528-37433-0

Abraham-Lincoln-Straße 46
65189 Wiesbaden
Fax 0611.7878-400
www.vieweg.de

Stand Januar 2004.
Änderungen vorbehalten.
Erhältlich im Buchhandel oder im Verlag.